메디컬 스킨케어 임상실무

2판

메디컬 스킨케어 임상실무 2판

Medical Skincare: Practical Guidelines for Clinic 2nd

2014년 9월 1일 1판 1쇄 발행
2023년 7월 15일 2판 1쇄 발행

지은이 | 김선영
펴낸이 | 김진환
펴낸곳 | 학지사메디컬
04031 서울특별시 마포구 양화로 15길 20 마인드월드빌딩
대표전화_ 02-330-5188 팩스_ 02-326-0338
등 록 | 2010년 2월 8일 제313-2010-36호
메 일 | hakjisamd@hakjisamd.co.kr
홈페이지 | http://www.hakjisamd.co.kr

ISBN 979-11-92867-53-3 93510

가 격 | 28,000원

2판

메디컬 스킨케어 임상실무

김선영 저 김윤섭 감수

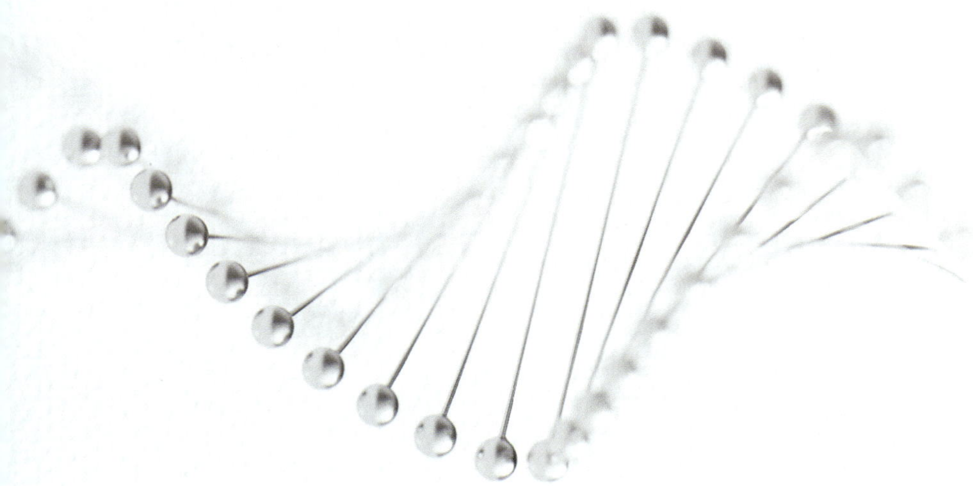

Medical Skincare

Practical Guidelines for Clinic

학지사메디컬
HAKJISA MEDICAL

저자 소개

저자

김선영 청운대학교 미용뷰티전공 겸임교수

호원대학교 미용예술학과 겸임교수

구미대학교 피부미용테라피과 겸임교수

유원대학교 뷰티케어과 외래교수

감수

김윤섭 김윤섭피부과 원장

머리말

2000년도 상반기 우리나라에 메디컬 스킨케어가 처음 도입되었다. 의료진들의 적극적인 미용시술과 첨단 레이저 장비들의 지속적인 개발에 힘입어 메디컬 스킨케어는 빠른 성장을 거듭해 왔다. 의약분업 당시에는 피부과에서만 시행하던 메디컬 스킨케어는 현재 성형외과를 비롯하여 많은 병 · 의원에서 필수 항목으로 적용하고 있다. 그리고 메디컬 스킨케어를 필요로 하는 미용항목들도 더욱 광범위해졌으며, 메디컬 스킨케어는 미용의 한 부문으로 자리매김하게 되었다. 따라서 메디컬 스킨케어 피부관리사의 전문인력도 그 수요만큼 필요하게 되었고, 전문인력 양성이 절실하게 필요한 상황이다. 그로 인해 전국 미용대학의 의료미용과를 비롯하여 뷰티, 미용 관련 학과에 메디컬 스킨케어 교과과정을 포함시켜 메디컬 스킨케어 피부관리사 전문인력을 양성하여 배출하고 있다.

이 책은 2000년도 초반부터 시작하여 20여 년을 넘기는 동안의 임상 경험을 바탕으로 하고 있으며, 현장에서 필요로 하는 이론과 실무를 집중적으로 다루었다. 병 · 의원의 메디컬 스킨케어 피부관리사는 의료진보다도 환자와의 접촉이 훨씬 더 그 빈도가 높기 때문에 전반적인 지식과 임상을 필요로 한다. 이 책은 메디컬 스킨케어에 제대로 입문하기 위한 필수적인 내용으로 구성하였으며, 피부분석방법과 상담 시 필요한 차트 작성방법, 메디컬 스킨케어 기기의 사용법과 응용방법, 미용치료와 의료치료기기에 대한 이해도를 높여준다. 또한 지금까지 다루어진 바 없는 메디컬 스킨케어 프로그램 중 가장 핵심이 되는 시술 전 관리, 시술 중 관리, 시술 후 관리를 체계적으로 소개하였다.

이 책에서는 메디컬 스킨케어의 상담방법 및 시술 후 발생할 수 있는 환자불만을 원만하게 처리할 수 있는 방법도 설명하였다. 상담이란 처음 환자와의 대면에서만 하는 상담이 전부가 아니다. 첫 대면에서부터 마지막 시술을 모두 마친 후까지 전체 과정을 아울러 관리 · 감독하여 환자가 시술 전 기대에 최상으로 만족할 수 있도록 하는 것이 최고의 메디컬 스킨케어 상담이라 할 수 있다.

이 교재가 메디컬 스킨케어 피부관리사의 전문성 영역을 넓히는데 디딤돌 같은 역할을 할 수 있기를 바라는 마음이 간절하다. 따라서 병원 취업을 희망하는 학생들이 미래를 준비하는데 요긴한 실무지침서가 되기를 희망한다.

2023년 6월

저자 **김선영**

차례

CHAPTER 1 메디컬 스킨케어

CHAPTER 2 피부 해부학

CHAPTER 3 피부 타입의 특징

CHAPTER 4 피부분석

차례

차례

차례

차례

차례

CHAPTER 14 화장품 유효 성분들

CHAPTER

1

메디컬 스킨케어

1. 메디컬 스킨케어의 배경
2. 메디컬 스킨케어의 정의
3. 메디컬 스킨케어 피부관리사

1. 메디컬 스킨케어의 배경

동 · 서양을 막론하고, 세기가 바뀌어도 미에 대한 추구는 인간의 역사와 함께 영속적인 것이다. 경제 성장과 더불어 국민소득 향상에 따라 남녀노소를 불문하고 미와 건강에 대한 욕구가 더욱더 높아지고 있으며, '얼짱 피부', '쌩얼 피부', '동안 피부' 등 미에 대한 신조어들이 등장하여 대중매체에서 인기 키워드로 다루어지면서 문화적 트렌드를 이끌고 있다. 또한 의학 발달로 사람들의 평균수명이 길어지고 노인 인구가 증가하면서 젊고, 아름답고, 건강하게 삶을 유지하려는 노력 또한 끊임없이 지속되고 있다.

최근에는 건강한 삶을 유지하기 위해 레저스포츠를 즐기는 사람들이 많아지면서 다양한 스포츠 동호회가 생겨나고 있다. 하지만 장시간 자외선에 노출되는 스포츠를 즐기게 되면서 여러 가지 피부 문제점들이 유발되고 있다.

메디컬 스킨케어는 2000년 7월부터 실시된 의약분업 기점에서 출발하였다. 그동안 미용치료에 소극적이었던 피부과 의사들은 의약분업이라는 새로운 패러다임을 거치면서 미용치료 분야를 적극적으로 수용하게 되었다.

2000년 당시 주로 피부과에서만 운영하던 메디컬 스킨케어는 의료서비스를 목적으로 도입된 후, 계속 발전하여 2010년에 이르러서는 전국 병 · 의원이 1만 여개에 달하고 있으며, 지속적으로 증가하고 있다. 이렇듯 초기에는 메디컬 스킨케어를 이용하는 수요자들이 소수에 불과했지만, 과학기술 발전과 더불어 레이저 등 첨단장비들이 개발되면서 피부과적 미용치료의 영역이 빠르게 확대됨과 동시에 메디컬 스킨케어는 급격히 확산되어 대중화를 이루었다.

현재 우리나라의 메디컬 스킨케어는 미국의 일부 메디컬 스파에 그 근원을 두고 있다. 스파는 오래 전부터 온천욕과 광천욕을 이용하여 질병을 다스리는 중요한 전통의학으로, 스파의 핵심인 해양요법(thalassotherapy)과 아로마요법(aromatherapy)은 현대적 의료체계와 접목되어 메디컬 스파로 발전하면서 질병을 감소시키는 예방의학은 물론 류마티스관절염 치료의 일종으로 이용되고 있다.

미국에서의 메디컬 스파는 주로 대도시에 집중되어 있으며 면허를 소지한 건강관리 전문가가 전임으로 근무하면서, 그 감독 하에 전통의학과 대체의학의 치료 행위와 레이저(laser), IPL(intense pulsed light), 미세박피술(microdermabrasion), 화학 박피술(chemical peel), 광피부치료(IPL/LED photo facial preparation), 보톡스(botox),

필러(filler) 등 의학적 미용시술을 시행하고 마사지, 바디 트리트먼트, 스킨케어를 제공한다.

현재 미국에서 의사에 의해 운영되고 있는 '메디컬 스파'와 한국의 '메디컬 스킨케어'는 단어만 다를 뿐 실질적으로 행해지는 서비스는 동일하다고 볼 수 있다.

2. 메디컬 스킨케어의 정의

메디컬 스킨케어(medical skin care)는 "의학적인 치료와 피부관리가 결합된 것"으로 의료치료와 연계해서 피부관리를 하는 것을 말한다. 또한 의학적 피부관리인 메디컬 스킨케어는 피부질환의 한 부분으로, 의사가 환자의 연령이나 피부 타입 등을 고려하여 피부의 문제점을 파악하는 피부진단과 환자의 상태에 따라 피부과학에 기초를 두고 전통적인 피부관리와 현대의 피부과학이 결합한 피부관리 프로그램으로 관리하는 것을 말한다.

메디컬 스킨케어는 의료기관에서 치료 중 또는 치료 전, 후 과정에 수반된 의료행위를 시행하기 위하여 또는 의료행위의 효과를 증대시키기 위하여 시행되는 피부관리 행위이다. 임상적 피부관리라고도 하며, 이는 직접적인 피부질환 치료는 아니나 질환 치료의 전 · 중 · 후 과정에 꼭 필요하므로 의료기관에서 의료인이나 (피부)미용사에 의해서 수행된다.

즉, 메디컬 스킨케어는 다양한 피부미용 치료술인 레이저(laser)나 화학 박피술(chemical peel)로 여드름(acne), 기미(melasma) 등을 치료하기 위한 치료 전이나 중 또는 치료 후 과정에서 병행하는 피부관리를 말한다. 의학적 치료나 피부관리 단독으로는 만족스럽지 못할 경우, 이를 극대화시키고 보다 만족스러운 결과를 환자들에게 제공하기 위해 시행하는 것이다.

메디컬 스킨케어는 시술 후 자극받은 피부가 정상 상태로 빨리 회복되기 위한 중요한 단계로, 피부회복 촉진과 피부 개선을 위해 미용관련 기기를 사용한다. 메디컬 스킨케어는 병 · 의원 이용자들에게 높은 만족감을 주고 있고 치료를 위해 매우 유용한 보조 치료 방법이며, 이를 시행하는 피부관리사의 역할은 매우 중요한 부분으로 작용하고 있다.

3. 메디컬 스킨케어 피부관리사

의료기관에서 행해지고 있는 메디컬 스킨케어는 미용사(피부) 국가자격증을 취득한 피부미용사에 의해 수행된다.

피부관리사(피부미용사)는 1차 의료진의 환자 진료가 이루어진 후, 그 진단에서 나타난 환자 개개인의 피부질환 및 문제점과 미용치료 방법에 따라서 그에 적합한 메디컬 스킨케어 프로그램을 제공한다. 또한 피부관리사는 시술 중에 나타날 수 있는 다양한 피부반응과 시술 이후에 예상되는 반응에 대하여 환자에게 상세하게 설명할 수 있다. 그리고 미용치료를 마친 후에 치료 효과를 증대시키고 유지시키기 위하여 전문적이고 세분화된 메디컬 스킨케어 프로그램에 대하여 상담 및 제안을 할 수 있다.

메디컬 스킨케어 프로그램은 피부 타입별 기본 프로그램이 있고, 시술 전 프로그램과 시술 중 프로그램, 시술 후 프로그램으로 분류할 수 있다.

메디컬 스킨케어 피부관리사는 환자에게 홈 스킨케어에 대한 교육과 조언을 할 수 있다. 즉, 시술을 마치고 환자들이 집으로 돌아가서 자가 관리를 할 수 있도록 화장품의 사용법과 관리방법에 대해 자세히 설명해 줄 수 있고, 세안 방법과 그 밖의 자외선 차단 방법에 대해서도 조언할 수 있다. 또 메디컬 스킨케어 시행 중이나 전 · 후에 환자들에게 피부에 대한 교육을 할 수 있다. 이는 피부에 대한 환자의 궁금증을 해결해 주고, 피부에 대한 잘못된 상식에 대해 가르쳐 줄 수 있다.

피부과에서 행해지는 미용시술 치료 시, 환자들이 이해하기 쉽게 부작용이나 주의할 점 등에 관하여 환자에게 교육시킬 수 있으며, 시술 전 · 후의 일정과 피부관리 요령에 대해서도 상세하게 설명할 수 있다.

또한 피부과적 치료나 시술 전 처치가 필요해서 이를 시행하게 되는 경우, 피부관리사는 환자의 피부를 시술하기 좋은 상태로 관리해 줄 수 있으며, 시술 전에 복용하거나 도포해야 하는 약에 대해서도 교육과 점검을 할 수 있다. 이로써 시술 후 메디컬 스킨케어를 받기 위해 환자들은 정기적으로 병원을 방문하게 되며, 이는 치료 후 결과에 대한 환자들의 불안감을 감소시켜 주고 병원에 대한 신뢰도 증가시킨다.

메디컬 스킨케어 피부관리사는 환자에 대한 상담 및 조언과 교육 그리고 점검을 하기 위해, 피부분석을 통한 피부 타입의 전문적인 식별과 피부 생리에 대한 지식 및 습득이 필요하다. 또한 메디컬 스킨케어 시 사용되는 기기에 대한 기초이론과 응용방법에 대하여 숙지해야 하며, 메디컬 스킨케어와 관련된 피부질환과 처방에 따른 복용제와 도포제 그리고 미용치료 시 사용되는 의료기기에 대한 이해도 필요하다.

CHAPTER

2

피부 해부학

1. 표피
2. 진피
3. 피지선과 모낭
4. 땀샘

1. 표피

1) 구성

사람의 신체를 덮고 있는 피부는 체내의 모든 기관을 외부 자극으로부터 보호하고, 촉각이나 통각 등의 감각을 인식하여 피지선이나 한선에서의 분비를 조절하며, 동시에 호흡과 항체작용 등의 각종 기능을 한다. 피부는 표피, 진피, 피하지방조직의 3층 구조로 되어 있다(그림 2.1). 다양한 세포로 구성되어 있는 피부의 기능과 역할은 매우 중요하다.

피부의 가장 바깥쪽에 위치하고 있는 표피(epidermis) 중 각질층은 외부의 물리적 · 화학적 · 생물학적 침입으로부터 몸을 보호하고 항상성을 유지하기 위해 다양한 기

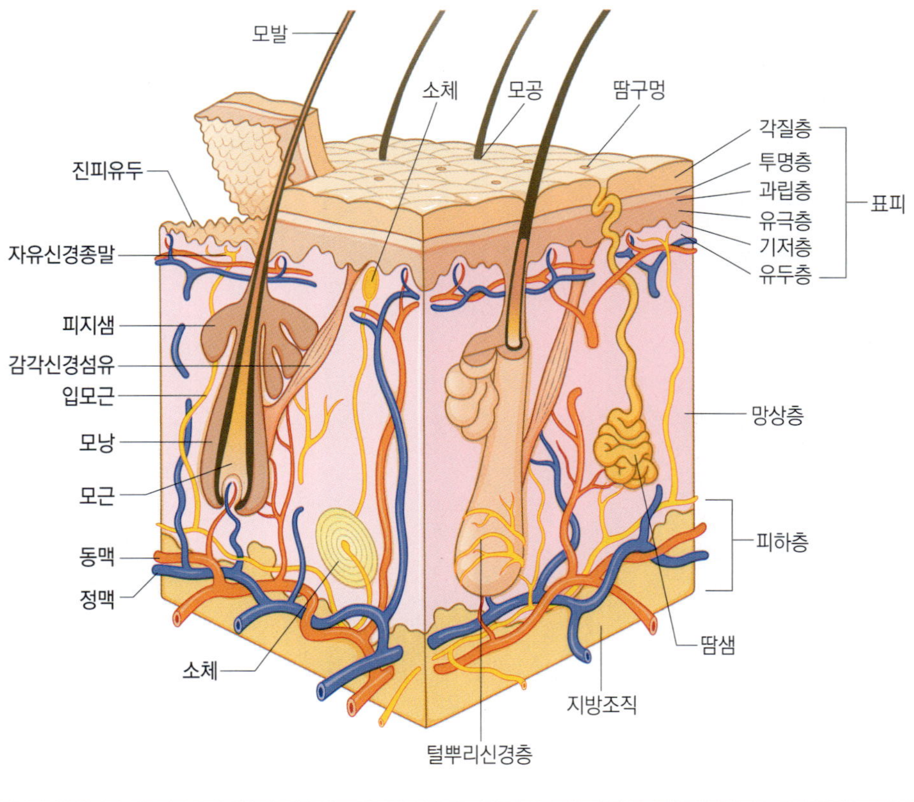

그림 2.1 피부의 구조

능을 하고 있다. 즉, 피부는 바이러스나 세균, 미생물에 의한 감염, 자외선 노출에 의한 DNA 손상, 마찰이나 접촉, 한랭, 온열 등의 자극이나 물리적 자극, 화학물질 등 외부로부터의 침입을 막는 장벽기능을 한다. 또 체내 수분이 체외로 빠져나가는 것을 막아준다.

피부는 인간의 개성을 나타내는 데 일부분을 차지하는 외모를 형성하며, 타인과의 이해를 돕는 문화적 · 사회적 역할도 매우 크다. 이렇게 여러 기능을 하는 표피는 외배엽에서 유래하는 각질형성세포(keratinocyte)와 신경능선(neural crest)에서 유래하고, 기저층에 위치하는 멜라닌세포(melanocyte), 랑게르한스세포(langerhans cell), 소수의 머켈세포(merkel cell) 등 3~4종의 세포로만 구성되어 있다. 또한 진피로부터의 유도인자에 의해 표피의 각질형성세포로부터 분화하는 피부 부속기라 불리는 모낭(hair follicle), 피지선(sebaceous gland), 아포크린 한선(apocrin sweat gland), 에크린 한선(eccrine sweat gland) 등의 소기관이 존재한다. 이렇게 여러 종류의 부속기관과 각질층의 조합으로 표피는 자신의 기능을 다한다. 그리고 진피는 결체조직, 혈관, 림프선, 근육, 신경, 지방조직 등 다양한 세포로 구성되어 있다.

표피와 진피에 존재하는 표피의 각질형성세포와 진피의 섬유아세포(fibroblast), 멜라닌세포는 서로 독립해서 존재하지 않고, 분화와 증식의 시그널을 분비하여 서로 상호 자극하는 형태로 보조하고 있다.

표피 기저세포는 멜라닌세포와 합성 · 분비하는 멜라닌과립을 내포한 멜라노좀(melanosome)을 흡수하여 자외선으로부터 피부를 보호한다. 또한 자외선을 감지하는 각질형성세포는 엔도세린(endothelin)이나 멜라닌세포 자극호르몬(MSU) 등의 멜라닌세포의 증식인자로 멜라닌 합성의 자극인자를 분비하여 멜라닌 합성을 촉진한다.

각질형성세포는 섬유아세포가 분비하는 세포증식인자에 의해서 증식과 유지를 지속하며, 손 · 발바닥이나 점막, 체간과 모발 등 신체 각 부위의 표피구조도 진피 유두층의 섬유아세포가 분비하는 인자에 의해서 유도되고 유지된다.

모낭과 피지선 그리고 한선 등의 피부부속기는 진피 섬유아세포에서 유래하는 유도인자의 작용에 의해 기저세포로부터 분화되어 기관으로 형성된다. 이러한 피부 부속기는 일생 중 태동기의 극히 짧은 시기에만 발생하여 섬유아세포로부터 유도인자와 표피 각질형성세포와의 조합으로만 가능하다. 또한 모낭 심부까지 상처를 입었을 경우, 상처치유가 된 후에 모낭이나 피지선 등의 피부부속기관은 재생되지 않는다. 따라서 땀도 흘리지 않고 피지도 분비되지 않으며 모발도 자라지 않는다.

진피와 지방조직의 섬유아세포는 각질형성세포나 색소세포와 비교했을 때, 자립 증식 기능이 풍부하지만 생리적인 상태에서의 분열과 증식은 어려우며, 창상 치유 등의 병적상태를 빼면 아주 정상적이다. 또한 진피를 구성하는 콜라겐과 엘라스틴의 단백질 대사 속도는 느리며, 표피의 각질형성세포와 비교했을 때 반감기가 훨씬 길다. 자외선으로 인한 진피의 단백질 손상은 오래 지속되어 노화피부에서 볼 수 있는 주름의 형태로 나타난다.

2) 각질층의 기능

각질형성세포는 서로 단단하게 밀착하여 전신을 덮고 있는 연속성이 있어, '때' 형태로 떨어져나가는 각질의 양을 항상 일정하게 생성하고 유지하기 위해 기저층에서 계속 분열을 거듭한다. 즉, 각화라고 하는 특유의 분화 시스템을 갖고 있는 것이다. 또한 피부조직의 생화학적 특성과 해부학적 구조와 기능의 대부분이 각화기전에 의해 결정된다. 즉, 표피의 각질형성세포는 분화 과정에 따라 기저층, 유극층, 과립층의 순서로 밀려나가서 최종적으로는 각질층을 형성하며, 형태나 생화학적인 특성을 변화시켜 각각의 적합한 기능을 갖게 된다.

입술이나 눈꺼풀 뒷면 등 점막을 제외한 피부는 살아있는 세포인 과립층까지는 각질형성세포가 직접 외부와 접촉되지 않으며, 여러 층으로 구성된 두꺼운 각질층이 전신의 피부표면을 덮어 보호하고 있다.

진피와의 경계를 이루고 있는 기저막에 접한 기저층은 세포를 일생 동안 표피조직의 공급원으로 하여 분열을 계속한다. 건강한 피부의 경우, 기저층에서 세포분열이 일어나 기저층과 유극층, 과립층을 벗어나, 약 14일이 지난 뒤 각질층에 도달하여 다시 14일이 지난 후 탈락된다(그림 2.2).

또한 기저층의 세포만이 가진 특수기능 중, 왕성한 세포분열기능 이외에 기저층보다 상층의 표피 전체를 진피의 결체조직과 강하게 부착시키고 지지하기 위해 기저막을 형성하는 기능이 있다. 즉, 표피 기저세포와 진피 섬유아세포는 서로 협조하여 접착 장치를 구축한다.

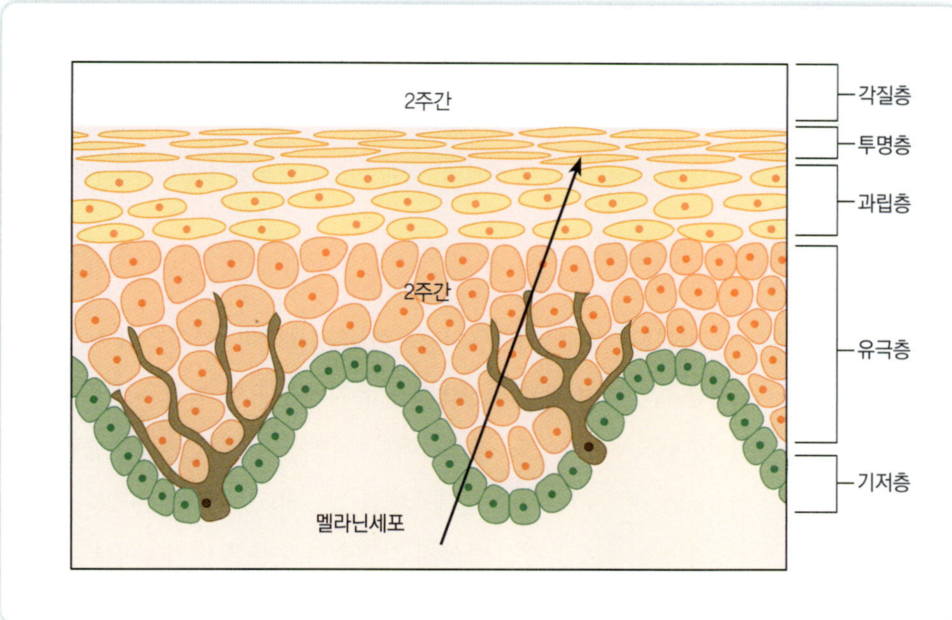

그림 2.2 각화과정(keratinization)

(1) 각질층의 장벽기능

각질층으로부터의 수분손실 양을 TEWL(transepidermal water loss, 경피 수분손실)이라 한다. 이것은 각질층의 장벽기능 지표로 사용되며, 신체에서는 얼굴이 가장 높다.

TEWL은 피부 온도나 환경의 습도에 영향을 받으며, 연령 증가와도 함께 변화한다. 또한 각질층의 세포간 지질 양에도 영향을 받기 때문에 유기용제나 활성제 사용, 자외선에 노출되는 정도 등에 의해서도 정상치가 변화된다.

(2) 각질층의 수분량

각질층의 수분량(conductance)을 적절하게 유지하는 것은 피부표면이 매끄럽고 윤기있게 유지되는 데 매우 중요하다. 또한 각질층의 수분량은 성인과 비교했을 때 신생아가 적고 각질층이 건조한 상태이며, 수분유지 기능도 낮다. 어린이와 노인을 비교했을 때는 어린이의 각질층 수분유지 기능이 더 낮다. 그런데 어린이의 피부가 습윤해 보이는 것은 대량의 땀 때문이다. 어린이의 얼굴 피부는 특히 수분유지 기능이 낮기 때문에 겨울철이 되면 얼굴이 거칠어지기 쉽다. 한편 고령자의 경우에는 각질층의 수분량은 감소하지만, 각질층을 빠져나가는 수분 TEWL도 저하된다.

고령자는 각화과정 속도가 저하되어 있기 때문에 각질층이 두꺼우므로, 세포간 지질이 감소되었다고 해도 겉으로 보기에는 장벽으로서 기능을 하고 있다.

(3) 각질층의 세포간 지질

세포간 지질은 세라마이드, 콜레스테롤, 지방산이 주성분이며, 각질층의 세포간 층판상(lamelar) 구조를 형성하여 피부의 장벽기능 유지에 중요한 역할을 한다.

분자량의 비율은 대략 세라마이드 : 콜레스테롤 : 지방산이 1 : 1 : 1이며, 중량의 비율은 세라마이드(ceramide) 40~60%, 콜레스테롤 20~30%, 지방산은 20~30%이다. 이들 중 세라마이드는 세포간 지질 중에서 각질층의 수분유지 기능이나 장벽 기능에 매우 중요한 역할을 한다. 이 세라마이드는 현재 11종류가 피부 내에 존재한다고 밝혀졌다. 또 세라마이드는 유기용제의 장기 사용이나 활성제 사용, 자외선 노출에 의해서 감소되며 계절에 따라 변화하는 것으로 알려져 있다.

Tip

세라마이드: 포화지방산의 대사물질인 세라마이드는 세포와 세포 사이에 존재하는 천연물질로 세포 간 결속을 튼튼하게 해주며, 피부보호에 중요한 역할을 담당한다. 최근에는 많은 화장품회사와 제약회사가 피부 내에 존재하는 세라마이드와 구조적으로 유사하고, 기능적으로 동일한 효과를 낼 수 있는 세라마이드를 개발하여 제품으로 출시하고 있다.

3) 멜라닌세포

멜라닌세포(melanocyte)는 피부나 점막 등에 분포하며, 발생학적으로 신경관의 배면측에 있는 신경능선(외배엽)에서 유래한 유주성 수지상세포이다.

인간의 경우, 발생 7주 정도에 신경관에서 나온 신경능선세포가 진피에 도달하여 피부절을 따라 진피 내로 이동하며 발생 10주경까지 표피에 정착한다. 또한 모낭 형성과 함께 모구부에도 이동하며 최종적으로 표피 기저층과 모기질세포에서 멜라닌을 생성하는 성숙한 멜라닌세포가 된다.

피부에는 1mm^2 내에 약 1,000~1,500개의 멜라닌세포가 존재하며, 얼굴 등의 일광 노출부위나 외음부 등의 생리적인 색소침착 부위에는 더욱 높은 밀도로 존재한다. 또한 인종에 따른 피부의 색소 차이는 멜라닌세포 내에 멜라닌을 생성하는 세포소기관인 멜라노솜의 수와 크기에 의해 결정되며, 멜라닌세포의 분포나 밀도에는 인종별 차이가 없다.

(1) 멜라닌세포의 멜라닌 생성

사람의 피부색은 멜라닌, 헤모글로빈, 카로틴의 3가지 색소의 양에 의해서 결정되는데, 이 중 가장 중요한 것이 멜라닌이다.

멜라닌은 멜라닌세포 내의 세포소기관인 멜라노솜 내에서만 합성된다. 피부의 멜라닌 침착은 멜라노솜이 소포 운반에 의해 효소와 기질을 공급받으며, 멜라닌을 합성한 후 멜라닌을 많이 함유한 성숙한 멜라노솜으로 변화하여 간다. 세포내 위치도 세포핵 주변 멜라닌세포의 수지상돌기를 통해 각질형성세포로 운반된다. 즉, 멜

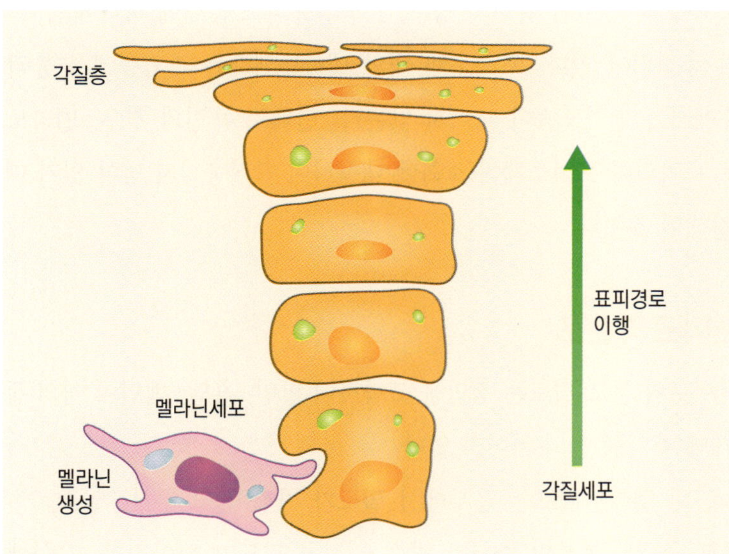

그림 2.3 멜라닌세포 대사 과정

라닌세포에서의 멜라닌 생성은 멜라노솜의 생합성과 성숙을 의미하는 것이다.

또한 멜라닌 생성 시 멜라닌세포를 감싸는 여러 환경에 의해 멜라닌의 생합성양이 증가 또는 감소한다. 이는 자외선에 의한 멜라닌 생성 촉진으로 자외선에 의해 유도된 각질형성세포 유래의 사이토카인(cytokine)이 주된 요인으로 알려져 있다.

(2) 멜라닌색소의 종류

멜라닌색소는 유멜라닌(eumelanin, 불용성, 흑갈색)과 페오멜라닌(pheomelanin, 수용성, 황색~적갈색)의 2종류가 있다. 붉은 머리의 경우는 트리코크롬(trichochrome, 붉은 색소)이 포함되어 있다.

(3) 멜라닌색소의 형태

멜라닌세포 안에서는 멜라닌 합성이 진행됨과 동시에 멜라노솜(멜라닌소체)이 형성된다. 멜라노솜은 인종 간의 차이가 크다. 황인의 경우 럭비공처럼 생긴 소체이고, 흑인의 멜라노솜은 더 크며, 백인의 멜라노솜은 소형이고 색소침착량도 적다.

성숙된 멜라노솜은 수상돌기를 통해 주변 각질세포로 이동되며, 각질세포 내의 포식소체에 저장된다. 황인의 경우, 1개의 포식소체 내에 하나에서 수십 개의 멜라노솜이 축적되어 있다. 포식소체 내의 멜라닌색소는 과립층에서 붕괴되기 때문에 각질층에서는 멜라노솜이 보이지 않는다. 반대로 흑인의 경우, 멜라노솜이 각각의 단위로 축적되며 포식소체의 소화에 대항하여 각질층까지 남아 있기 때문에 손이나 발도 갈색인 것이다.

(4) 멜라닌세포의 분포

멜라닌세포의 분포 밀도는 점막을 포함하여 황인, 흑인, 백인이 거의 동일하므로 분포 양태에는 인종 간의 차이가 없다.

표피 내 멜라닌세포는 음부에서 밀도가 가장 높고 두부, 얼굴, 경부, 상지, 배부, 흉부, 하지, 복부의 순서로 갈수록 점점 밀도가 낮아진다. 유아에서 성인까지 피부에 대한 멜라닌세포 밀도는 변하지 않는다. 그러나 체면적이 늘어날 경우, 멜라닌세포도 일정 비율을 유지하며 늘어난다.

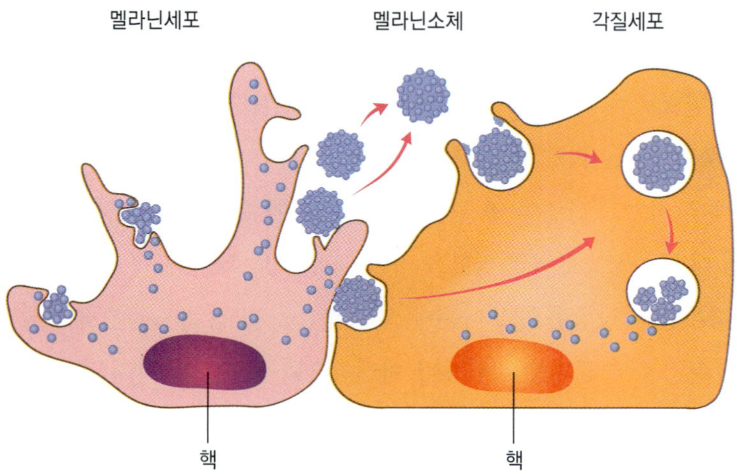

그림 2.4 멜라닌의 각질형성세포로의 이동

멜라닌세포가 멜라닌색소를 각질세포에 공급하는 효율은 개체별로 일정하며, 평생 동안 변하지 않는다. 또한 성별에 의한 차이도 없다.

(5) 피부색과 멜라닌색소

피부색이 결정되는 첫 번째 요인은 표피 내 멜라닌 함유량에 의해서이며, 두 번째 요인은 유전에 의한 멜라닌세포의 멜라닌 생산 능력, 세 번째 요인은 각질세포로의 전달 능력, 네 번째 요인은 표피세포 내의 분포와 붕괴의 진행 정도이다.

(6) 연령 증가에 따른 피부색 변화

피부색은 연령 증가와 함께 변하게 되는데, 뺨의 경우에는 붉은색에서 황색으로 변하면서 서서히 명도가 떨어진다. 대개 여성들은 화장으로 이러한 피부색 변화를 감추는 경우가 많다.

피부의 색 변화는 신체 표면 근처까지 혈류가 제대로 공급되지 않아서 나타나는 현상이며, 명도가 떨어지는 것은 각질세포의 축적시간이 길어지면서 피부표면이 거칠어지고, 진피 내 멜라닌색소 침착이 증가되기 때문이다.

2. 진피

진피(dermis)는 표피와 피하지방 사이에 위치하며 체중의 15~20%를 차지한다. 진피의 두께는 부위별로 차이가 있으며, 가장 두꺼운 부위가 등으로 5mm이고, 가장 얇은 부위가 눈꺼풀로 1mm이다.

진피는 매우 질기고 탄력이 좋은 기관으로 표피와 부속기관에 영양을 공급한다. 또 외부 침입에 대한 쿠션으로서의 역할을 하여 내장을 보호한다.

진피는 유두층과 망상층으로 나눈다. 유두층(papillary layer)은 표피능 사이에 들어가 있는 부분으로서 표피능 하단보다 아래층으로 혈관총을 가지고 있다. 그 아래에는 망상층(reticular layer)이 위치하고 있으며 진피의 90%를 차지하고 있다. 아랫부분은 피하지방조직과 접해있다.

진피의 주요 구성성분은 세포외기질(extracelluar matrix)이다. 세포외기질은 섬유성분(교원섬유와 탄력섬유)과 기질성분(글리코사미노글리칸 및 프로테오글리칸)으로 구성되어 있다. 진피는 이러한 구성성분으로서의 기능을 할 뿐 아니라, 세포 표면의 수용체를 통하여 세포에 신호를 보내, 표피 부속기관과 진피세포의 기능 및 유지에 필요한 환경을 만든다.

피부의 주름과 처짐이 나타나는 것은 연령과 자외선에 의한 진피성분의 양적 감소와 변성 등의 조직 내 원인과 구부러짐 때문이나, 여기에는 수축 및 신전 반복 등 외부압력에 의한 원인이 관여하고 있다(그림 2.5).

1) 기저막

기저막(basement membrane)이란 피부의 표피, 상피세포, 내외 분비선, 소화관 상피, 혈관 내피, 신경, 근육세포와 중간물질 부분의 경계를 나누는 망상 구조물을 말하며, 세포분화, 증식, 세포소멸, 기관형성에 중요한 역할을 담당한다. 피부의 기저막은 표피의 기저세포 아래에 위치한다.

2) 교원섬유(콜라겐)

진피의 주성분인 교원섬유(collagenous fiber)나 콜라겐(collagen)은 진피 건조 중량의

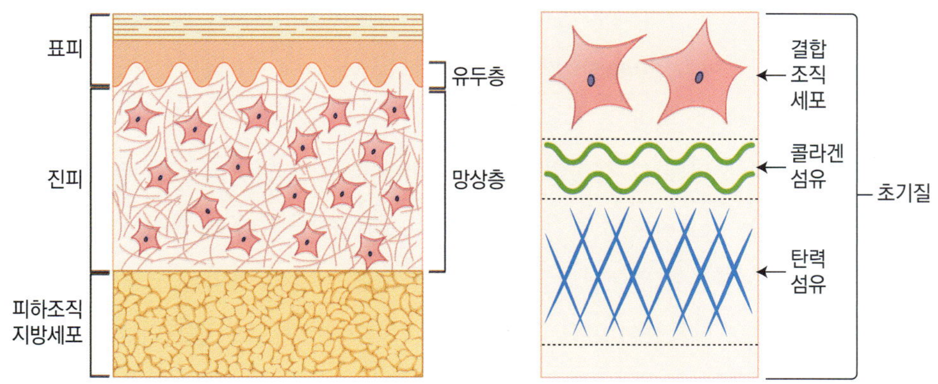

그림 2.5 진피의 구조

75%, 체적의 18~30%를 차지하고 있으며, 섬유성분으로는 90% 이상을 차지하고 있다. 신진대사는 매우 서서히 진행된다. 교원섬유는 유두층에 망상 네트워크를 형성하는 미세원섬유(microfibril)가 있으며, 이 미세원섬유는 표피능 자체와 망상층의 굵은 교원섬유에 결합되어 있다. 또한 미세원섬유는 부속기관을 감싸고 있기도 하며 III형 콜라겐이 많이 존재한다.

망상층에서 교원섬유는 굵은 섬유다발로 존재하며 I형 콜라겐이 많다. 거의 표피와 나란히 배열되어 있지만, 방향은 불규칙하며 원통 모양이거나 수평으로 뻗어있다. I형 콜라겐은 각 사슬이 약 1,000개의 아미노산으로 이루어져 있으며, 3개의 가닥이 서로 꼬여 있는 구조(삼중나선구조, triple helix)를 모은 끈 형태의 콜라겐 분자를 형성하고 있다. 콜라겐 분자는 가로로 결합하여 긴 섬유를 만들며 세로로도 밀착되어 굵어진다.

교원섬유는 세포외기질 분해효소에 의해서 분해된다. 또한 연령에 의해서 효소의 활성이 높아지고 콜라겐의 생성 자체는 줄어들기 때문에 노화현상으로 잔주름이 나타난다. 진피에는 I형 콜라겐이 60%, III형 15%, V형 5% 이하, 그외에 VI형이 존재한다.

3) 탄력섬유(엘라스틴)

젊은 사람의 피부를 당겼다가 놓으면 재빨리 원래 상태로 돌아간다. 이것은 탄력섬유(elastic fiber) 또는 엘라스틴(elastin)에 의한 탄력성 때문이다. 이 탄력섬유는 진피 건조 중량의 2%를 차지하고 있다.

탄력섬유는 연령에 의해 그 성질이 변화한다. 10세까지는 탄력섬유가 계속 성장하지만, 20세 이후에는 서서히 감소하기 시작한다. 노화는 30~50대에 확실하게 시작되고 탄력이 감소하며 변성이 일어난다. 탄력섬유는 오랜 기간의 자외선 노출에 의해서 덩어리 형태로 진피에 침착하여 탄력성을 잃고 완전히 늘어난 고무 밴드와 같다. 자외선에 의한 변성은 탄력섬유 구조의 변화를 일으키며, 결과적으로 피부는 탄력을 잃어 굵은 주름을 형성하게 된다.

4) 글리코사미노글리칸

글리코사미노글리칸(glycosaminoglycan, GAG)은 교원섬유다발 사이를 채우는 기질을 말한다. 이는 풍부한 수분유지기능을 가지고 있어서 피부 탄력에 관여한다. 그러나 나이가 들어 GAG가 감소하면서 진피의 수분 함유율도 줄어들어 피부 탄력이 떨어져 처지게 된다.

Tip

히알루론산: 히알루론산(hyaluronic acid)은 코어 단백질 없이 GAG로 존재하며, 강한 음성 전하를 띠고 있기 때문에 친수성이 강하여 1g당 1,000mL의 수분을 함유하고 있다. 히알루론산은 콜라겐 사이를 메우며 모낭세포 간에도 침착한다.

3. 피지선과 모낭

피지선(sebaceous gland)과 모기관(hair apparatus)은 대부분 일체되어 존재하며 모피지선 단위(pilosebaceous unit)를 구성한다.

모발은 표피면을 수평으로 했을 때 기울어진 상태로 존재하며, 모발 둔각측의 외모근초 모융기부에 기모근이 부착되어 있다. 입모근은 교감신경의 지배를 받으며 한랭자극으로부터 수축하여 모발을 세우고(입모), 모공 주변에 소름(horripilation)을 만든다. 입모근이 부착된 윗부분은 피지선이 존재하고 피지선관(sebaceous duct)이 모낭 내부로 연결되어 있다.

피지선은 피지(sebum)를 생성하고 분비한다. 모기관은 모발을 형성하는 기관으로 모낭(hair follicle)과 모발로 구성된다. 표피에서 피지선 모관 개구부까지를 모낭 누두부, 피지선관 개구부에서 기모근 부착부까지를 모낭협부, 그 아랫부분을 모낭이라고

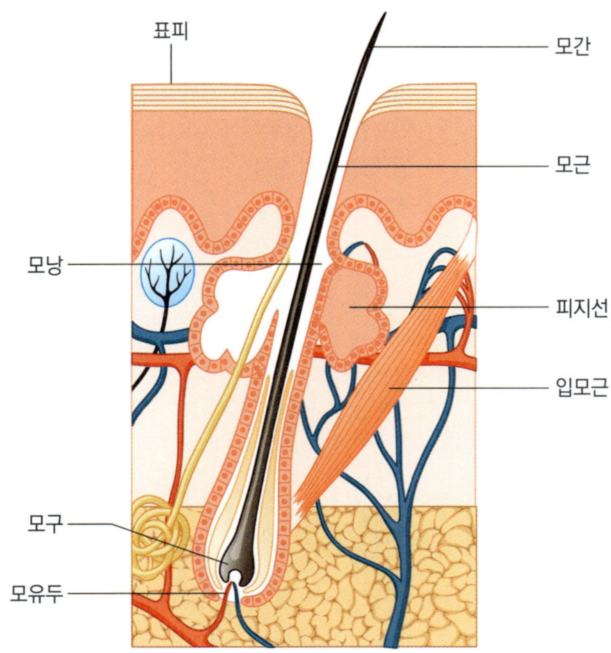

그림 2.6 피지선의 구조

부른다. 피부표면에 노출되어 있는 모발을 모간(hair shaft), 피부 내부에 존재하는 모발을 모근(hair root)이라 부른다(그림 2.6).

1) 피지선과 모낭의 종류

피지선과 모낭은 피지선과 모기관의 발달 정도에 따라 피지모낭, 턱수염모낭, 솜털모낭으로 분류할 수 있다.

피지모낭은 모기관의 흔적 정도로만 존재하는 한편, 피지선은 극도로 잘 발달되어 있다. 여드름은 대부분 이 형태에서 발생되며 얼굴이나 전흉부 등에 분포한다.

깊고 넓은 모낭내공, 긴 모낭 누두부, 발달한 피지선 등이 구조적 · 기능적으로 여드름 발병을 용이하게 만드는 요인이 된다. 턱수염모낭은 잘 발달된 모근과 커다란 피지선을 가지며, 두부나 이차성징 시 모발이 자라는 부분에 분포한다. 솜털모낭은 턱수염모낭을 축소시킨 구조로, 모근이나 피지선이 작고 모낭 내공도 좁다(표 2.1).

표 2.1 모낭의 종류

피지모낭	턱수염모낭	솜털모낭
• 여드름의 주 발병 모낭 • 주로 얼굴과 앞가슴 쪽에 존재 • 모발이 가늘고 짧음 • 모근이 작음 • 모낭 내는 넓고 깊음 • 피지선은 잘 발달됨	• 두부, 사춘기 이후의 성징과 관련된 부위에 존재 • 굵고 긴 모발 • 모근과 피지선이 발달됨	• 턱수염모낭을 축소시킨 구조 • 신체의 많은 부위에 존재 • 가늘고 짧은 모발 • 좁은 모낭과 내공 • 피지선이 작음

2) 피지선

피지선은 피지를 생성하는 외분비선이다. 모발이 존재하는 부위에는 피지선이 항상 모기관에 부속되어 있다. 피지선의 구조는 피지를 생성하는 피지선세포(sebocyte)로 구성된 피지선소엽(sebaceus acinus)과 피지를 내공으로 인도하는 피지선관으로 구성된다. 피지선관은 표피나 모낭 누두부의 외모근초와 같이 케라토히알린 과립을 생성하여 각화하는 중층 편평상피이지만, 깊은 부위로 갈수록 케라토히알린 과립은 감소하며 피지선소엽으로 이행한다. 피지선세포는 소엽 근처에서 아주 편평한 한층의 세포층을 형성하는데, 이 세포를 미분화세포 또는 주변 세포라고 부른다. 이 세포는 피지선세포의 모세포이다.

피지는 모낭내공으로부터 표피로 분비된다. 피지의 주요 성분은 왁스에스테르, 트리글리세라이드, 스쿠알렌이다. 피지선의 기능 변화는 나이듦에 따른 피지선 체적이나 피지량에 의해서이며, 주로 안드로겐의 영향을 받게 된다. 20대의 피지선 체적의 평균치는 남녀 모두 높지만, 각각의 표준편차도 높다. 이는 같은 개체라도 증가하는 피지선과 증가하지 않는 피지선이 있기 때문이다.

여성의 경우에는 조기에 부신의 안드로겐이 증가하기 때문에 피지선이 조기에 발달하며, 피지 분비량도 남성보다 조기에 증가한다. 사춘기에서도 부신의 안드로겐이 피지분비에 크게 관여하기 때문에 여성의 피지 분비량은 남성보다 약간 높다. 하지만 남성은 그 후에 성선 테스토스테론이 훨씬 더 높은 수치를 보이기 때문에 피지 분비량이 여성보다 더 많이 분비된다. 그리고 남성의 경우, 40대 이후에도 테스토스테론 감소가 완만하기 때문에 여성에 비해 피지 분비량의 감소가 적다.

피지선은 손바닥과 발바닥을 제외한 전신에 분포한다. 손바닥과 발바닥에 여드름이 생기지 않는 것은 여드름을 발생시키는 피지선 자체가 없기 때문이다. 피지선이 발달되어 피지 생성이 많은 부위를 지루부위라 한다. 앞이마, 뺨, 전흉부 등은 여드름이 잘 발생하는 부위이지만, 머리나 수염이 나는 부위에는 발생하지 않는다. 이것은 머리나 수염이 나는 부위에도 턱수염모낭이 다수 분포하기 때문이다. 여드름의 시작은 모낭폐쇄와 피지 축적이 관여하는데, 턱수염모낭에서는 굵고 긴 모발이 계속 자라기 때문에 모낭 내의 피지를 배출해주기 때문이다.

자유피지선은 모기관을 동반하지 않는 피지선으로 존재하며, 이를 독립피지선이라 부른다. 주로 표피 또는 점막상피, 입술, 유륜, 항문 등에 분포한다.

4. 땀샘

1) 한선의 종류

한선은 땀을 생성하고 분비하는 피부의 부속기관이다. 한선에는 에크린 한선, 아포크린 한선, 아포에크린 한선의 3종류가 있다. 한선의 구성은 그림 2.7과 같다.

이러한 한선의 능동적인 발한 조건의 성립은 생후 2세 반까지 완료되며, 이 연령이 넘어서면 한선이 새롭게 능동화되는 일은 없다. 즉, 발육기간의 온도와 환경이 한선의 수를 결정하게 되며, 인종 차이보다는 개인차가 크다.

한선은 생후 수일이 지난 다음부터 체온조절을 위해 발한을 시작하며, 거의 물에 가까운 땀을 분비한다. 부위에 의한 차이는 있지만, 고온에서 온열성 발한을 하여 체온조절의 역할을 담당한다. 발한은 교감신경의 지배를 받는다. 그 외에도 긴장을 하게 되면 손바닥에서 발한하는 정신적 발한과 미각 자극에 의해서 얼굴에서 발한하는 미각적 발

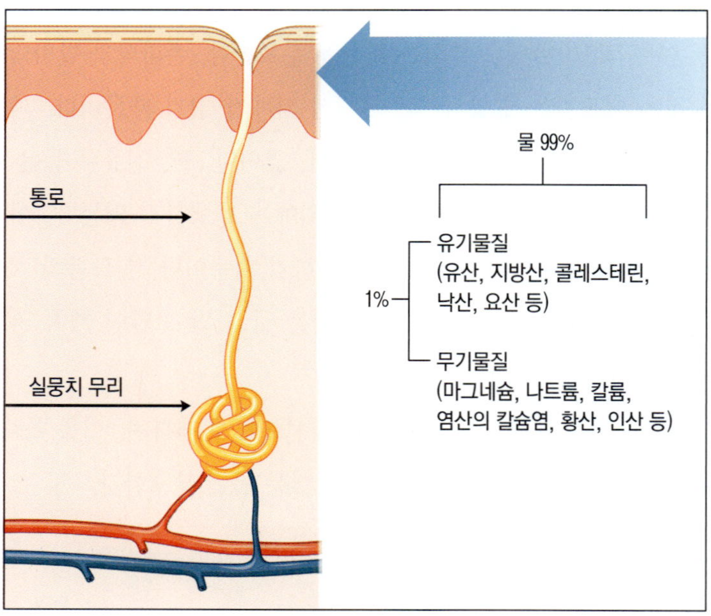

그림 2.7 한선의 구성

한이 있는데, 정신적 발한 시에는 손 · 발 이외 영역의 발한이 억제된다.

온열에 의한 발한은 일반적으로 체간부에서 많이 나타난다. 더운 여름철에 발한 양이 많은 이유는 고온 환경에서 온도 변화에 의해 땀을 흘리기 쉽기 때문이다. 또한 발한 양은 국소성이나 만성 자극에 의해서도 변화한다. 즉, 일상적으로 운동하는 사람은 발한에 대한 반응성이 높으며, 발한 양도 많은 편이다.

온열성 발한은 생후 수일이 지나면서 나타나기 시작하는데, 개체의 차이와 환경 및 발육의 영향을 받는다. 유아기와 소아기 때에는 발한 양이 매우 증가하고, 사춘기 이후에는 성별 차이가 나타난다. 남성의 경우 온열성 발한 감수성이 높으며, 발한 양도 많다. 청년기를 지나면 연령 증가와 함께 온열 변화에 대한 발한 반응성이 저하된다. 이러한 경향은 남자에게서 더 명확하게 나타나며, 고령자의 경우에는 발한 반응에 따른 성별 차이가 사라지기 시작한다.

한선의 밀도와 발한 양은 비례하지 않으며, 배부와 등에는 에크린 한선의 수가 적지만 발한 가능성이 높다. 발한은 온열자극에 의해서 항진되며, 특히 사지의 발한은 온열에 의해서 쉽게 증가한다.

(1) 에크린 한선

에크린 한선(eccrine sweat gland)은 전신에 분포하는 보통 한선으로 피부표면에 직접 개구하며, 거의 인체 표면에 분포한다. 이 한선은 생후에는 다시 생겨나지 않기 때문에 신생아에서는 매우 밀도가 높으며, 성장에 따라 밀도가 낮아진다.

(2) 아포크린 한선

아포크린 한선(apocrin sweat gland)은 액와부에 가장 많이 분포하고 있으며, 한관의 대부분은 모낭에 개구한다. 조직학적으로 1개의 세포에서 만들어지며, 선세포의 일부분이 떨어져 나와 한관 내에 아포크린이 분비되기 때문에 점성과 냄새가 있다. 또 성호르몬의 영향을 받아 사춘기부터 활동을 시작한다. 성인의 경우 눈꺼풀, 액와, 유륜, 음부, 항문 주변에 분포하는데, 특별한 명칭을 가진 것도 있다.

아포크린의 수는 개인 차가 있으며, 한선에서의 냄새는 성적 자극이 된다. 아포크린 한선 중 지방산이 표피세포에서 분해되어 냄새를 풍기는 것을 액취증이라 한

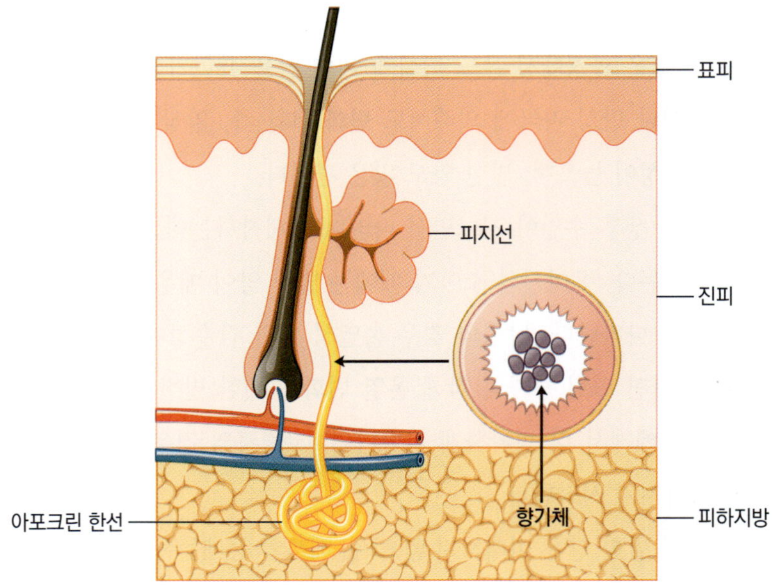

그림 2.8 아포크린 한선

다. 일반적으로 흑인과 백인의 경우에는 냄새가 나는 것이 보편적이므로 이상 증세로 느끼지 않는다.

(3) 아포에크린 한선

에크린 한선의 분비선은 작고 한관은 피부표면에 개구하고 있으며, 아포크린 한선의 분비선은 크고 모낭에 개구하고 있다. 아포에크린 한선은 아포크린 한선처럼 분비선이 크고, 에크린 한선처럼 한관이 피부표면에 개구하고 있다.

2) 한선의 분포

한선의 종류 중 에크린 한선은 모든 체표면에 분포하며 체온조절기능을 한다. 사람은 200~300만 개의 에크린 한선을 가지고 있다. 손바닥, 발바닥, 얼굴에 분포 밀도가 높고, 사지나 체간부에는 분포 밀도가 낮다. 에크린 한선이 많은 손바닥과 발바닥은 수장족저다한증이 발생하기 쉬운 부위이다.

아포크린 한선은 겨드랑이, 유륜, 외음부에 존재하며 냄새가 심한 땀을 분비한다. 사춘기 이후에 분비가 활발해지며, 연령이 증가함에 따라 분비량이 저하된다. 냄새의 강도에는 개인차가 있으며, 특별히 심한 경우를 액취증이라고 한다.

아포에크린 한선은 겨드랑이에 존재하며, 사춘기 이후에 분비가 활발해진다. 기존 에크린 한선 중 일부가 아포에크린 한선으로 변화한다.

CHAPTER

3

피부 타입의 특징

1. 피부 타입에 영향을 주는 요인
2. 피부 타입의 특징

1. 피부 타입에 영향을 주는 요인

일상생활에서 일어나는 모든 일들이 피부 타입에 영향을 줄 수 있다. 얼굴의 감정이나 기후상태, 호르몬 정도, 생리주기, 스트레스, 신체변화 등 다양한 요소들이 내적 · 외적으로 피부 타입에 영향을 주게 된다. 이러한 요인으로 인하여 피부 타입은 일정기간 동안 유지되다가 점차 변화한다. 즉, 피부는 한 가지 타입으로 고정될 수 없다는 것이다.

피부 타입에 영향을 주는 요소 중 내적 요인으로는 호르몬 변화, 피부질환, 유전적 경향, 흡연, 약품 등이 있는데, 이 중 임신과 폐경, 생리주기 등으로 인한 호르몬 변화는 피부 상태에 영향을 준다. 이러한 경우 여드름을 유발시키거나 기미가 발생되며, 피부의 건조현상 등이 나타나게 된다. 피부질환으로는 여드름과 아토피, 건선, 기타 피부염 등이 피부의 문제점들을 유발할 수 있으며, 피부 타입의 유전적 경향으로는 건성피부, 지성피부, 여드름피부, 민감피부를 들 수 있다. 흡연은 피부의 많은 부분을 손상시키기 때문에 간혹 스킨케어 효과를 떨어뜨리기도 한다. 또한 피임약의 경우, 여드름을 유발시키거나 기미를 발생시킬 수 있다(표 3.1).

표 3.1 피부 타입에 영향을 주는 내적 요인

호르몬 변화	임신, 폐경, 생리주기 등
피부질환	여드름, 아토피, 건선, 기타 피부염 등
유전적 경향	건성, 지성, 여드름, 민감성피부 등
흡연	피부손상 초래 등
약품	여드름 및 기미 유발 등

외적 요인으로는 기후와 날씨, 피부관리 습관, 장시간 자외선 노출, 간접흡연, 대기오염 등이 피부 상태에 영향을 주게 된다. 기후와 날씨 요인으로는 기온과 습도의 영향을 받게 되며, 피부관리 습관으로는 지나친 보습이나 각질제거 및 피부 타입에 맞지 않는 화장품 사용이 피부 문제를 야기할 수 있다. 자외선에 장시간 노출 시에는 피부 주름과 잡티, 주근깨 같은 색소질환의 주 요인이 될 수 있다. 간접흡연도 피부를 손상시킨다. 또한 대기오염은 피부의 유리기 활동을 야기시켜 콜라겐과 엘라스틴을 손상시킨

다(표 3.2).

이와 같은 다양한 환경들이 복잡하게 얽혀 피부 상태를 변화시키고, 그 결과 피부 타입이 정해지게 된다. 즉, 우리의 피부가 어떻게 변화하는지에 대하여 잘 관찰해야만 피부가 무엇을 필요로 하는지를 이해하게 되고, 그 문제에 적합한 스킨케어를 시행할 수 있다.

표 3.2 피부 타입에 영향을 주는 외적 요인

기후와 날씨	기온과 습도 등
피부관리 습관	과도한 보습과 각질제거, 피부 타입에 맞지 않는 화장품 사용 등
자외선에의 장시간 노출	주름, 기미, 주근깨 등
간접흡연	피부손상 초래 등
대기오염	콜라겐과 엘라스틴 손상 등

2. 피부 타입의 특징

피부 타입이란 피부가 보이고, 느끼고, 작용하는 이유와 방식에 대한 설명이자 해석을 말한다. 또 피부 타입을 이해하고 분석하는 일은 생각보다 매우 복잡하고 어렵다. 그 이유는 피부 타입이란 한 가지로 절대 고정되어 있지 않기 때문이다. 그러나 피부 타입은 스킨케어의 핵심적인 요소이기 때문에 기초 지식으로서 이해하는 것은 매우 중요한 일이다.

건성, 지성, 복합성의 일반적 피부 구분은 기초로 삼기에는 좋지만, 각각의 피부에는 미묘한 차이가 있다. 따라서 이러한 피부 타입의 미묘한 차이들을 모두 알아야 한다. 서로 다른 피부 타입은 서로 다른 성분을 배합한 제품을 필요로 하기 때문이다. 또한 대부분의 피부 타입을 위한 화장품에서 자외선 차단제나 항산화제, 세포활성성분 등은 공통적인 성분으로 사용되지만, 기초제품은 각각의 피부 타입에 맞아야 하기 때문이다.

피부는 매일, 한 주 뒤, 한 달 뒤 그리고 계절이 바뀔 때 또는 기후에 의해서 항상 변화하며 날씨나 스트레스의 영향도 많이 받는다. 따라서 스킨케어를 위해서는 통상적인 피부 타입을 구분하고, 각 타입의 특징도 알아야 한다.

사람들의 생김새가 모두 다르듯이 개개인의 피부 타입은 유전적 요인과 환경적 요인에 따라 매우 다르다. 피부관리에 앞서 가장 중요한 것은 환자의 피부 타입을 정확하게 분석하는 일이다. 피부분석은 환자에게 필요한 메디컬 스킨케어 프로그램을 제공할 수 있고, 개선효과를 극대화시킬 수 있으며, 환자의 기대치와 만족도를 증대시킬 수 있다. 따라서 피부를 분석하기 위해서는 먼저 피부 타입별 특징에 대해서 알아야 한다.

피부 타입을 결정하는 것은 여러 가지 요소가 있지만, 그중에서 대표적인 것은 피지 분비량과 수분 함유량, 모공 크기 등이다. 또한 계절적 요인이나 생리주기, 심한 다이어트로 인한 체중감량 등에 따라서도 피부 타입이 변화할 수 있으므로 세심한 관심이 필요하다.

한국 여성의 피부 타입은 대체로 건성피부 30%, 복합성피부 30%, 지성피부 15% 정도로 추정되고 있으며, 연령이 증가할수록 피부 타입이 변화하는 양상을 보이는 것으로 알려져 있고, 같은 피부 타입이라도 개개인의 차이가 심하게 나타나기도 한다(표 3.3). 피부 타입은 일반적으로는 건성피부, 중성피부, 복합성피부, 지성피부로 분류할 수 있으며, 보다 더 세분화한다면 민감성피부와 노화피부를 추가할 수 있다(그림 3.1).

표 3.3 한국 여성의 피부 타입별 비율

피부 타입	%
건성피부	30%
복합성피부	30%
지성피부	15%

그림 3.1 피부 타입

1) 건성피부의 특징

건성피부(dry skin)는 대체로 피지샘에서 피지가 정상보다 적게 분비됨으로써 피부표면에 피지막이 제대로 형성되지 않은 상태에서 수분이 많이 손실되고, 수분부족 증상으로 인해 지나치게 건조해지거나 당기면서 피부표면에 각질이 일어나는 경우이다.

건성피부는 육안으로 볼 때, 얇고 투명하며 모공이 거의 보이지 않는다. 피부 건조

현상이 심해지면 피부를 문지르기만 해도 각질이 일어난다. 또한 건조현상이 아주 심한 악건성피부가 되면, 가려움증이 생기고 따가운 증상과 염증반응을 보이기도 한다. 일반적으로는 피부가 노화되면서 건성피부의 증상을 보이지만 여러 가지 외부의 환경적 요소가 원인이 되기도 한다.

건성피부란 피부표면인 각질층에서 수분이 외부로 많이 빠져나가서 생기는 수분부족 현상이기 때문에 피지 분비기능과도 관련이 있다. 피지샘에서 분비된 피지가 수분을 공급하는 것은 아니지만, 피지샘에서 피지가 정상으로 분비되면 피부표면에 고르게 피지막을 형성하여 수분이 외부로 빠져나가지 못하게 함으로써 피부를 촉촉하고 부드럽게 해준다. 그러나 나이가 들면서 피부가 노화되고 피부기능이 약화되어, 피지가 정상적으로 분비되지 못하게 됨으로 인해 피부표면에 피지성분이 부족하게 되면서 외부로 수분이 빠져나가기 때문에 건성피부가 되는 것이다. 즉, 건성피부의 문제는 세포간 물질이 약해지거나 손상되어 그 기능을 못하게 됨으로써 피부의 수분손실이 일어나 생기는 현상이다. 피부에 충분한 수분이 없는 것이 아니라, 수분손실을 방지하는 능력 또는 피부세포에 수분을 잡아둘 능력이 없다는 것이다. 따라서 인체에서 분비되는 피지가 부족할 경우, 인체의 피지성분과 유사한 성분을 외적으로 보충해주고, 건성피부에 수분을 촉촉하게 유지시켜주는 보습을 위한 건성피부용 제품을 바르는 것이 좋다(그림 3.2).

이것은 인체에서 어떤 비타민이 부족하여 비타민 결핍증이 나타나면 비타민제를 복용하여 부족한 비타민을 보충해주는 것과 같다. 인체에서 만들어져 우리의 피부를 촉촉하게 해주는 보습성분을 자연보습인자 또는 자연보습성분(natural moisturising factors, NMF)이라고 한다.

그림 3.2 건성피부

자주 접하게 되는 자연보습인자라는 용어는 인체에서 만들어지는 콜라겐, 히알루론산, 뮤코다당류 등을 의미한다. 여기서 이해해야 할 점은 인체에서 만들어지는 자연보습인자의 기능과 화장품 성분으로서의 자연보습인자의 기능이 서로 다르다는 사실이다.

인체에서 만들어진 자연보습인자는 피부의 보습기능을 원활히 유지시켜 세안을 해도 건조해지거나 당김이 없는 피부를 만들어 준다. 그러나 건성피부가 외부에서 공급하는 자연보습인자 등을 함유한 보습제를 바르면 건조한 느낌이 없어져 촉촉한 피부 상태가 되지만, 세안을 하고 나면 원래의 피부 상태로 되돌아가서 다시 건조해진다. 즉, 보습제는 피부기능 자체를 변화시키는 것이 아니라는 뜻이다.

이런 사실을 이해하면, "피부 깊숙이 흡수되어 피부에서 필요로 하는 영양과 수분을 공급해준다."는 의미는 제품을 피부에 바르고 있는 동안의 효과임을 알 수 있다. 결국 보습제는 피부를 촉촉하게 하고 피부표면을 매끄럽고 부드럽게 해주는 보호기능을 하는 것이다. 잔주름까지도 없애줄 수 있다고 기대한다면, 제품의 효과를 잘못 이해한 것이다. 그렇지만 피부가 건성이라면 피부 상태에 알맞은 보습제를 발라주어 피부의 건조상태를 방지하고 피부를 부드럽게 보호해주어야 한다. 그러나 한 가지 주의할 점은 과도한 수분공급은 오히려 피부에 문제를 일으킬 수 있다는 것이다.

건성피부에서 보습제는 사용을 하는지, 하지 않는지에 따라서 커다란 차이가 있다는 점은 중요한 의미를 갖는다. 보습제는 피부를 촉촉하고 부드럽게 해 줄 뿐만 아니라, 건성피부가 악화되지 않도록 해 주는 보호기능을 하기 때문이다.

이와 같이 피부표면의 수분부족에 의한 건성피부라면 보습제에 의해서 건조 증상이 완화될 수 있다. 하지만 피부의 수분유지 기능은 피부표면에서만 유지되는 것이 아니며, 진피의 성분 중 보습기능을 하는 히알루론산이 부족하여 생길 수 있는데, 이때에는 어떤 종류의 보습제를 발라도 당기는 증상이 해결되지 않는 경우도 있다. 이런 경우에는 이온 영동법과 초음파 영동법의 메디컬 스킨케어 방법으로 증상을 호전시킬 수 있다.

건성피부의 다른 원인으로 세포간 물질 손상이 있다. 세포간 물질이 손상된 피부는 건강과 부드러움과 매끄러움을 잃고 건조한 상태가 된다. 또 피부표면에서 각질이 정상적으로 떨어져 나가지 않는 데도 원인이 있다. 즉, 각화과정의 이상에 의해서도 건성피부가 나타난다. 정상적인 피부에서는 각질이 단일세포 상태로 떨어져 나가지만, 건성피부에서는 각질세포가 여러 개로 뭉쳐져서 덩어리로 떨어져 나가게 된다. 이때 피부에서는 비늘증상이 나타나는 것이다.

건성피부는 표면이 거칠고 단단해지면서 두터워지기 때문에 피부표면을 통해 수분이 더 많이 손실된다. 수분손실이 심해지면 피부가 갈라지는 증상이 일어나기도 하는데, 이것이 가려움증, 자극, 무좀이나 염증을 일으킨다. 또한 피부가 건조해지면 주름이 더 많이 생기고 심화될 수 있지만, 무조건 피부가 건조해진다고 해서 주름이 생기는 것은 아니다. 주름의 생성 원인과 건성피부의 원인은 서로 다르기 때문이다.

지금까지 살펴본 것처럼 각질층의 기능은 아주 중요하다. 피부표면에서 각질이 정상적으로 탈락되지 않으면 피부가 거칠어지고 피부기능도 약화된다. 이 분야에 대한 연구는 아직도 계속 진행 중이다.

■ 외적 요인에 의한 건성피부

사람들은 누구나 일시적으로 피부가 건조해지는 것을 경험하게 된다. 즉, 외부환경의 요인으로 햇빛에 장시간 노출되거나 실내 온도가 높아서 상대습도가 40% 이하로 떨어질 때 피부는 건조해진다.

이외에도 바람이 심하고 추운 날씨와 건조한 날씨도 피부를 건조하게 만든다. 여기에서 상대습도가 얼만큼 피부건조에 영향을 미치는지 알 수 있다. 상대습도가 낮아지면 외부에서 피부 수분을 빼앗아가기 때문이다. 심하게 피부가 당긴다고 하는 대다수 여성들이 습도가 높은 여름철에는 당기지 않는다고 하는 것도 상대습도에 의한 작용이다.

표 3.4 건성피부의 특징

시각적	모공이 작고, 윤기가 없으며, 각질이 일어남
촉각적	거칠고, 우툴두툴함
감각적	당김이 있고, 건조하고, 따갑고, 가려움

2) 지성피부의 특징

지성피부(oily skin)는 피지샘에서 피지가 많이 분비됨으로써 피부표면이 쉽게 번들거리고, 모공이 크며, 정상피부나 건성피부에 비해 피부가 두껍게 보인다(그림 3.3).

그림 3.3 지성피부

지성피부의 원인은 대개 유전적인 것으로 보고 있지만, 반드시 그렇지는 않다. 또한 지성피부라고 해서 여드름이 유발되는 것도 아니다. 지성피부는 피지샘의 기능이 활성화되어 피지가 정상보다 많이 분비되는 피부를 말한다.

피지샘은 호르몬의 영향을 받는다. 인체는 항상 호르몬 변화를 겪기 때문에 피부도 호르몬의 영향을 받게 되는 것이다. 피지샘은 모공을 통해 피지를 분비하여 피부표면을 촉촉하게 하면서 부드럽게 해주는 기능을 하지만, 청년기의 피지샘은 기능이 활성화되면서 피지 분비량이 많아져 지성피부의 원인이 된다. 따라서 청년기에는 피부가 지성인 경우가 많지만, 나이가 들면서 호르몬의 작용이 약화되어 지성피부에서 나타나는 여드름이 감소되면서 정상피부로 변화한다. 그러나 사람에 따라서는 피지샘이 계속 활성화되어 40대에도 지성피부 상태가 지속되는 경우도 있다.

지성피부는 피부표면에 피지가 많기 때문에 이러한 피지를 흡착시켜줄 수 있는 제품을 사용해야 하며, 메디컬 스킨케어를 통해 피지를 조절할 수 있도록 해야 한다. 피지의 과다 분비는 대체로 여성들의 생리 7~10일 전에 왕성해져서 지성피부 상태가 되기도 한다. 또한 임신을 하는 경우, 임신 6개월 후에는 지성 상태가 약화되지만, 출산 후 호르몬이 정상으로 되었을 때 일시적으로 피지샘이 활성화되어 지성피부 증상이 나타나기도 한다. 피지샘의 기능은 계절에 의한 영향을 많이 받는다.

일반적으로 여름철에 여드름이 심해지는 것은 피지샘이 더욱 활성화되기 때문이며, 햇빛과도 관계가 있어서 피부에 따라서는 햇빛에 노출되었을 때 여드름이 악화되는 것을 볼 수 있다. 피지샘에서 분비되는 피지 성분은 피부의 수분손실을 막아주어 피부표면을 촉촉하고 부드럽게 해주기 때문에 지성피부에서는 대체적으로 잔주름이 적다.

지성피부의 또 하나의 고민거리는 모공이다. 지성피부의 모공은 피지분비가 많기 때문에 자연히 커지게 된다. 간혹 화장품 광고를 보면 모공이 축소된다고 하지만, 실제로 모공을 축소시켜 주는 화장품은 없다. 모공은 지성피부가 정상피부로 변하면 그에 따라 변화가 일어난다. 그러나 모공은 유전적인 요소에 의해 결정되기 때문에 똑같은 정상피부라도 모공의 크기는 개인에 따라서 모두 다르다.

표 3.5 지성피부의 특징

시각적	피부표면이 번들거리고, 모공이 크고, 칙칙하고, 피부가 두꺼움
촉각적	촉촉하고, 부드럽고, 탄력이 있음

3) 복합성피부의 특징

복합성피부(combination skin)는 말 그대로 피부 상태가 부위별로 일정하지 않고, 혼합된 피부로, 대체적으로 T존 부위는 지성인 상태이지만, 양 볼과 다른 부위는 정상피부이거나 건성피부 상태를 보인다. 이마와 양 볼에는 모공이 보이지만 막히지 않은 상태이며, 코와 턱 주위는 모공이 막힌 상태의 피부이다(그림 3.4).

그림 3.4 복합성피부

일반적으로 대부분의 사람들이 복합성피부 상태라고 할 수 있다. 특히 T존 부위 내에서도 코의 양쪽 면(특히 볼과 마주치는 부위), 이마의 가운데 부위와 턱의 중심 부위에서 지성 상태가 가장 심하며, 모공이 크고 막히면서 여드름이 유발되기도 한다. T존 부위 이외의 다른 부위는 정상이거나 건성 상태로 모공이 아주 작게 보인다. T존 부위 이외의 피부가 정상피부라면 다행스러운 일이다. 왜냐하면 여드름이 유발되지 않고 수분과 유분이 적절히 유지되는 피부이기 때문이다.

(1) 심한 복합성피부

양 볼은 건성이면서 턱과 코 주위의 양쪽에 항상 여드름이 유발된다면 심한 상태의 복합성피부에 해당되므로 피부관리가 매우 어렵다.

(2) 약한 복합성피부

정상피부는 아니지만, 경우에 따라서 T존 부위에 여드름이 종종 유발되며, 심하지 않은 복합성피부 상태를 말한다.

표 3.6 복합성피부의 특징

시각적	T존 부위가 번들거리고, T존 부위 모공이 크고, 볼 부위가 건조함
촉각적	약간 거칠고, 약간의 뾰루지가 있음
감각적	볼 부위가 당김

4) 민감성피부의 특징

민감성피부(sensitive skin)라는 말은 피부관리사들에게는 아주 익숙한 말이다. 이는 매우 특별한 피부 타입으로, 피부관리를 시행할 때도 아주 조심스럽게 접근해야 한다. 하지만 민감성피부는 그 자체가 불안정한 피부 타입이기는 하지만, 피부 타입의 한 형태도 아니고 일종의 질환도 아니며, 의학적으로도 민감성이라는 말은 없다(그림 3.5).

민감성이라는 것은 쉽게 자극을 받는 하나의 현상을 지칭하는 말이다. 즉, 민감해지는 현상을 보이는 모든 질환이 있는 경우를 통상적으로 일컫는 말이다. 일반적으로 화장품만 발라도 발진 증상이 일어나서 피부가 건조해도 보습제를 사용할 수 없는 여성들이 있다. 대개 이런 여성들은 향수뿐만 아니라, 양모나 대부분의 비누에도 알레르기 반응을 일으킨다. 물론 예외이긴 하지만, 이와 같이 외부물질에 대하여 과민반응을 나타내는 피부를 민감성피부라고 한다. 어떤 여성들은 가렵고, 따끔거리기도 하고, 자극이 잘 일어나기도 한다.

전문적으로 보면, 어떤 타입의 피부라도 민감해질 수 있다. 특히 고운 피부나 반투명색의 얇은 피부를 가진 사람들은 대부분 쉽게 자극을 받는다. 하지만 반드시 그렇다고 단정지을 수는 없다. 대부분은 외부의 환경적 요인, 즉 차가운 바람, 건조한 바람, 자외선 등에 의해 자극을 받는다. 이외에 접촉성 피부염을 일으키는 물질도 알레르기를 유발하는 물질(피부과민성 물질)로 알려져 있다.

그림 3.5 민감성피부

알레르기성 접촉 피부염은 알레르기를 일으키는 물질에 접촉될 때 일어나는 반응이다. 자극은 주로 어떤 물질에 처음으로 접촉될 때 일어난다. 예를 들어 강한 알칼리 성분이나 산성 성분, 섬유(특히 양모) 등이 피부에 닿으면 피부에 자극 반응이 일어난다. 그러나 화장품에 의해 일어나는 자극은 아주 약하며 알레르기 반응을 일으키는 피부에만 일어난다.

어떤 화장품을 몇 달 동안 사용하다가 갑자기 자극이 일어났다면, 그 원인을 찾아내는 것은 어려운 일이지만, 처음 사용했을 때 자극이 일어났다면, 그 화장품 성분이 알레르기 반응을 일으킨 것이라고 판단할 수 있을 것이다. 화장품에 의한 반응은 시간이 어느 정도 지난 후에 나타나기도 하지만, 빠르게는 1시간 정도만 지나도 나타날 수 있다. 그 반응은 대개 따끔거리거나 가렵고, 붉어지거나 좁쌀 같은 발진 증상으로 나타난다. 하지만 화장품이란 단일 성분이 아닌 여러 성분이 혼합되어 제조되므로, 실제로 어떤 성분이 문제의 피부에서 반응을 일으켰는지를 찾아낸다는 것은 어려운 일이다.

최근에는 향이나 방부제를 적게 첨가하여 알레르기 반응을 일으키지 않는다는 화장품이 판매되고 있지만, 이것도 알레르기 반응이 전혀 일어나지 않는다고 볼 수는 없으며, 알레르기 반응이 비교적 적은 제품이라고 이해하면 될 것이다.

자극이 쉽게 일어나는 피부를 문제성 민감피부라고 한다. 그런데 최근 연구 자료에 의하면, 이와 같은 문제성 민감피부는 원래의 민감한 피부에 여러 가지 화장품을 사용했을 때 나타나며, 민감 증상을 더욱더 악화시킬 수 있다고 알려져 있다. 알레르기 반응은 직업적인 주위환경, 뜨거운 물, 추운 날씨, 꽃가루, 동물, 복용약, 신체적 질환 등 여러 가지 요인에서 기인하기 때문에 원인을 찾아내기는 쉽지 않다. 다만 육안적 관찰을 통해서 피부관리 시에 나타날 수 있는 반응을 예측하여 예방하는 관리가 필요하다. 이러한 예측은 오랜 임상경험에 의해서 이루어진다.

표 3.7 민감성피부의 특징

시각적	반투명하고, 피부결이 곱고, 간혹 모세혈관이 보임. 붉음증, 발진
촉각적	매끄럽고, 얇음
감각적	가끔 가렵고, 따끔거림. 알레르기 반응

5) 노화피부의 특징

노화피부(aging skin)라고 하면 일반적으로 주름이 생겼거나 탄력이 없어져 피부가 늘어졌다거나 건조해진 피부를 생각할 수 있다. 이렇게 피부 노화 현상이 나타나는 원인으로 내인성 노화와 광노화가 있다(그림 3.6).

'내인성 노화'란 나이가 들면서 나타나는 자연적인 노화현상으로 사람에 따라서 노화의 진행속도는 각기 다르다. 이러한 자연적인 노화현상이 왜 일어나는지, 또 그것을 막으려면 어떻게 해야 하는지에 대해서는 그동안 다각도로 연구되어 왔지만, 아직도 명쾌한 해답을 찾지 못한 상태이다. '광노화'란 햇빛이 표피를 투과해 진피까지 깊이 침투하여 탄력을 유지시키는 진피 내의 콜라겐을 손상시켜서 나타나는 결과이다.

그런데 많은 연구결과, 대부분의 피부 노화는 내인성 노화의 요소보다는 햇빛에 의해 더 많이 진행된다는 사실이 밝혀졌다. 어떤 학자는 80% 이상의 주름은 햇빛에 의해 생긴다는 연구 결과를 발표한 적도 있다. 즉, 피부에 나타나는 노화현상은 내인성 노화와 광노화가 동시에 작용하여 이루어진다는 사실을 알 수 있다. 그리고 내인성 요인보

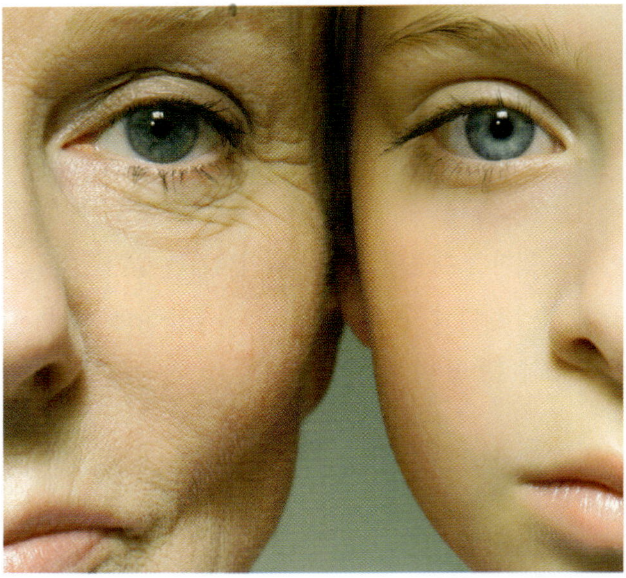

그림 3.6 노화피부(왼쪽)

다 햇빛에 노출되는 것이 피부 주름을 만드는 주범임을 알 수 있다. 이렇게 피부가 노화되었을 때 실제적으로 우리의 피부 속에서는 어떤 변화가 일어나고 있을까?

표피에서 일어나는 노화현상은 새 세포의 생성수가 줄어들고 각질세포의 교체율이 감소되는 것을 말한다. 각질세포 교체율은 30세가 넘으면 30~50% 정도가 감소한다. 즉, 피부표면에 있는 각질세포가 잘 떨어져 나가지 않아 각질이 많이 쌓이게 되면서 각질층이 두꺼워지고, 피부가 건조하고 거칠어지는 것이다. 또한 손상된 세포는 잘 회복되지 않으므로, 상처치유 능력도 떨어지게 된다. 따라서 표피가 얇아지고 기능이 떨어지면서 외부 방어기능도 약해지는 것이다.

멜라닌세포와 랑게르한스세포에서도 변화가 일어난다. 멜라닌세포의 경우에는 그 수가 감소되어 자외선에 대한 방어기능이 약화되고 피부색이 얼룩지기도 한다. 면역기능을 담당하는 랑게르한스세포 역시 감소되어 면역력이 저하된다. 진피에서는 피부 탄력을 유지시켜주는 콜라겐(교원섬유)과 엘라스틴(탄력섬유)이 감소하여 탄력이 떨어지고 단단해져 주름이 생기고 피부가 늘어진다(그림 3.7).

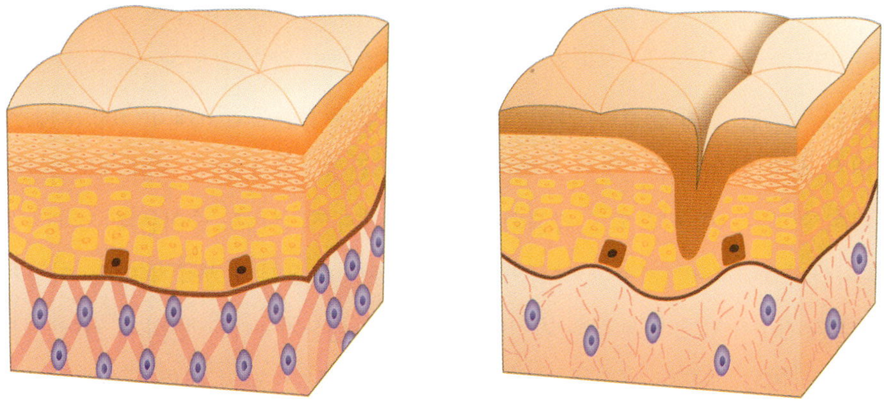

그림 3.7 정상피부(A)와 노화피부(B)

간혹 사람들은 근육에 힘이 없어지기 때문에 음식을 씹거나 웃을 때 주름이 생긴다고 생각하지만, 이는 사실이 아니다. 이런 잘못된 이론에 의해서 피부 근육을 운동시켜 주름을 없앤다는 기구나 관리법이 등장하기도 하지만, 이는 실제로 주름을 없애는 데

표 3.8 내인성 노화와 광노화의 임상적 특징

내인성 노화	광노화
피부표면에 가늘고 얕은 주름	골이 깊은 주름
피부표면의 건조현상	피부표면이 거칠어짐
피부가 얇아짐	피부가 두껍고 단단해짐
피부가 처짐	
피지분비가 감소됨	여러 가지 색소질환이 발생
모세혈관이 감소됨	모세혈관이 확장됨
미세혈관 구조가 중간 정도 감소됨	미세혈관 구조가 현저하게 감소됨
피부의 양성 종양	광선각화증과 피부암 유발

조금도 도움이 되지 않는다. 물론 피부란 마사지만 해주어도 달라진 듯한 느낌을 받기 때문에, 기구를 사용하면 일시적으로 주름이 펴진 것 같은 느낌을 받을 수는 있을 것이다. 하지만 주름의 원인은 진피의 콜라겐과 엘라스틴의 감소로 인해 생기는 것이므로 근육과는 아무런 관계가 없다. 또한 진피의 기질인 히알루론산(hyaluronic acid)이 감소되면서 진피의 수분 유지력이 부족하며 당기는 건성피부가 된다. 이밖에도 혈관수가 감소하여 혈액순환이 약화되고 땀샘의 기능이 떨어져 땀 분비도 줄어든다.

피지샘의 피지분비 기능이 약화되면서 피부표면에 유분이 부족해지고, 이렇게 되면 피부는 건조해지고 피부결은 거칠어진다. 지방 분산기능에도 변화가 일어난다. 얼굴, 손, 발, 정강이 등의 부위에 있는 피하지방이 얇아짐으로써 젊었을 때와는 달라진다. 특히 남자의 허리 부위와 여자의 허벅다리 부위 등은 지방이 재분산되어 군살로 나타나기도 한다. 이러한 피부의 노화과정을 정확히 알게 되면, 올바른 메디컬 스킨케어 방법을 시행하게 되므로 피부 개선에도 도움이 될 것이다.

CHAPTER

4

피부분석

1. 피부분석 방법
2. 메디컬 스킨케어 차트 작성법
3. 메디컬 스킨케어 차트 모형

1. 피부분석 방법

피부를 분석하고 평가한다는 것은 주관적인 작업이기 때문에 매우 어려운 일이다. 피부는 날씨나 스트레스지수 등의 상황에 따라 변화하기 때문에 피부분석은 이러한 피부의 미묘한 차이까지도 모두 인지해야 하는 것이다.

메디컬 스킨케어나 미용치료를 받고자 하는 환자에게 피부상담 시의 피부분석은 매우 중요한 핵심이 된다. 이는 피부유형에 맞는 적합한 미용시술과 관리, 홈 스킨케어에 대한 조언을 위해서도 필수 사항이기 때문이다.

피부를 분석하는 방법에는 육안적 관찰을 통한 방법과 계측장비를 이용한 방법이 있다. 그러나 대체로 육안적 관찰을 통한 피부식별을 사용하는데, 피부는 주로 육안으로 문제의 상태를 판별할 수 있기 때문에 오래 전부터 계속되어오는 방법이기도 하다.

시술에 앞서 환자의 연령이나 피부 타입 등을 고려하여 피부의 문제점을 파악하는 것이 선행되어야 하고, 이러한 문제점을 해결하기 위해 환자의 상태에 따라 메디컬 스킨케어 프로그램을 제안하는 방식으로 진행되어야 한다.

메디컬 스킨케어를 위한 육안적 관찰은 환자 개개인의 피부 문제점의 특징을 잘 파악해야 하고, 얼굴 전체 피부상태를 관찰하고 난 후에 눈 주위, 코, 입, 뺨, 관자놀이 등을 세심하게 관찰하는 것이 좋다.

피부를 분석하고 피부의 문제점을 개선하기 위해서 고려해야 할 사항으로는 피부의 산도(pH), 피부의 유분 상태, 피부의 두께 정도, 피부색, 피부의 이완된 상태, 피부의 여린 정도 등이 있다.

1) 피부의 산도

피부 표면의 산도는 pH 4~7의 약산성 환경으로, 피부장벽기능의 항상성 유지에 매우 중요하다. 피부장벽의 약화는 알칼리와 관련이 있는데, 피부장벽이 손상된 후 회복되는 과정에서 피부의 산성 pH는 정상적인 알칼리성 pH로 피부장벽의 회복과정을 보이는데 비해, 알칼리성 pH는 피부장벽의 회복이 지연된다. 일반적으로 여성은 남성에 비해 더 산성이지만, 연령이 높아질수록 남성과 여성의 차이는 사라진다.

pH의 증감은 체온과 반비례하는데, 낮에는 pH가 낮고, 밤에는 pH 7보다 약간 낮지만 땀이 건조되면서 pH가 내려간다. 일반적으로 땀이 지속되면 pH가 상승한다. 대개 노인일수록 알칼리성을 띠고 있으며, 목욕은 pH를 변하게 하는 원인이 되는데, 고온 목욕일수록 알칼리성을 띠고, 저온 목욕일수록 산성을 띠며, 약 12시간 동안 영향을 받는다. 따라서 메디컬 스킨케어의 시행 또는 미용치료 전 처치로 피부의 컨디셔닝을 정상화시켜주는 것이 무엇보다도 중요하다.

피부의 pH에 따라 미백관리나 스킨 스케일링, 레이저 치료 시에 불안정한 반응을 보일 수 있고 피부가 민감해지는 경향이 두드러지게 나타나기 때문에 안정된 피부 컨디셔닝에 주의를 요하며 성별, 연령, 환경에 따라 고려해야 한다.

Tip

pH: pH란 수소이온농도를 나타내는 지표로서 pH는 0~14까지의 범위를 말하며, 0에 가까울수록 산성이고, 14에 가까울수록 알칼리성이다. pH 7은 중성이다. 혈액의 pH는 7.4로 중성에 가깝고, 우유의 pH는 6~7 정도이며, 레몬주스의 pH는 2~3 사이로 산성에 의해 신 맛이 난다(그림 4,1).

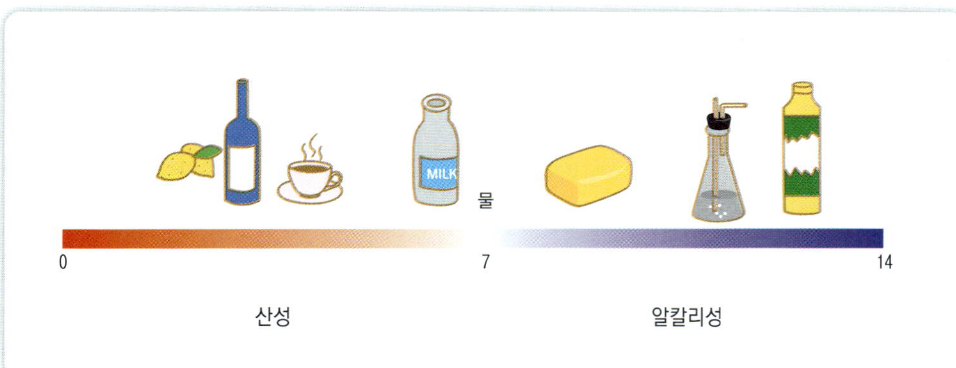

그림 4.1 산도(pH)

2) 피부 유분 상태

피부의 번들거림이나 피부가 건조하면서 당기는 현상 그리고 피지분비 등은 피부 타입에 따른 문제점들이다. 피부 타입을 결정하는 대표적인 요소는 피부표면의 유분량(피지량)이다.

피지분비가 많은 지성피부인 경우, 메디컬 스킨케어 시행 시 또는 미용치료 시에 영양 물질의 흡수나 국소치료제의 활성성분 침투가 방해를 받으며, 시술결과에 대한 성공 여부와 피부의 정상 회복에 많은 영향을 준다. 또한 과도한 피지분비는 여드름, 기미, 광노화질환 등의 국소적 치료 실패에 대한 가장 흔한 원인이 된다.

따라서 메디컬 스킨케어를 시행하기 전 또는 미용치료를 위한 시술 전에 충분한 전처치가 이루어져야 하는데, 이는 필링이나 레이저 필링을 고르게 효과적으로 시술하기 위함이다.

3) 피부두께의 정도

피부두께(skin thickness)는 유전적으로 결정되며, 두께의 정도는 일반적으로 얇음(thin), 중간(medium-thick), 두꺼움(thick)으로 나눌 수 있다(그림 4.2).

물론 각 타입의 경계를 명확히 구분하는 것은 쉬운 일이 아니며, 각 개인의 피부는 해부학적 위치에 따라 두께가 변하기도 한다. 예를 들면 표피와 유두진피는 해부학적 부위에서 모두 거의 동일한 두께를 가지고 있지만, 각질층은 손이나 발바닥이 가장 두껍다.

얼굴 피부의 두께 역시 부위에 따라 다르다. 뺨은 얼굴의 다른 부위에 비해 가장 두껍고, 이마는 부위마다 두께가 다르다. 또한 턱선 부위의 두께는 뺨보다 얇으며, 눈꺼풀 피부의 두께가 가장 얇다(표 4.1).

얼굴 살이 통통하게 보이는 것과 피부두께는 관계가 없다. 통통해 보이는 것은 피하지방층의 두께와 지방 축적량에 의한 것이다.

인종에 따라 피부두께는 차이가 있다. 흑인의 경우에는 두껍거나 중간 두께가 많고, 황인의 경우에는 중간 두께가 대부분이다. 백인의 피부두께는 매우 다양한 편으로, 일부는 꽤 두꺼운 피부를 가지고 있지만, 나머지의 경우는 그렇지 않다. 그리고 머리카락이 붉은 사람들은 대부분 혈관이 비치는 매우 얇은 피부이며, 모든 인종에서 남자가

그림 4.2 피부두께의 정도

표 4.1 얼굴의 표피 및 진피의 두께

부위	두께
표피	0.06mm
눈 주위	0.5~0.6mm
코	2.0mm
뺨	1.0~2.0mm
이마	2.0mm

여자보다 더 두꺼운 피부두께를 가지고 있다.

피부를 육안으로 관찰하여 피부두께를 판별하는 2가지 방법은 다음과 같다. 첫번째, 얼굴에 표정을 지을 때 나타나는 주름의 정도를 관찰한다. 주름살의 '산'의 너비와 '골짜기'의 깊이, 주름 길이의 확장 정도, 근육이 이완되었을 때의 모습을 통해 평가할 수 있다. 두 번째, 메디컬 스킨케어를 시행하기 전에 간단하게 피부두께를 판별하는 방법이다. 뺨을 엄지손가락과 검지손가락으로 집었을 때의 두께를 측정하는데, 집었을 때의 두께가 1cm 미만이면 얇은 피부, 1cm 정도이면 중간 피부, 1cm 이상이면 두꺼운 피부로 평가할 수 있다(표 4.2). 이렇게 피부 두께를 판별하는 이유는 메디컬 스킨 케어를 시행할 때 시술 전 처치 방법, 시술결과의 예측, 시술 후 관리방법 및 반복시술 여부를 결정하는 기준으로 매우 중요하기 때문이다.

표 4.2 손으로 집은 두께

부위	두께
얇은 피부	1cm 미만
중간 피부	1cm 정도
두꺼운 피부	1cm 이상

4) 피부색

사람의 피부색(skin color)에 관여하는 색소에는 멜라닌, 헤모글로빈, 카로틴이 있다(그림 4.3). 피부색은 멜라닌, 헤모글로빈 및 카로틴의 양, 피부두께, 피부수화도, 혈

그림 4.3 피부색에 관여하는 색소

류량 등에 의해서 결정되며 성별, 인종, 지역, 계절, 건강상태, 스트레스 등에 의해서도 영향을 받는다. 피부색은 피부관리 시행 후 또는 미용치료 시술 후 결과에 대해서 각기 다른 반응이 나타날 수 있기 때문에 중요한 요소로 작용한다. 예를 들면, 염증 후 색소침착의 가능성이나 진피손상으로 생기는 색소파괴의 가능성 또는 피부재생의 지연 가능성과 미용치료 효과에서 불안정하고 더욱 민감한 반응을 보일 수 있기 때문이다.

이렇듯 피부색은 메디컬 스킨케어 시행 시, 어떤 프로그램이 적합한지를 결정할 때 또는 피부상담 시 환자에게 적절한 치료법을 선택할 수 있도록 조언해 주는 경우에 매우 중요한 요소이다.

5) 피부의 이완된 상태

피부의 이완(laxity, 늘어짐) 정도는 육안으로 관찰할 때 주름살, 처진 눈썹, 늘어진 눈꺼풀 피부, 인중 주름, 처진 뺨 및 목주름과 늘어진 목살 등을 통해 평가할 수 있다(그림 4.4).

얼굴지방의 감소와 이동에 의해 피부의 유연성과 견고함이 저하되고, 이에 따라 볼과 이마 그리고 턱의 지방패드(fat pad)는 얼굴의 아래쪽과 안쪽으로 이동하게 되며, 지방 또한 시간이 지남에 따라 감소한다. 뼈의 약화는 얼굴 골격의 지지 구조 밀도와 크기가 줄어들게 하고, 이에 따라 피부를 지탱하는 구성물이 감소되어 처지고 늘어지게 된다. 또한 중력은 끊임없이 몸을 아래로 잡아당긴다. 이러한 여러 작용들로 인하여 피부는 늘어지고 처지게 되며, 이

그림 4.4 피부 이완

중턱이 생기게 된다. 이렇게 아주 깊은 주름이나 피부 이완은 리프팅으로도 개선되지 않는다.

6) 피부의 여린 정도

미용치료 중 깊은 시술에 부적합한 피부를 여린 피부(fragile skin)라 하는데, 여린 피부의 발생과정은 아직 정확하게 알려져 있지 않다. 다만 황인의 피부에서 더 흔히 나타나며 다음은 흑인 순서이지만, 거의 모든 피부색과 피부 타입에서 나타날 수 있다.

여린 피부를 분석하기 위한 방법으로는 엄지와 검지로 피부를 집는 것이 있다. 여린 피부는 버터 같은 느낌으로 집히지만, 강한 피부는 마치 가죽처럼 단단하게 느껴진다. 또한 켈로이드 환자나 가벼운 외상에도 흉터가 잘 생기는 경우에도 여린 피부로 평가한다. 여린 피부는 전 처치나 시술 시 주의하여 조심스럽게 접근해야 하며, 시술에 대해 매우 강하게 반응하고, 그 이후에도 피부의 재생 속도가 느려 회복이 지연되는 경향을 보인다. 또한 홍반과 피부 거칠음이 발생하면 오랜 기간 지속되며, 조직변성과 흉터가 생길 가능성이 높다. 이러한 피부 타입의 환자에게는 깊은 주름이나 흉터를 없애기 위한 깊은 시술은 흉터가 생길 가능성이 매우 높다는 것을 알려주어야 한다.

피부의 컨디셔닝은 피부의 강도와 내성을 증가시켜주므로 여린 피부에 대한 전 · 후 처치는 일반적인 피부에 비해서 2~3배 더 오래 시행해야 한다.

2. 메디컬 스킨케어 차트 작성법

1) 차트 작성의 의미

환자에 대한 올바른 차트 작성은 상담 시 서로에게 필요한 기초 자료가 된다. 상담은 작성한 차트의 기록을 바탕으로 이루어지게 되며, 이러한 상담은 메디컬 스킨케어의 효과를 상승시키고, 시술 결과를 장기적으로 지속시키는 데 큰 영향을 미친다. 따라서 상담에 앞서 차트는 상세하고 정확하게 기록되어야 한다.

또한 메디컬 스킨케어를 매회 시행하면서 피부의 변화 과정을 상세히 관찰하고 일목요연하게 정리하여 기록해 둠으로써, 실무에 요긴한 자료로 활용함은 물론 환자의 피부문제 해결에 도움이 되도록 해야 한다.

2) 차트 작성 시 기록해야 할 내용

① 첫 방문일자 Date of First Visiting

첫 방문일에 비해 환자의 관리 진행 정도를 체크할 수 있다.

② 성별 Sex

여성(female)/남성(male)

③ 성명 Name

④ 생년월일 Date of Birth

연령에 따른 피부 상태 파악이나 환자 관리를 위한 측면에서도 필요하다(생일 축하 메시지 등).

⑤ 주소 Address

지역에 따른 환자의 특성을 파악하고, 주거지역에 따라서 시술 또는 관리 프로그램을 효율적으로 제공할 수 있다.

⑥ 전화번호 Tel & Cell

예약일의 체크 및 변경사항을 확인할 수 있다.

⑦ 직업 Job

직업에 따라서 피부에 영향을 줄 수 있는 환경적 요인을 파악할 수 있다.

⑧ 결혼 유무 Married Status

출산 자녀의 교육, 피임 여부 등으로 인해 피부에 발생할 수 있는 문제점을 파악할 수 있다.

⑨ 운동 Sports

주로 즐기는 스포츠가 어떤 종류인지 파악하여 예방할 수 있는 피부 관리에 중점을 둘 수가 있다.

⑩ 소개, 추천 Referred by

소개 또는 추천해 준 분에게 감사의 표시를 함으로써 지속적인 환자 관리를 할 수 있다.

⑪ 광고매체 Publication

병원의 홍보와 광고 기획 시 참고 자료가 될 수 있다.

⑫ 건강상태 Health Status

병력이나 질병 또는 수술의 유무 여부와 약 복용 내역, 건강상태에 대한 파악은 미용치료뿐만 아니라, 메디컬 스킨케어 후 결과에도 매우 중요하게 작용한다.

⑬ 피부분석 Skin Analysis

피부 타입과 피부분석은 구체적인 메디컬 스킨케어 프로그램 실행을 위한 가장 핵심요소이므로 세심하게 관찰하여 기록한다.

⑭ 얼굴도면 Face Blueprint

피부분석 시 육안으로 관찰한 사항을 그림에 표시해 놓으므로써 결과와 비교할 수 있다.

⑮ 일반적인 정보 General Information

환자가 평상시 주로 느끼는 피부의 문제점을 기록함으로써 상담 시 그 부분을 체크하여 문제의 시작과 경과, 결과를 중심으로 상담을 진행할 수 있다.

⑯ 타 병원 치료경험 Experience of Another Hospital

타 병원에서의 치료 경험을 파악함으로써 차별화된 메디컬 스킨케어를 제안할 수 있다.

⑰ 홈 스킨케어 Home Skincare

화장품의 구매 날짜와 가격, 사용법 등을 기록하여 지속적인 홈 스킨케어를 조언할 수 있다.

3. 메디컬 스킨케어 차트 모형

<table>
<tr><td>① 첫 방문일자</td><td colspan="2"></td><td>② 성 별</td><td>☐ 여성 ☐ 남성</td></tr>
<tr><td>③ 성 명</td><td colspan="2"></td><td>④ 생년월일</td><td></td></tr>
<tr><td>⑤ 주 소</td><td colspan="4"></td></tr>
<tr><td>⑥ 전화번호</td><td colspan="2"></td><td>⑦ 직 업</td><td></td></tr>
<tr><td>⑧ 결혼 유무</td><td colspan="2">☐ Yes ☐ No</td><td>⑨ 운 동</td><td></td></tr>
<tr><td>⑩ 소개, 추천</td><td colspan="2"></td><td>⑪ 광고매체</td><td></td></tr>
<tr><td rowspan="3">⑫ 건강상태</td><td>병 력</td><td colspan="3">☐ 당뇨 ☐ 심장병 ☐ 갑상선 ☐ 신장병
☐ 간기능 이상 ☐ 수술 ☐ 기타:</td></tr>
<tr><td>생 리</td><td colspan="3">☐ 규칙 ☐ 불규칙 ☐ 임신 ☐ 갱년기 ☐ 폐경기</td></tr>
<tr><td>약 사용</td><td colspan="3">☐ 먹는 약 ☐ 바르는 약 ☐ 기타:</td></tr>
<tr><td rowspan="7">⑬ 피부분석</td><td>피부 타입</td><td colspan="3">☐ 건성 ☐ 지성 ☐ 복합성 ☐ 민감성 ☐ 노화</td></tr>
<tr><td>피지분비</td><td colspan="3">☐ 저하 ☐ 보통 ☐ 과잉</td></tr>
<tr><td>수분함유</td><td colspan="3">☐ 건조 ☐ 보통 ☐ 매우 건조</td></tr>
<tr><td>모공크기</td><td colspan="3">☐ 작음 ☐ 보통 ☐ 크다</td></tr>
<tr><td>탄력상태</td><td colspan="3">☐ 저하 ☐ 보통 ☐ 늘어짐(처짐)</td></tr>
<tr><td>색소침착</td><td colspan="3">☐ 기미 ☐ 점 ☐ 잡티 ☐ 주근깨 ☐ 검버섯
☐ 오타모반 ☐ 기타:</td></tr>
<tr><td>혈 관</td><td colspan="3">☐ 안면홍조 ☐ 모세혈관 확장</td></tr>
<tr><td colspan="2" rowspan="2">⑭
</td><td colspan="3">⑮ 일반적인 정보</td></tr>
<tr><td colspan="3"></td></tr>
<tr><td>⑯ 타 병원
치료 경험</td><td colspan="4"></td></tr>
<tr><td>⑰ 홈 스킨케어</td><td colspan="4"></td></tr>
</table>

CHAPTER

5

환경과 피부

1. 계절과 피부
2. 인공적인 환경과 피부

피부는 각 개인의 생활환경을 반영해 주는 거울이라 할 수 있다. 지금의 과학 발달은 인공적으로 항상 일정한 온도와 습도를 유지할 수 있는 환경에서 생활할 수 있도록 해 주지만, 이러한 환경은 피부에 여러 가지 문제점을 일으킨다.

또한 날씨와 기후도 인간에게 건강상태와 활동성을 높이거나 낮추는 데 영향을 준다. '날씨'라는 것은 어떤 장소에서든지 반복되는 시간의 어느 한 시점에서의 대기 상태를 말하며, '기후'란 어느 지역의 지리학적인 감수성이나 반응에 따라 작용이 달라진다. 이러한 다양한 조건의 환경들은 피부에 큰 영향을 준다.

1. 계절과 피부

아름다운 피부를 갖는 것은 모든 여성의 소망이다. 그러나 다양한 요소가 피부에 영향을 주는데, 외적 요소로는 바이오리듬과 추위, 더위, 습도, 자외선 등이 있다. 또한 계절의 변화도 피부생리에 영향을 주게 되므로, 이에 따른 문제를 잘 파악하여 스킨케어를 해야 한다(그림 5.1).

활동 시 생체리듬은 모든 생명체의 기본적인 현상으로 자연 현상의 리듬에 따라 많은 영향을 받는다.

하루의 리듬을 살펴보자. 매우 의식적으로 경험하는 뚜렷한 것은 낮과 밤의 교체이다. 인간의 생명력을 위한 하루 일과가 매일 같지는 않지만, 거의 대부분이 반복되는 일상의 리듬 속에서 이루어진다. 신체 활동력은 아침을 지나 정오쯤에 최고조에 이르게 되고, 오후에는 떨어졌다가 저녁때쯤 다시 조금 올라가게 되며, 밤에는 리듬이 떨어진다. 밤 동안에도 신체는 계속 변화하는 수면상태로 그 리듬이 구분된다.

한 달의 리듬은 여성의 신체에서 나타나는 28일 간격의 리듬을 통해 알 수 있다. 이것은 정신적인 부분에 큰 영향을 주게 되고 육체적으로도 뚜렷하게 나타나며, 피부의 한 형태로도 나타난다. 남성에게도 마찬가지로 23일의 리듬이 존재한다.

1년의 리듬은 한 해가 지나면서 인간의 생활환경에 영향을 미친다. 이러한 영향은 눈으로 확인할 수 있으므로, 리듬에 따라 인체가 변화되는 상황에 대처할 수 있어야 한다. 피부는 기후에도 영향을 받는데, 대기 중의 수분량이나 온도가 영향을 미친다. 또

그림 5.1 사계절의 변화

한 차가운 공기는 모세혈관을 수축시켜 피부의 영양공급을 저해하며, 건조한 공기는 피부의 수분을 빼앗아 간다. 따라서 여름과 겨울의 기온차가 크게 나는 지역에서는 사람들의 피부가 자극을 받아 문제가 되기 쉽고, 계절의 변화에 따라 습도 차이는 거의 없고 온도만 변동하는 지역에서는 아름다운 피부를 유지할 수 있는 좋은 환경이 된다. 즉, 공기 중에 습도가 적절하게 유지된다는 것은 피부에 중요한 수분을 항상 일정하게 유지하게 하여 촉촉하고 부드러운 피부를 갖게 하며, 이러한 여러 환경의 조건에 의해서 피부는 영향을 받게 된다.

사계절의 변화는 일상생활에 완전한 변화를 주어 피부생리 또한 바뀌게 한다. 따라서 그 변화에 적합한 스킨케어를 시행하는 것이 무엇보다 중요하다.

1) 봄

봄에는 맑은 햇살이 비추고, 나무들이 새싹을 움트며, 대지에는 꽃향기가 가득 차게 된다. 봄은 피부의 청춘이라고 말할 수 있다. 기온 상승으로 인하여 혈액순환이 활발해지고, 신진대사가 원활해지며 피부가 윤택해진다. 하지만 기온 상승으로 인해 지면이 데워지고 공기의 열이 이동하는 현상이 일어나서 지면이 건조해지기 때문에 먼지가 날아올라 피부는 오염물질로 더러워지기 쉽다. 또한 꽃가루에 의한 알레르기로 피부에 트러블이 잘 생기며, 꽃샘추위의 시기에는 급격한 온도 변화가 피부트러블의 원인이 되기도 한다.

겨울에서 봄으로의 급격한 온도 상승에 따라 과다하게 분비되는 피지는 여드름의 원인이 되기도 한다. 급격한 온도 변화에 의한 생활의 변화는 내분비계에까지 영향을 주게 되며, 호르몬 분비의 불균형으로 피부에 색소침착이나 주근깨 등이 발생하기 쉽다. 따라서 봄에는 무엇보다도 '세안'에 신경을 써야 한다.

봄의 피부상태는 불안정한 상태가 특징이다. 이런 상황에서는 종종 과민한 반응이나 발진이 나타나는 알레르기 성향으로 인하여 피부의 민감성이 나타난다. 즉, 봄은 피부이상의 위기적 시기인 것이다.

봄철 피부관리의 핵심은 '진정관리'이다. 강한 딥 클렌징이나 필링관리는 가능한 한 삼가해야 하며, 침투력이 우수한 성분들 또한 피하는 것이 피부트러블을 예방할 수 있다.

메디컬 스킨케어 기기관리로는 초음파 관리가 적합하며, 스킨케어 프로그램은 진정관리를 시행하는 것이 안정된 피부상태를 만들어 줄 수 있다.

2) 여름

여름에는 대개 정상적인 피부상태로 돌아간다. 물론 햇빛의 영향도 받게 된다. 여름에는 몸에 흐르고 있는 혈액이 몸 표면에 모이게 되고, 피부의 모세혈관 순환이 원활해진다. 이것은 기온이 상승함에 따라 체온이 올라가지 못하도록 표피를 통하여 열을 발산하기 위한 현상으로 자연적인 체내의 조절작용이다. 그러므로 여름에는 피부의 영양상태가 높아져서 세포의 신진대사가 활발해진다. 즉, 피부재생이 원활하게 이루어지는 것이다.

반면, 여름은 고온다습한 환경을 가지고 있어 피부생리에서 경계를 요하는 계절이기도 하다. 여름의 강력한 햇빛은 피부에 유해한 자극이 되며, 정상적인 피부의 각화작용을 방해한다. 또 습도가 높기 때문에 땀을 많이 분비하게 되므로 피부표면의 땀과 피지, 각질 등의 균형이 깨져서 피부가 거칠어지며 노화의 원인이 되기도 한다.

여름은 많은 땀의 분비로 인해 잦은 세안과 샤워 등에 의해서 피부 표면의 산도(pH)가 저하되어 세균에 대한 저항력이 약해져서 피부에 염증이 생기기 쉽다.

일상생활에서는 더위로 인한 수면부족과 식욕저하, 영양 불균형이 될 수 있기 때문에 이러한 체내의 문제는 피부 상태에도 영향을 준다. 따라서 피부는 거칠어지고 기미와 주근깨가 유발되며 윤기가 없어지고 잔주름이 눈에 띄게 된다. 이러한 일상생활의 부분을 체크해야 하는 것이다.

여름철의 피부관리는 강한 딥 클렌징과 필링관리의 시행이 가능하며, '재생관리' 프로그램을 시행하는 것이 적합하다.

여름 장마철의 피부

장마 때에는 날씨의 영향으로 인해 기분이 가라앉기도 한다. 피부에도 좋지 않으며 궂은 날씨가 계속되면 피부의 분비작용이 저하되어 피지분비도 적어지게 된다. 비로 인한 습도에 의해서 피부표면의 산도가 알칼리성으로 기울게 되고, 세균의 온상이 되기 쉬워져서 습진이나 염증 등의 피부염이 쉽게 발생된다. 또한 신진대사가 저하되므로 피부표면의 각질이 오래 남아 얼굴의 윤기가 사라진다.

이때에는 우선 세안을 자주 하고 피부의 신진대사를 촉진시키는 동시에 피부가 약산성이 되도록 관리하는 것이 중요하다.

3) 가을

가을은 피부에 비교적 온화한 계절이라고 할 수 있다. 가을바람이 불기 시작하면서 체내의 기초대사는 높아지게 되므로, 염증에 대항하는 호르몬 분비도 왕성해진다. 또한 식욕이 늘어 몸의 영양 상태가 균형을 이루게 되면서 피부의 영양 상태도 최상이 된다. 강렬했던 여름 자외선으로부터 자극받은 피부를 원래 상태로 회복시켜주는 것과 곧이어 찾아올 겨울에 대비하여 충분한 영양과 휴식을 피부에게 공급해 주는 잠시 동안의 유예기간을 갖는 계절이 가을이다.

그러나 강렬한 여름이 지났다고 방심하면 안 된다. 가을에서 겨울에 걸쳐서는 햇빛이 대기 중에 비스듬히 지나간다. 파장이 짧은 자외선은 흡수되지만, 긴 파장의 자외선도 있어 주의하지 않고 피부를 노출시키면 피부가 그을리게 되어 색소침착이 남는다. 이때 그을린 색소침착은 좀처럼 회복되지 않는 경우가 있다.

그리고 11월에 접어들어서야 햇빛이 줄어들어 여름 이후의 모든 성장은 침체되기 시작한다. 에너지와 신진대사 및 모든 저항력이 떨어지게 된다. 이러한 현상은 피부의 탄력과 피부색에 부정적인 영향을 주게 되어, 피부색은 창백해지고 혈행과 긴장이 저하된다.

가을철 피부관리의 핵심은 '혈액순환'을 촉진시켜주는 것이다. 미백을 위한 필링 등의 침투력이 우수한 성분의 사용이 가능하다. 가을의 피부상태는 진정상태에 접어들었으므로, 피부트러블에 안심할 수 있다. 따라서 가을의 피부관리는 좀 더 과감한 프로그램이 도움이 된다.

4) 겨울

겨울은 차가운 바람과 건조한 공기로 인하여 피부에는 최대의 적이다. 낮은 기온과 건조한 공기, 긴 파장의 자외선이 강렬하기 때문이다.

한겨울이 되면 바깥 기온은 영하로 내려간다. 피부는 낮은 기온에 대항하기 위하여 여름과 반대로 혈액이 체내에 모여서 피부표면의 모세혈관은 수축되고 신진대사가 저하된다. 따라서 피부표면의 세포는 영양이 결핍되어 피부의 건조현상이 나타나게 되는 것이다. 또한 피부의 수분함량이 현저하게 감소되기 때문에 피부는 눈에 띄게 거칠어진다. 피부의 표면층은 보통 15%의 수분을 함유하고 있는데, 이 함유량이 10% 이하로 내려가게 되면 피부가 건조해지고, 윤기가 없어지며, 탄력도 급격히 떨어지게 되므로 노화의 한 원인이 되기도 한다.

낮은 기온과 건조한 공기는 피부표면은 물론이고, 피부 내부까지 악영향을 주게 되면서 세포에 피로를 가져다준다. 겨울의 이러한 환경적 조건은 피부에 이중적으로 영향을 주게 되므로 관리가 매우 중요하다.

겨울에는 모든 현상이 정상보다 저하된다. 이유는 성장과정이나 육체적 과정의 결핍, 특히 비타민 A, D, E와 비타민 C의 결핍이 일어나기 때문이다. 이러한 여러 가지 영향으로 인해 스킨케어 프로그램과 화장품의 사용법은 각 계절의 차이와 생체리듬에 따라 달리 적용되어야 한다.

겨울철의 피부관리는 특별히 '기초적인' 피부관리와 피부보호 관리가 매우 중요하다. 우리나라는 사계절이 뚜렷하여 기온차가 심한 것이 특징이므로 이러한 계절의 변화를 바탕으로 계절에 따른 생리적 기능과 신진대사, 혈행의 관계 등을 잘 이해하고 파악하여 스킨케어 프로그램을 계획해야 한다.

2. 인공적인 환경과 피부

인간은 과거부터 자연환경과 함께 생활해왔다. 사계절의 변화는 몸과 마음에 적당한 자극을 주고, 인간은 오랫동안 그 리듬에 순응하며 생활해 왔다.

그러나 현대에는 과학의 급속한 발달이 인간을 둘러싸고 있는 환경에 큰 변화를 가져왔다. 예를 들어, 더운 여름과 추운 겨울을 피해서 냉 · 난방이라고 하는 인공적인 환경이 만들어졌다(그림 5.2). 이것은 사람에게 아주 쾌적한 생활환경을 만들어 주지만, 이와 반대로 인간이 갖추고 있는 기능을 저하시키는 원인이 되기도 한다. 또한 실내의 쾌적한 환경과 비례하여 소음과 대기오염 등의 공해가 많아져서 또 다른 문제를 야기

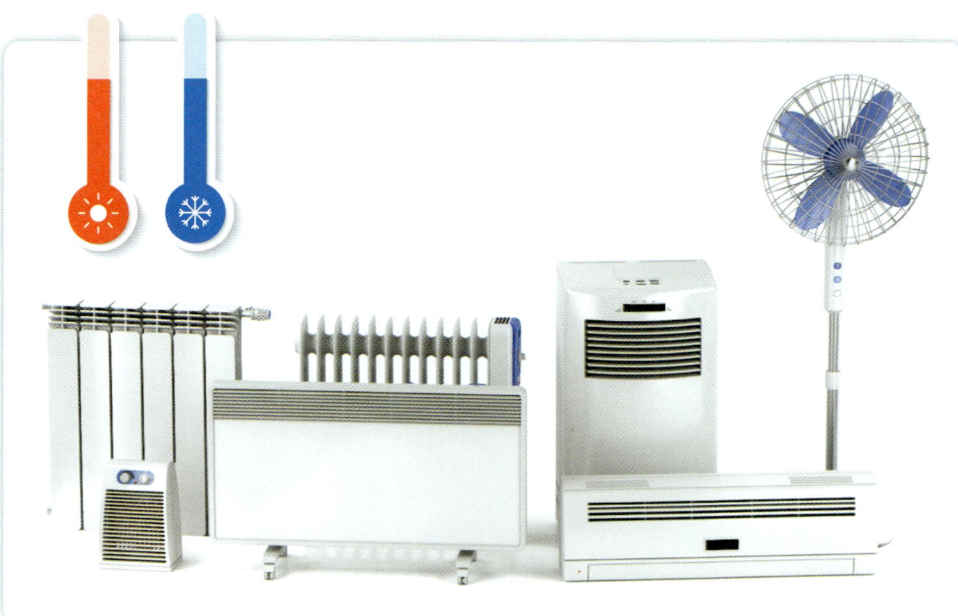

그림 5.2 냉 · 난방기계

하고 있다. 인공적인 환경인 냉 · 난방의 발달과 보급은 피부 저항력을 떨어뜨린다.

인간의 체온은 외부 변화에 관계없이 항상 일정하게 유지되고 있고, 피부의 온도 또한 일정하다. 인간은 언제나 일정한 상태를 유지하려고 하는 '항상성(homeostasis)'이라는 기능을 가지고 있다. 문제는 이러한 기능이 "외부로부터의 적당한 자극"이 있어야만 원활하게 작용한다는 것이다. 인간의 피부는 외부의 변화를 민감하게 받아들여 몸 전체로 대응하는데, 냉 · 난방의 환경에서 장시간 지내게 되면 피부의 기능은 저하되고 지각신경이나 자율신경이 둔해져서 제 기능을 다 할 수가 없게 된다. 또한 피부 자체가 가지고 있는 기능은 외부의 적절한 자극이 있을 때에만 작용하게 되는데, 이러한 냉 · 난방의 환경은 기능을 퇴화시키는 것이 된다.

인공적인 환경은 피부 노화를 촉진시키는 원인이 되기도 한다. 즉, 외부와 냉 · 난방의 실내와의 급격한 온도 차와 장소마다 다른 일정하지 않은 냉 · 난방이 바로 문제가 되는 것이다. 이렇게 심한 온도 차는 피부에 스트레스를 주게 되며, 피부의 모세혈관은 급격한 온도를 견디지 못하고 모세혈관이 위축되어 작용의 둔화를 가져오며, 혈액순환이 떨어지게 된다. 결과적으로 피부의 영양상태가 악화되고 노화를 촉진시키게 된다.

또 한 가지 중요한 것은 '습도'이다. 현재 가정에서나 사무실에 가습설비를 갖추고 있는 곳이 부족하다. 습도가 부족하면 외부 수분은 피부 조직에 있는 수분을 공기 중으로 빼앗아 간다. 그 결과, 피부는 더욱더 건조한 상태로 변하게 되므로 인공적인 환경에서 장시간 생활하는 경우, 습도에 대해서 고려해야 하며, 평소보다 훨씬 더 피부 보호에 주의를 기울여야 한다.

CHAPTER

6

자외선과 피부

1. 자외선이란
2. 자외선 차단제 사용법
3. 선글라스 선택 요령

피부노화에 가장 크게 작용하는 것은 자외선이다. 일반적으로 피부가 자외선에 노출되면 노화, 색소침착, 깊은 주름, 피부암 등을 유발할 수 있다. 또한 피부유형에 상관없이 모든 인종의 여성과 남성의 표피 및 진피조직에 손상을 가져오게 된다. 즉, 피부노화에 가장 큰 원인은 자외선이라는 것이다.

농촌에서 햇빛을 받으며 장시간 일하는 여성들이 실제 나이보다 훨씬 더 늙어 보이고 거칠어 보이는 피부를 보면 알 수 있다. 또한 나이가 들어 노인성 반점(검버섯)이 생기는 부위는 얼굴, 손등, 팔등의 노출부위이다. 노출되지 않은 속살에는 검버섯이 생기지 않는다. 이렇듯 많은 피부의 문제점들이 자외선에 의해서 발생되고 있다. 그렇다고 해서 햇빛, 즉 태양광선이 피부에 전부 나쁜 것만은 아니다.

1. 자외선이란

태양광선은 파장이 다른 라디오파, 적외선, 가시광선, 자외선, X선, γ선 등으로 구성되어 있는데, 이 중 피부에 해로운 영향을 미치는 것은 자외선(ultraviolet ray)이다. 자외선이란, 태양광선에서 방사되어 지구에 도달하는 눈에 보이지 않는 광선을 말한다. 이 자외선은 파장이 긴 자외선 UVA(320~400nm), 파장이 중간인 자외선 UVB(290~320nm), 파장이 가장 짧은 자외선 UVC(200~ 290nm)으로 구분된다(표 6.1).

UVA는 '조용한 태양광선'으로 피부를 그을리고 화상을 일으키는 원인이 된다. UVA는 UVB만큼 심각한 화상을 입히지는 않지만, 파장이 길기 때문에 피부 진피층까지 침

표 6.1 파장에 따른 자외선 구분

구분	자외선
UVA(장파)	377~400nm
UVA(단파)	320~377nm
UVB	290~320nm
UVC	200~290nm

투하여, 콜라겐과 엘라스틴을 손상시켜 조기 노화와 주름 생성의 원인이 된다. 또한 피부암을 유발할 수도 있다(그림 6.1).

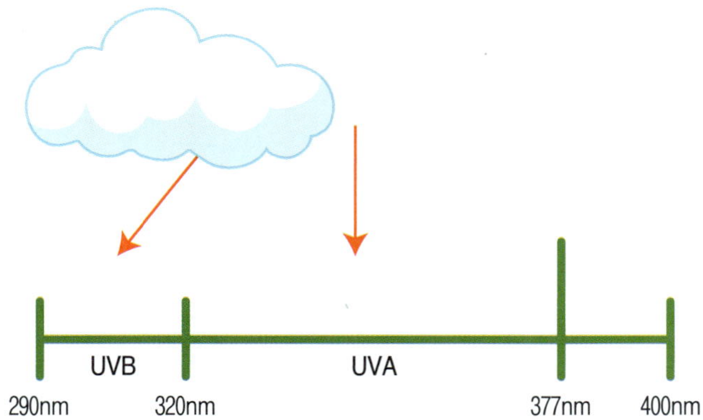

그림 6.1 자외선

UVB는 매우 파괴적이다. 파장이 짧아 피부 깊숙이 침투하지는 못하지만, 높은 에너지의 광선으로, 주로 표피에 작용하여 피부를 그을리고 화상을 일으키며 피부암의 원인이 된다. UVB는 UVA보다 훨씬 더 강하지만, 피부에 더 위험한 쪽은 UVA이다. UVA는 UVB의 약 100배에 달하는 양이 지구에 도달하기 때문이며, UVB에 비해 강도는 약하지만 대기 중에 존재하는 UVA의 양은 피부에 강력한 영향을 미치게 된다. 따라서 UVA와 UVB가 결합하면 피부암과 백내장, 기타 눈 손상을 야기하고, 몸(피부)의 면역체계를 방해하여 적절해야 할 면역 활동을 억제시킨다. 또한 피부표면 가까이 있는 모세혈관 벽이 약해져 혈관 확장과 혈관 파열이 생길 수 있으며, 특히 볼과 턱 등에서 두드러지게 나타난다(그림 6.2).

완전한 상태의 오존층은 많은 양의 UVB를 걸러내지만, UVA를 걸러내는 효과는 비교적 크지 않다. UVC는 대부분 오존층에서 흡수되어 지구까지 도달하지 않기 때문에 피부에는 거의 영향을 미치지 않는다(표 6.2).

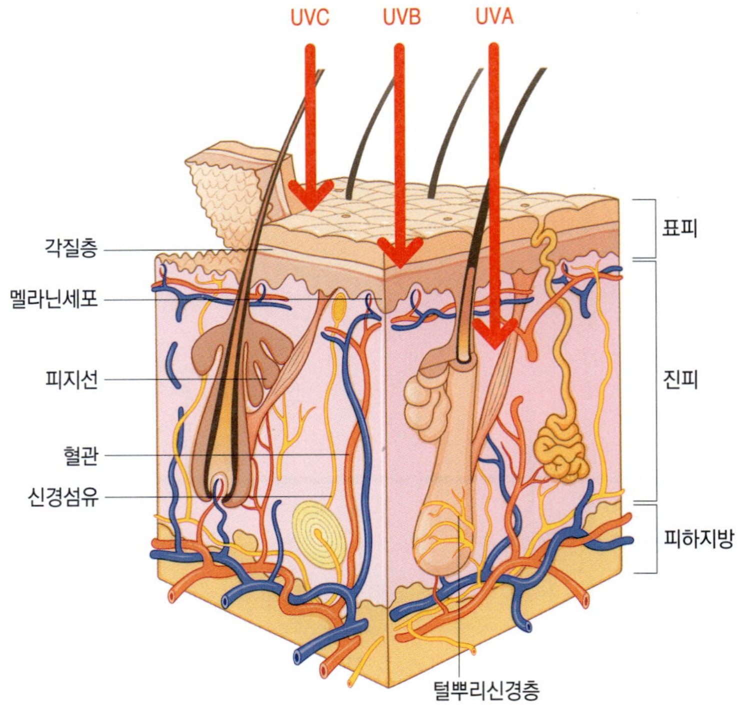

그림 6.2 자외선과 피부

표 6.2 피부암의 유형

- 기저세포암(basal cell carcinoma)
- 편평세포암(squamous cell carcinoma)
- 흑색종(melanoma)

자외선의 강도 변화는 주위 환경에 따라서 시간, 기후, 계절, 위도 및 고도에 따라 달라지며, 자외선 지수는 적도 부근이 고지대가 내륙보다 해안지역이, 도시보다 시골 지방이 높다. 또한 겨울보다는 여름에 높으며, 오전 10시~오후 2시까지가 자외선의 양이 가장 많고, 구름낀 날은 맑은 날씨의 50% 정도가 지상에 도달한다. 특히 자외선은 모래, 물, 눈, 시멘트에서 90% 정도 반사되어 돌아온다. 그래서 직접 내리쬐는 자외선과 반사되는 자외선의 영향을 동시에 받게 된다. 챙이 달린 모자를 착용할 경우 자외선의 50% 정도만 차단되고 나머지 50%는 모래, 물, 눈, 시멘트 등에 반사되어 돌아온다. 또 물속에서 수영을 즐긴다 해도 수심 2m까지는 자외선의 75%가 통과하며, 물 표면에서의 자외선 반사를 고려하면 수영 중에도 자외선에 의한 화상을 입을 수 있다. 그리고 피부가 물에 젖으면 자외선 투과력이 더 강해진다.

대부분의 사람이 자외선에 의해 피부가 손상된다는 것을 인식하면서도 실제로 자외선이 어느 정도까지 피부에 나쁜 영향을 미치는지는 잘 모른다. 자외선에 반응이 쉽게 나타나는 기미, 주근깨, 잡티의 경우 여름철 해수욕장을 다녀온 후 생긴 것을 알면서도 다음 해에 똑같은 행동을 반복하는 것은 자외선에 대한 이해가 부족한 탓이다. 그리고 자외선에 의한 피부 손상을 눈으로 직접 느끼고 발견하기까지의 시간이 아주 오래 걸리기 때문일 것이다. 대개는 10년 정도의 긴 시간이 지난 후에야 자외선에 의해 손상된 피부를 체감할 수 있다(그림 6.3).

그림 6.3 자외선의 영향을 받을 수 있는 활동 및 환경

자외선 차단은 절실하리만큼 중요하다. 자외선은 말 그대로 1년 365일 내내 차단해야 한다. 자외선에 의한 피부 손상은 하루에 10분 정도만 햇빛에 노출되어도 일어나며, 피부를 노출시키는 시간이 길수록 그만큼 피부가 더 손상되는 것이다. 피부가 자외선에 노출되면 피부표면이 거칠고 단단해지며 건조해진다. 또한 피부색이 거무스름해지면서 멜라닌색소 과잉생성으로 피부 색소질환들이 나타나며, 피부노화가 가속화된다. 이와 같이 자외선에 의해 진행되는 노화과정을 광노화라고 한다. 이러한 광노화는 자연적 노화와는 다르다.

광노화에 의한 변화는 피부 탄력을 유지하는 탄력섬유가 급속히 파괴되어 탄력이 저하되며, 주름이 생기게 된다. 또한 자연적 노화에서는 표피가 얇아지게 되는 반면, 광노화에서는 표피가 두꺼워져 피부가 뻣뻣해진다.

이렇듯 피부노화로 나타나는 현상의 80%가 자외선에 의한 것이며, 이는 일시적인 노출에 의한 것이 아니라 평상시 주변 환경으로부터 피부에 침투한 자외선이 오랜 시간 동안 축적된 결과로 나타나기 때문이다. 즉, 젊은 시절에 자외선 차단을 소홀히 하면 나이가 들면서 그 결과가 반드시 나타난다. 결국 자외선은 피부미용의 적이라 할 수 있다.

피부가 자외선에 얼마만큼 쉽게 노화되는지를 보려면 신체의 노출되는 부위와 노출되지 않는 부위를 비교해 보면 알 수 있다. 항상 노출되지 않는 엉덩이 부분은 노출부위에 비해 반점도 없고, 부드러우며, 주름살도 없다는 것을 알 수 있다. 이것은 피부주름이 자외선 노출에 많은 영향을 받고 있음을 잘 보여주고 있다. 자외선은 칼슘의 신진대사 작용과 뼈를 튼튼하게 하는 데 필요한 비타민 D를 생성한다. 그러나 몸에서 필요한 비타민 D는 하루 15분 정도의 햇빛 노출로 충분하며, 평소에 섭취하는 비타민 D로도 충분하다.

자외선은 알레르기를 유발시키기도 한다. 광알레르기 반응이 있는 사람은 붉은 반점, 두드러기, 물집 등이 나타나기도 한다. 종류에 따라 향수, 화장품, 비누, 연고 등을 사용하면서 자외선에 노출되면 알레르기 반응을 일으킬 수도 있으며, 내복약의 경우도 사람에 따라 자외선에 민감해져서 피부자극이나 알레르기를 일으킨다.

이와 같이 자외선에 과민반응을 일으키는 의약품으로는 피임약, 항생제, 항균제, 신경안정제, 이뇨제, 당뇨병 약 등이 있다. 간혹 자외선이 여드름을 치료해 줄 수 있다고 생각하는 사람들이 있다. 하지만 실제로 여드름 피부를 자외선에 노출시키고 난 후 4~6주가 지나면 흰 면포성 여드름이 많이 생기는 것을 볼 수 있다. 이는 직사광선에 노출되는 경우, 모공이 지속적으로 막히면서 나타나는 여드름인 것이다.

우리나라는 일광욕을 즐기는 사람이 많지 않지만, 다른 나라의 경우 일광욕을 즐기는 사람들에게서 피부가 직사광선에 노출되었을 때 피부 면역기능이 약화되어 피부암이 발생하는 것을 많이 보게 된다. 자외선 노출에 의한 피부손상을 가장 조심하고 주의를 기울여야 하는 이유는 자외선에 손상된 피부는 시간이 지나면서 계속 축적되어 다시는 원래대로 돌아올 수 없다는 데 있다. 자외선에 그을린 피부는 시간이 지나면서 원래의 피부색으로 돌아오지만, 진피조직이 손상된 피부는 다시 원래 상태로 돌아오지 않는다는 것이다. 또한 자외선에 노출되면 얼굴, 목, 가슴 부위에 있는 모세혈관의 확장 증상도 악화된다는 사실을 알아두어야 한다.

모든 여성들은 젊어지기를 희망한다. 그래서 피부과나 성형외과를 찾아 젊음을 되찾고 싶어한다. 그러나 어떤 병이든 치료보다는 예방이 중요하듯이 노화도 미리 예방하는 것이 가장 효과적이고 좋은 방법이다. 그러기 위해서는 무엇보다도 자외선으로부터 피부를 보호하는 것이 중요하다. 자외선 차단제야말로 가장 효과적인 노화방지제이자 피부미백제이다(표 6.3).

표 6.3 자외선의 작용

이로운 작용	해로운 작용
• 광합성 작용 • 비타민 D 합성 • 살균효과 • 광선치료 • 광화학요법	• 일광화상 유발 • 피부암 유발 • 광 알레르기 반응 • 피부노화

2. 자외선 차단제 사용법

자외선이 피부에 얼마나 해로운지에 대해서는 앞에서도 논하였지만, 일상생활에서 외출을 전혀 하지 않을 수는 없다. 그렇기 때문에 자외선을 완전히 피할 수는 없는 것이다. 다행히 자외선으로부터 피부를 보호해 줄 수 있는 자외선 차단제가 있다(그림 6.4).

자외선 차단제란, 태양광선이 피부에 닿을 때 자외선을 흡수 또는 분산시키거나 반사작용을 하는 성분이 함유된 크림이나 로션을 말한다. 자외선차단 크림이나 로션에는 자외선 차단지수(sun protection factor, SPF)가 표시되어 있다. SPF는 UVB를 차단하는 제품의 차단효과를 나타내는 지수를 말한다.

PA(protection grade of UVA) 또는 PPF(phototoxic protection factor)는 UVA를 차단하는 효과로, 수치로 표시하지 않고 차단 정도를 등급으로 분류하여 표시하며, 3단계로 구분하여 '+'로 표기한다. 자외선 차단제는 차단지수가 높을수록 차단시간은 길어진다.

그림 6.4 자외선 차단제

자외선 차단지수란, 얼마 동안이나 피부를 태우지 않고 자외선에 노출시킬 수 있는지를 측정하는 수치이다. 예를 들어, 자외선 차단지수 15(SPF 15)일 경우, 자외선 차단제를 전혀 바르지 않은 상태에서 10분 후부터 타기 시작하는 피부가 햇빛에 타기 시작하는 시간이 15배 늘어나서 150분이 지난 다음부터 타기 시작하는 것이라고 이해하면 된다.

중요하게 기억해야 할 한 가지는 SPF 지수가 높은 자외선 차단제를 발라도 피부가 갈색으로 타는 이유는, 지수가 높다고 차단효과가 더 크거나 강하다는 의미가 아니라 단지 조금 더 오래 지속된다는 뜻이기 때문이다. 이 점을 잊어서는 안된다.

자외선 차단제에 사용되는 성분에는 물리적 성분과 화학적 성분이 있다. 그 성분에 따라 UVA, UVB 차단성분으로 구분되며 작용도 각각 다르다.

자외선 차단제는 주로 화학성분으로 제조되어서 그 성분에 따라 알레르기 반응을 일으킬 수도 있으므로 차단지수(SPF)를 고려해야 한다. 즉, 차단지수가 높을수록 부작

표 6.4 PA 표기에 따른 차단효과

PA	UVA 차단효과
PA+	효과가 있음
PA++	상당히 효과가 있음
PA+++	매우 효과가 있음

표 6.5 SPF 지수의 UV 차단기준

차단지수	차단효과
SPF 2	50% UV 차단효과
SPF 4	70% UV 차단효과
SPF 8	88% UV 차단효과
SPF 15	94% UV 차단효과
SPF 30	97% UV 차단효과
SPF 50 이상	98% UV 차단효과

용을 일으킬 가능성이 높다는 점을 알아야 한다. 자외선에 노출되는 특수한 경우가 아니라면 대개 일반적으로 피부의 안전성을 고려해서 가장 효과적인 자외선 차단지수인 SPF 15 정도를 권장한다. 차단지수가 15라는 것은 자외선 차단시간이 2시간 반 정도라고 생각하면 된다. SPF 15 정도면 피부에 해로운 자외선을 충분히 차단하는데도, 대부분의 사람은 SPF가 높을수록 좋은 제품인 것으로 잘못 이해하고 있다. 물론 이론상으로는 SPF 지수가 높은 것일수록 자외선 차단효과가 뛰어나다고 볼 수 있다. 하지만 피부에 알레르기 반응을 일으킬 수 있으므로 무조건 차단지수가 높은 것을 사용하는 것은 주의해야 한다. 자외선 차단제는 수시로 덧바르는 것이 가장 효과적인 방법이다.

UVA는 피부 진피까지 깊숙이 침투하여 주름을 형성하기 때문에 UVA와 UVB를 차단할 수 있는 자외선 차단제를 발라야 한다. 또 자외선 차단제의 효과는 내수성(water resistance)인지 방수성(waterproof)인지에 따라서 다르다.

내수성이란 물에 잘 지워지지 않는 성질로 자외선 차단제가 물이나 땀에 잘 씻겨지지 않아야 한다. 즉, 제품을 바르고 40분 동안 물속에 들어갔다 나온 후 측정된 SPF 지수가 표기된 SPF 지수와 동일하게 유지되어야 하며, 이때 '내수성(water resistant)'이란 인증마크가 부착된다. 또 제품을 바르고 80분 동안 물속에 있다 나와도 동일한 SPF 지수가 유지될 경우에 '지속 내수성(very water resistant)' 인증마크를 부착한다.

땀을 많이 흘릴 경우나 수영 등을 할 때는 자외선 차단제가 땀이나 물에 쉽게 씻겨나가 효과시간이 단축되기 때문에 내수성 제품인지 방수성 제품인지를 구분하여 사용하는 것이 좋다.

그밖에 자외선 차단 방법으로 최근의 연구 보고서에 의하면, 비타민 C를 피부에 발라 주었을 때 강한 항산화(antioxidant) 작용에 의하여 자유산소라디칼(freeoxygen radical)이 중화되어 피부를 UVA와 UVB 및 오염물질로부터 보호할 수 있다고 한다.

미국의 경우, FDA는 자외선 차단제를 일반 OTC(over the counter) 의약품으로 간주하는데, 이 말은 자외선 차단제가 화장품보다 훨씬 더 엄격한 규제의 적용을 받는다는 의미이다. FDA 규정에 의해 차단제는 만기일을 표시하여야 하며, 제품이 포장된 시간부터 약 2년간의 효능을 갖는다. 또한 FDA에서 자외선 차단성분을 규정하고, SPF 비율을 결정한다.

FDA는 일정농도 내에서 UVA 차단성분으로 아보벤존(avobenzone), 티타늄디옥사이드(titanium dioxide), 징크옥사이드(zincoxide) 중 하나 이상을 함유하고 있어야만 한다고 규정했다. 이는 UVB보다 UVA가 피부암의 주 원인이기 때문이다.

피부학자들은 자외선 차단제가 일반적으로 UVA의 20%와 UVB의 80%만을 차단한다는 것을 밝혀냈다. 1997년 이후 미국에서는 자외선 차단제에 변화가 일어났고 유럽, 캐나다, 호주에서는 이전에 일어났다. 전 세계적으로 자외선 차단제에 3가지 특정 활성차단성분인 아보벤존, 티타늄디옥사이드, 징크옥사이드가 사용되고, 이것들은 UVA를 차단하는 데 훨씬 더 효과가 높은 것으로 받아들여졌다.

FDA는 이 성분들이 UVA의 약 80%를 차단하는 데 효과적이라는 것을 증명해주는 연구결과와 안전성 자료를 승인하였다. 따라서 자외선 차단제 선택 시에 앞서 말한 성분들 중 한 가지 이상을 함유해야 UVA를 80% 차단할 수 있는 것이다.

자외선 차단제의 사용방법은 자외선에 노출되기 20분 전에 바르는 것이다(표 6.6). 자외선 차단제를 닦을 때는 클렌저(cleanser)로 이중 세안을 한다. 자외선 차단제들은 피부흡착력이 좋아서 사용 후 물로만 닦아내면, 잔여물이 피부에 남아 부작용을 일으킬 우려가 있다. 자외선 차단제 잔여물이 모공을 막아 피지분비를 방해할 수 있으므로 세심하게 닦아내야 한다.

표 6.6 자외선 차단제 사용법

① 외출 전 20분 전에 바른다.
② 충분한 양을 발라야 한다.
③ UVA와 UVB를 모두 차단할 수 있는 제품을 선택해서 바른다.
④ 1년 365일 바른다.
⑤ 2~3시간마다 덧바른다.

그림 6.5 자외선 차단제 제품

자외선 차단제에서 기억해야 할 점은 자외선을 차단해 주는 효과가 어느 정도인지이다. 특히 기미 치료나 치료 후 재발 예방을 목적으로 사용하는 경우에는 자외선 차단제가 자외선을 완벽하게 차단하지는 못한다는 점이다. 가장 효과적으로 만들어진 자외선 차단제라도 80%의 차단 효과만을 낸다는 점을 알아야 한다. 되도록 직사광선을 피하는 것이 좋고, 자외선 차단제는 반드시 덧바르도록 한다.

3. 선글라스 선택 요령

선글라스의 일상적인 사용은 눈 건강에 매우 중요하다. 눈의 수정체는 많은 양의 UVA를 흡수한다. 그러나 피부와는 달리 손상된 세포를 벗겨낼 수 없다. 이는 수정체가 스스로 회복되는 것이 불가능하다는 뜻이기도 하다.

그림 6.6 선글라스

눈 보호는 단순히 미용이나 패션의 문제가 아니다. 이것은 최대한 시력이 약해지지 않도록 지켜야 된다는 것이다. 눈은 자외선으로부터 보호되어야 하며, 자신이 구입한 선글라스가 고가이든 저가이든 자외선 차단효과를 지니고 있어야 한다. 그렇지 않으면 선글라스를 착용해야 할 이유가 없다. 햇빛에 노출된 눈은 백내장과 화상(눈동자도 화상을 입을 수 있다), 눈꺼풀 피부암, 결막염, 안구건조증 등의 위험에 처하게 된다.

대부분의 선글라스는 햇빛으로부터 눈을 보호해 준다고 알려져 있고, 어느 선글라스는 자외선 차단을 나타내는 라벨이 부착되어 있기도 하지만, 실제로 어느 선글라스가 그러한 기능을 하는지에 대한 여부는 쉽게 알 수가 없다. 그것은 선글라스의 차단지수나 차단 정도에 대한 어떤 규정이나 기준이 없기 때문이다. 다만 선글라스를 구입하기 전에 몇 가지 점검할 수 있는 사항이 있다.

먼저 선글라스를 구입하기 전에 살펴봐야 할 것은 선글라스의 렌즈와 다리인데, 넓은 것을 선택하는 것이 좋다. 이는 햇빛으로부터 눈 주위의 피부를 보호하고 눈 위, 아래 또는 눈가에 들어올 수 있는 자외선으로부터 피부가 손상되지 않도록 보호할 수가 있기 때문이다.

또한 렌즈의 색깔이 균일한지 확인하고 선글라스가 햇빛을 충분히 차단해 주는지를 확인한다. 거울 앞에서 선글라스를 썼을 때, 렌즈를 통해서 자신의 눈을 쉽게 볼 수 있다면, 이는 어두운 것이 아니므로 좀 더 어두운 색으로 선택한다. 이는 햇빛에 노출되었을 때 반드시 어두운 색의 렌즈가 효과가 높은 것은 아니지만, 햇빛을 차단할 수 있을 만큼은 어두워야 한다는 것이다. 색이 들어간 선글라스는 얼굴에 대한 미용 및 패션의 효과가 있지만, 선글라스 선택 시에는 자외선 노출에 대한 방지 효과가 가장 중요하다.

■ 선글라스 선택 요령

① 자외선을 차단해 주는 선글라스를 선택한다.

② 선글라스를 착용했을 때 관자놀이 주변을 넓게 감싸주어야 한다.

③ 콘택트렌즈를 착용했다 하더라도 선글라스를 사용한다.

④ 렌즈의 음영이 균일한지를 확인한다.

⑤ 좋은 제품인지 확인하기 위해서는 팔을 쭉 뻗은 상태에서 선글라스 렌즈를 들여다 본다. 렌즈 안에 들어오는 물체들이 벽 가장자리처럼 일직선 라인으로 들어

오도록 한 다음, 그 선을 따라 천천히 선글라스를 이동시켜 본다. 이때 흔들림이나 휘어짐이 나타나면 그 렌즈는 선택하지 않는 것이 좋다.

⑥ 선글라스의 색깔은 얼굴뿐만 아니라 태양광선의 종류에도 영향을 받는다.

- 적색과 황색계열 렌즈: 자외선을 차단하는 데 적절하지 못하다.
- 황색과 녹색, 갈색계열 렌즈: 정확한 시야를 제공하고 자외선 차단효과도 좋다.
- 검은색이나 청색계열 렌즈: 너무 어두워 시야를 방해할 수 있다.

그림 6.7 자외선을 차단해 주는 선글라스들

CHAPTER

7

메디컬 스킨케어 기본 프로그램

1. 건성피부와 보습관리
2. 여드름피부와 스킨 스케일링
3. 기미피부와 미백관리
4. 민감성피부와 진정관리
5. 노화피부와 재생관리
6. 모공수축관리

1. 건성피부와 보습관리

1) 건성피부의 정의

건성피부는 피부에 수분이 15% 이하이거나 피지분비가 저하됐을 때 발생되며, 일교차가 심한 환절기와 습도가 낮고 난방을 많이 하는 겨울철에 더욱 악화되어 나타난다.

임상적으로 건성피부의 정의는 약간의 홍반과 균열이 있으면서, 인설이 있고, 표면이 거친 피부상태를 지칭한다. 그러나 학문적으로 건성피부는 복합적이고 다양한 생화학적 및 생리학적 변화를 내포하고 있으므로, 간단히 정의하기는 어렵다. 대부분의 사람은 건성피부를 주로 피부에 윤기가 없고, 버석거리고, 각질이 들뜨며, 당김이 있고, 가렵고, 따갑고, 염증반응이 나타난다고 표현한다(표 7.1).

표 7.1 건성피부의 특징

시각적	모공이 작고, 윤기가 없으며, 각질이 일어남
촉각적	거칠고, 우툴두툴함
감각적	당김이 있고, 건조하고, 따갑고, 가려움

표피에서의 각질층의 중요한 기능은 몸에서 외부로부터 수분과 전해질의 손실을 막아주고, 외부의 물리적 · 화학적 손상으로부터 보호하는 것이다. 각질층은 각질세포와 각질세포 간 지질로 이루어져 있다.

건강한 상태의 피부를 유지하기 위해 각질층은 15~20% 정도의 수분을 함유하는 것이 이상적이다. 즉, 세포간 지질과 교소체, 아미노산, 요소, 유기산 등의 자연보습인자(NMF)와 피지가 균형을 이루어야 한다. 이러한 요소들(표 7.2)의 균형이 깨지거나 결핍될 때 피부가 건조해지는 것이다.

표 7.2 피부수분 유지요소

지질	세라마이드, 피지
각질	아미노산, 피로리돈산, 요소
땀	요소, 유기산

2) 건성피부의 원인

건성피부의 원인은 크게 내적 요인과 외적 요인으로 나눌 수 있다.

(1) 내적 요인

① 유전

태어나면서 다른 사람보다 피부가 건조한 경우가 있다.

② 호르몬

폐경기 이후에 피부가 건조해진다.

③ 노화

나이가 들면서 피부가 건조해지는 것이 뚜렷하게 나타나며, 심한 경우에는 소양증과 피부염증이 나타나기도 한다.

④ 표피의 변화

표피의 장벽 역할을 하는 각질층에서 일어나는 변화가 피부건조의 중요한 내적 원인으로 작용한다.

(2) 외적 요인

① 건조한 환경과 바람

가장 대표적인 원인은 건조한 환경과 바람이다. 피부는 겨울철의 실내 난방기가 상대습도를 낮추기 때문에 건조해지고, 여름철의 냉방된 실내에서 차고 건조한 공기에 노출되면 건조해진다.

② 잘못된 세안

세안을 너무 자주 하거나 피부 타입에 적합하지 않은 세안제의 사용으로 인하여 피부표면의 보호막 역할을 하는 지질과 자연보습인자가 감소하여 피부건조의 원인이 되기도 한다.

③ 자외선 노출

자외선에 노출되면 피부는 건조해진다.

Tip

얼굴 세안 후 피부 당김증: 일반적으로 세안 후 5~10분 후에 피부가 당기는 것을 흔히 경험한다. 이런 경우 본인의 피부가 건성이라고 생각하는 경우가 많다. 그러나 이러한 현상은 자신의 피부타입보다 강한 세안제를 사용하여 생기는 것으로 세안 후 피부 당김증(after wash tightness)이라고 한다. 세안 후 피부 당김증은 세안 후에 피부의 수분이 빠르게 증발하면서 나타나는 현상으로 피부 타입과 무관하게 생길 수 있다.

3) 보습관리 방법

표 7.3 보습관리 과정

순서	관리내용	작용 및 효과
클렌징	밀크 타입이나 로션 타입의 세안제	피부표면의 노폐물 제거
딥 클렌징	효소 타입으로 딥 클렌징	각질제거
이온 영동법	태반추출물을 이용하여 (+) 4분, (-) 6분을 시행	보습력 증진
초음파 영동법	알로에 겔을 바르고, 초음파를 이용하여 10분간 시행	진피 보습력 강화
마스크	알긴산, 비타민 E, 미네랄, 식물성콜라겐, 대두추출물 등을 함유한 마스크 사용	피부 보습효과
헬륨-네온 (He-Ne)	저출력 레이저를 10분 정도 조사	신진대사 촉진 세포재생 효과
마무리	알로에베라, 비타민 E, 식물성 콜라겐, 태반추출물, 히알루론산 등을 함유한 세럼이나 크림 자외선 차단제	피부 보습효과 항산화 효과
홈 스킨케어 처방	비타민 C, 비타민 E, 태반추출물, 히알루론산, EGF성분 등을 함유한 세럼이나 크림 자외선 차단제	피부 진정효과 보습효과 항산화 효과

2. 여드름피부와 스킨 스케일링

1) 여드름과 피지의 역할

(1) 피지의 정의

피지(sebum)는 피부 오일(skin oil)의 의학적 용어로 피지선에서 만들어지며 대부분은 중성지방으로 모공을 통해 피부 표면으로 배출되어 피지막을 형성한다. 이 중성지방은 피지선에서 분비되어 표피로 배출되는 과정에서 리파제라는 효소에 의하여 가수분해되고 유리지방산이 되어 피부 표면으로 나오게 된다.

따라서 피지막은 이 지방산의 영향으로 약산성 pH 4.5~6.0을 형성한다. 인간의 피부는 다른 동물들처럼 털이 많지는 않다. 그래서 피지막이라는 방어 메카니즘이 매우 중요하다. 또한 너무 많은 피지분비는 여드름 생성에 영향을 주고 여드름을 악화시키지만, 반면에 모든 포유류의 피부와 모발을 코팅하여 방수하고, 피부에 수분을 공급하며, 추위와 미생물로부터 보호하고, 피부 표면에 항산화 물질과 호르몬을 분배한다.

피지의 목적은 다음과 같다.

- 건조를 방지한다.
- 피부 윤활 및 마찰을 방지한다.
- 피부와 모발을 방수처리한다.
- 피부 내부에 열과 수분을 유지한다.
- 미생물 성장 및 염증을 조절한다.

(2) 피지의 구성

피지는 피부 표면을 보호하기 위해 결합하는 다양한 비율의 지방(지질)으로 구성된다. 피부 표면은 신체 내부 구조를 보호하는 장벽 역할을 한다.

사람의 피지(지방)의 구성은 다음과 같다.

- 트리글리세리드(triglycerides) 57%
- 왁스 에스테르(wax esters) 26%

- 스쿠알렌(squalene) 12%
- 콜레스테롤(cholesterol) 2%

인간의 피지는 구성이 독특하고 다른 포유동물과 다르다. 또한 피지의 정확한 구성은 다음과 같은 기준으로 사람마다 다르다.

- 피부 표면에 존재하는 미생물
- 특정인 피부의 정확한 pH(산도)
- 피부에 존재하는 효소
- 측정 시 환경 온도

피지 구성의 개인차는 사람에 따라 화학적 특징의 요소를 가지고 있어 개가 냄새를 맡은 후에 어떻게 사람들을 인식할 수 있는지를 잠재적으로 보여줄 수 있다고 한다.

(3) 피지분비량

피지분비량은 성별, 연령, 인종에 따라 차이가 있고 여성보다는 대체적으로 남성이 더 많다. 어린 유아나 노인보다는 청장년이 많고, 황색인종보다는 백인종 쪽이 피지분비량이 더 많다. 또한 피지분비량은 피부 부위에 따라서도 차이가 있으며 피지선이 가장 발달한 곳은 신체의 중앙 부분이다. 신체의 중앙 부분일수록 지성이 되기 쉬우며 이와 같은 부위를 지루 부위라고 한다.

남성은 여성보다 피지분비량은 많으나, 여드름의 발생 빈도나 정도에는 큰 차이가 없다. 즉, 여드름의 발생은 호르몬과 피지분비량 이외에도 여러 가지 요소가 관계되어 있기 때문이다.

(4) 피지의 기능

피지선은 태아기에 이미 형성되어 우리가 아직 자궁에 있는 동안 피지를 활발하게 생산한다. 피지는 갓 태어난 신생아를 덮고 있는 태아 기름막(vernix caseosa)이라고 불리는 백색물질의 주요 구성 성분이다. 태아 기름막은 태아의 피부에 수분을 공급하고 출생 운하를 쉽게 통과할 수 있도록 하며, 열을 보존하고 피부를 보호하며 신생아에게 항균 효과를 제공한다. 모든 포유류의 수명 기간 동안 피지는 다음을 포함한 다양한 보호기능을 제공한다.

- 피부와 모발의 표면에 윤활유를 주어 건조를 방지하고 마찰로 인한 손상을 줄여 준다.
- 피부에 방수막을 형성하여 열과 수분 손실을 방지한다.
- 항균 및 항염증의 특성을 가지고 있다.
- 스쿠알렌, 코엔자임 Q10, 비타민 E 형태의 항산화 물질을 피부 표면으로 운반하고 분배하는 메커니즘으로 작용한다.
- 냄새를 통해 다른 포유류에게 작용하는 호르몬인 페로몬을 피부로 운반한다. 이것은 청소년기에 피지 생산을 증가시키기 위한 자연의 목적이다.

오랜 시간 동안 햇빛에 피부가 노출되면 피지의 일부 지질이 염증을 유발할 수 있는 천연 독소인 자유라디칼로 전환된다. 많은 양의 자유라디칼은 여드름에 영향을 주고 피부 손상을 일으킨다.

(5) 피지선

피지선(sebaceous gland)은 피지를 분비하는 선으로 거의 모든 포유류의 피부에 피지선이 있으며 피지가 존재한다. 인간의 경우, 피지선은 손바닥과 발바닥을 제외한 신체의 모든 부분에 분포하고 있다. 특히 피하지방이 적은 장소, 코와 볼, 이마 그리고 가슴, 등이 크고 신체의 중앙 부근에 많이 분포하고 있으며, 이것은 육안으로 모공을 직접 볼 수 있다. 이 피지선은 모낭에 있는 모발의 굵기에 반비례하며 모발의 휴지기에 피지선의 비대가 나타난다.

피지선은 대부분이 모낭에 연결되어 있는데 독립적으로 존재하는 피지선도 있다. 입술, 눈 주위, 유륜, 점막 등이 독립 피지선이다.

피지선은 연령에 따라 활동이 변화한다. 태아에서는 잘 발달하고 출생 후 6개월 정도가 지나면 저하되고, 유아기를 지나 사춘기가 되면 또 다시 활동이 활발해져서 정상에 달한다. 우리 몸의 어느 기관이나 마찬가지로 나이가 들면서 피지선의 기능도 저하된다. 간혹 사람에 따라서 사춘기에 활발했던 것이 일단 정상으로 된 후 다시 20~30대에 걸쳐 활발해지는 경우도 있어 일정하지는 않다.

피지선 발달과 기능은 남성과 여성 모두에 존재하는 남성 호르몬인 안드로겐(androgens)에 의해 평생 동안 조절된다.

(6) 피지 세포

피지선은 피지 세포(sebocytes, skin oil cells)로 알려진 특수 세포로 채워져 있다. 피지는 이 세포 내부에 축적되어 세포가 터지게 하고 그 내용물을 모낭으로 방출한다. 그런 다음 피지는 피부 표면에 도달할 때까지 모공을 향해 천천히 이동한다.

피지 세포는 피지를 생성할 뿐만 아니라 각질세포와 함께 침입하는 미생물에 맞서 싸우는 면역기관 역할을 한다. 여드름 박테리아(cutibacterium acnes)와 같은 특정 박테리아를 인식하면 피지 세포와 각질세포는 피지의 지질 조성을 변경하고 '침입자'와 싸우기 위해 염증 및 항균 분자를 생성하여 반응한다.

(7) 피지생성 조절

호르몬은 평생 동안 피지생성을 조절한다. 자궁에서 모체의 안드로겐은 성장하는 배아의 피지선 발달을 조절한다. 일단 발달한 태아의 피지선의 수는 평생 동안 거의 일정하게 유지되지만, 크기는 증가한다.

높은 수준의 안드로겐은 출생 시부터 약 1주일까지 나타나며, 그에 상응하는 높은 수준의 피지생성이 이루어지고 그 이후에는 일반적으로 안드로겐과 피지생성이 감소하여 정상적으로 된다. 이러한 안드로겐의 급증은 때때로 아기 여드름으로 이어지며, 이는 생후 6개월이 되면 가라앉는다. 그런 다음 피지생성은 신체가 사춘기를 준비하기 위해 안드로겐을 생산하기 시작하는 약 9세부터 성인의 안드로겐 수준에 도달하는 약 17세까지 다시 증가한다.

뇌하수체는 뇌에 위치하며 호르몬 생성을 조절하는 주요선이다. 그러나 흥미롭게도 피지선 자체도 안드로겐을 생성한다.

(8) 불균형한 피지와 많은 여드름

여드름이 있는 사람의 피지 지질 비율과 지질의 구성에 변화가 있다. 예를 들어, 여드름이 있는 사람들은 피지에 항염증 지질이 적고 피지에 염증성(염증 생성) 지질인 스쿠알렌이 더 많다. 여드름은 주로 염증성 질환이기 때문에 이러한 지질의 변화는 여드름의 발생 또는 악화의 일부 요인에 해당한다.

여드름이 발생하는 사람들에게 나타나는 피지 지질의 변화는 각질 생성을 자극한다. 각질은 피부의 많은 부분을 구성하는 끈적끈적한 단백질이다. 즉, 지질의 불균형을 가진 피지는 피부를 두껍고 끈적거리게 하여 모공의 막힘과 여드름을 유발한다.

여드름이 있는 사람들은 피지에서 리놀레산(linoleic acid)이라는 보호 지질의 양이 감소한다. 또 낮은 수준의 리놀레산이 각질세포 형성 증가에 관여하여 모공이 막히는 것에 영향을 준다. 또한 리놀레산의 수치가 낮으면 피부의 장벽 기능도 감소하여 염증 물질이 모공으로 더 쉽게 침투하여 더 많은 여드름을 유발한다.

가장 중요한 것은 이러한 지질 변화가 과도한 피지와 결합하여 여드름 박테리아(C. acnes)가 자라고 번식하기에 가장 이상적인 환경을 조성한다는 것이다. 여드름 박테리아는 피부에 더 많은 염증을 유발하고 여드름 병변의 발적과 통증을 악화시킨다.

2) 여드름과 과각화의 역할

각질세포와 피부 단백질의 양이 증가하면 모공이 막히게 된다. 과각화(hyperkeratinization)는 각질세포(keratinocytes)라고 하는 피부 세포의 과성장과 이에 상응하는 각질세포가 생성하는 케라틴(keratin)이라고 하는 단백질의 과잉생산을 지칭하기 위해 사용하는 용어이다.

각질세포와 단백질의 과잉 성장은 피부 모낭 벽에 달라붙어 모공을 막히게 한다. 이 막힌 모공 안에 정상적으로 피부 표면으로 배출되어야 하는 피지가 나오지 못하고 정체되어 박테리아가 자라게 되고 이로 인해 여드름 병변이 생기게 되는 것이다. 즉, 과각화는 여드름 병변 형성의 초기 단계이다.

먼저 각질세포와 단백질에 대해 이해하도록 한다.

- 각질세포는 표피의 기저층에서 발견되는 주요 각질세포이다. 건강한 피부에는 피부에서 벗겨진 오래된 세포를 새로운 세포로 대체하며, 이는 각질세포의 지속적인 재생을 한다. 과각화 동안에 오래된 각질세포는 피부에서 떨어져 나가지 않고 대신 피부 표면에 쌓이게 된다.

- 케라틴은 각질세포에서 생성되는 중요한 단백질이다. 이것은 피부, 머리카락, 손톱에서 발견되며 세포를 단단하게 고정시키는 접착제 역할을 한다. 단백질은 이러한 조직에 힘을 제공하며, 또 조직에 단백질이 많을수록 끈적끈적한 단백질이 모든 것을 하나로 묶기 때문에 조직이 더 조밀하고 강해진다. 과각화 동안에 각질세포는 표피에 쌓이기 시작하고, 각질세포 수의 증가는 단백질의 양을 증가시킨다.

(1) 과각화를 유발하는 요인

여드름이 어떻게 형성되는지에 대한 이론은 3가지가 있으며 모두 과각화와 관련이 있다.

① 전통적인 이론

전통적인 이론에는 과각화의 2가지 유발 요인이 있다고 주장한다. 첫 번째는 남성과 여성 모두에서 발견되는 남성 호르몬인 안드로겐에 의한 것이고, 두 번째는 피부의 박테리아 증식으로 인한 부산물이다. 여드름에서 이 이론은 높은 수준의 안드로겐 또는 안드로겐에 대한 민감도 증가로 인해 피부가 피지(sebum)라고 하는 피부 오일을 너무 많이 생성하게 하고 이 피지 내부에서 박테리아가 성장하게 한다. 이 박테리아 성장의 부산물과 안드로겐 자체가 과각화를 유발한다.

② 새로운 이론 1(염증)

첫 번째 새로운 이론은 과각화의 주요 원인 중 하나인 염증에 있다. 초기 과각질화를 유발하는 것으로 생각되는 특정 염증 분자는 인터루킨-1(interleukin-1, IL-1)이다. IL-1은 과각질화를 유발하며 '면포(comedone) 형성에 매개역할'을 한다. 즉, 모공을 막히게 한다. 면포에는 막히지 않은 모공에서 종종 발견되는 것보다 막힌 모공에서 최대 1,000배 더 높은 IL-1 수치가 포함되어 있다.

③ 새로운 이론 2(피지 구성)

두 번째 새로운 이론은 피지 구성이다. 피지는 다양한 오일, 왁스 및 지방으로 구성된다. 이러한 지방 중 하나로 리놀레산이다. 건강한 사람의 경우 리놀레산이 피지의 45%를 차지하는 한편, 여드름이 있는 사람의 경우 피지의 6%만 구성하고 있다. 따라서 리놀레산은 잠재적으로 여드름 발생에 중요한 역할을 한다.

(2) 과각화와 여드름의 형성

과각화를 유발하는 요인으로 4가지 요소가 있으며, 이것은 여드름을 형성한다.

① 죽은 각질세포의 축적

건강한 피부에서는 오래된 각질세포가 죽고 새로운 각질세포로 대체된다. 과각화 과정 중 각질세포가 죽지만 피부표면에서 떨어져 나가지 않고 그대로 각질층에 쌓이기 시작한다.

② 새로운 각질세포의 과잉 성장

과각화 과정에서 축적된 각질 아래에서 새로운 각질세포가 표면으로 올라온다. 이 새로운 각질세포는 세포 재생산이라고도 하는 세포분열을 통해 생성된다. 세포재생 중에 하나의 각질세포가 2개의 새로운 각질세포로 나누어진다. 그러나 과각질화가 되는 동안 이 과정의 속도가 더욱 빨라져 더 많은 세포분열과 너무 많은 새로운 각질세포 생성을 초래한다.

이러한 현상이 발생하는 원인은 Ki-67과 3H-티미딘이라는 두 단백질이 증가되어 빠른 세포 재생산이 이루어지기 때문이다. 면포 내부에는 이러한 단백질이 많이 함유되어 있으며, 이는 면포 내부에서 피부 세포재생이 빠르게 일어난다는 것을 의미한다. 표피에서 새로운 각질세포의 과성장으로 인해 피부가 두꺼워진다.

③ 각질의 과잉 생산

죽은 각질세포인 각질의 축적과 새로운 각질세포의 과증식이 혼합되어 각질의 과잉 생성을 초래한다. 특히 모낭의 벽에서 각질이 증가하여 모낭의 벽에 '함께 달라붙어' 모공을 막히게 한다.

④ 피부의 비후

축적된 죽은 각질세포, 새로운 각질세포의 과증식, 과도한 각질의 혼합은 과각화증이라고 하는 증상으로 피부를 두껍게 만든다. 표피는 여러 층으로 구성되어 있으며, 피부의 두꺼워짐은 서로 다른 메커니즘을 통해 표면의 각질층과 아래 과립층 모두에서 발생한다.

A. 각질층

피부 표면의 각질층에 각질세포와 각질이 축적되면 데스모좀(desmosomes)과 토노필라멘트(tonofilaments)라고 하는 세포막 내부의 특수 구조로 인해 발생한다. 이러한 구조는 각질세포가 서로 연결되어 쌓이도록 만든다. 더 많은 각질세포가 달라붙을수록 표면의 각질층이 두꺼워진다. 피부 표면이 두꺼워지면 모공이 좁아지기 시작하여 피지가 내부에 쌓이게 된다.

B. 과립층

피부 각질층 아래에는 과립층이 있으며 과각화 중에도 두꺼워진다. 이 층은 각질세포라고 하는 세포가 케라토히알린(keratohyalin)이라는 단백질을 너무 많이 생산할때 두꺼워진다. 이 단백질은 각질처럼 작용하며, 과각질화가 되는 동안 과립층을 두껍게 만든다. 표면의 각질층과 마찬가지로 과립층이 두꺼워지면 피부 모공이 좁아지게 된다. 여드름이 발생하기 쉬운 피부는 여드름이 없는 부위에서도 과각화가 발생한다. 이로 인해 건강한 부위에서도 여드름이 발생한다.

3) 여드름과 박테리아의 역할

여드름 박테리아는 막힌 모공을 염증이 있는 여드름으로 만든다. 여드름은 피지가 정상적으로 피부 표면으로 배출되지 못하고 모공이 막혀서 피지가 모낭 내부에 갇혀 생기게 된다. 피지가 피부 밖으로 배출되지 못하고 모낭에 갇히게 되면 그곳에 여드름 박테리아가 증식한다. 이 박테리아는 모낭의 염증을 증가시켜 여드름 병변에서 볼 수 있는 발적과 통증을 유발한다. 그러나 여드름은 무엇보다도 세균성 질환이 아니다. 여드름은 염증성 질환이 핵심이기 때문에 박테리아는 발생원인의 한 구성 요소라는 것을 꼭 기억해야 한다.

여드름은 발생 요인이 많은 복잡한 질환이며, 아직도 근본적인 원인을 찾지 못하고 있다. 염증, 피지의 과잉생산, 각질세포의 과성장, 세균 군집화를 포함한 일련의 단계가 모두 여드름 발달에 중요한 역할을 한다.

(1) 여드름 발생단계

다음 순서는 여드름이 진행되는 단계를 설명한 전통적인 이론이다.

① 남성 호르몬

② 각질세포의 과잉 성장, 모공의 막힘

③ 여드름 박테리아 증식

④ 염증

위의 전통적인 이론의 여드름 발생단계를 보면 염증은 시작이 아니라 이 이야기의 끝이라는 것을 알 수 있다. 그러나 최근 새로운 이론에 의하면 염증은 실제로 여드름 발생의 첫 번째 단계부터 관여되며 이 염증은 초기 막힌 모공으로 이어진다. 여드름 박테리아의 서식화는 여전히 다음 단계에 발생한다. 그 과정에서 염증을 일으키는 대신 이미 존재하는 염증을 악화시킬 뿐이다. 즉, 여드름은 이제 박테리아의 존재로 인해 악화되는 일차적인 염증성 질환으로 간주된다.

따라서 기본적으로, 이전에 알고 있던 여드름의 염증에 대한 이론은 잊어야 한다. 이것은 순서가 약간 거꾸로 되어있으며, 이제는 염증이 처음부터 있다고 생각해야 된다.

(2) 여드름 박테리아

C.여드름(cutibacterium acnes, C. acnes)이라고 불리는 '여드름 박테리아'를 비롯한 다양한 미생물이 거의 모든 성인의 피부에 서식한다. C.여드름은 혐기성 박테리아로 산소가 있는 곳에서는 살 수 없다. 주로 얼굴과 몸통(가슴, 등)의 모공과 같이 여드름이 발생하는 신체의 지루 부위에 서식한다.

(3) 여드름 박테리아의 6가지 유형

문제를 더욱 복잡하게 만드는 것은 여드름 박테리아의 6가지 하위 유형이다.

- 유형 IA1
- 유형 IA2
- 유형 IB
- 유형 IC
- 유형 II
- 유형 III

대부분의 사람들의 피부에 여드름 박테리아가 있지만, 새로운 과학적 이론에 의하면 여드름이 생기기 쉬운 사람들은 이러한 박테리아의 특정 하위 유형이 더 많다. 예를 들어, 여드름이 있는 사람은 여드름이 없는 사람에 비해 피부에 IA1형 박테리아가 더 많다. 이 하위 유형의 특히 2가지 이유가 여드름 발생에 기여한다.

① 유형 IA1 박테리아는 C. 여드름의 다른 하위 유형보다 더 강하게 염증을 유발한다.

② 유형 IA1 박테리아는 생물막을 더 잘 형성할 수 있다. 생물막은 박테리아 자체에 의해 생성된 설탕 분자의 '시트'에 함께 고정된 큰 박테리아 무리이다. 생물막이 모낭에 달라붙어 모공을 막히게 한다.

4) 여드름과 염증의 역할

염증은 여드름 발생의 모든 단계에서 중심적인 역할을 한다. 우리 신체의 면역 체계는 염증을 일으키는 역할을 한다. '외부 침입자'로 간주되는 모든 것에 대한 대응으로 이 작업을 수행한다. 염증이 조직 손상을 치유하거나 감염과 싸우는 역할을 하기때문에 염증은 일반적으로 좋은 것이다. 그러나 여드름의 경우 면역 체계가 정상적으로 작동하지 않아 잘못된 시간에 잘못된 장소에서 염증을 일으킨다. 염증은 현재 여드름에서 매우 보편적인 것으로 알려져 있기때문에 여드름을 만성 염증성 질환으로 정의한다.

다음으로 여드름 형성에 대한 2가지 주요 이론이 있다.

- 새로운 이론은 여드름 발달의 주요 요인으로 염증을 지적한다.
- 전통적인 이론은 염증이 훨씬 덜 중요한 역할을 한다고 한다.

여드름의 발생은 여러 단계를 포함하는 복잡한 과정이며, 여드름이 아직 존재하지 않는 경우에도 피부의 염증으로 시작된다는 것이 최근 새로운 이론이다.

여드름이 없는 피부 부위에도 염증은 존재한다.

여드름은 피부 모낭 근처의 소량의 염증으로 시작된다. 점점 더 많은 양의 여드름 형성이 시작될때 여러 염증 분자가 존재한다는 것을 암시한다. 즉, 염증은 여드름 병변이 형성되기 전에 이미 존재하며, 이 염증은 여드름 형성의 가장 초기 단계를 유발한다. 요컨대, 모든 여드름은 염증이다. 그동안 의사들은 '비염증성 여드름'이라는 용어를 사용하여 그 안팎에 발적이 없거나 그 주위에 발적이 없는 여드름 병변(흰 머리와 여드름)으로 분류했다. 여드름의 발달에 대한 우리의 새로운 이해는 이 용어가 부정확하다는 것을 보여주지만, 의료계는 여전히 이 용어를 사용하여 붉고 아픈 병변이 없는 가벼운 여드름으로 구별한다.

초기 여드름 병변에서 정확히 어떤 염증 과정이 발생하는지 확인하기 위해 여러 연구에서 여드름 병변이 되는 모낭 근처에 나타나는 여러 염증 지표를 확인했다. 염증 지표는 다음과 같다.

(1) 신경펩티드

신경펩티드(neuropeptides)는 신체의 신경과 신경계에서 발견되는 단백질이다. 여러 종류의 신경펩티드가 있지만 초기 여드름 발생과 관련된 것은 2가지뿐이다.

① 코르티코트로핀 방출 호르몬(corticotropin-releasing hormone, CRH)

② 물질 P (substance P, SP)

신체는 스트레스에 대한 반응으로 혈액에서 CRH와 SP의 양을 증가시킨다. 스트레스는 정신적 또는 신체적일 수 있다. 즉, 사람이 특히 스트레스를 받거나 감염이나 상처로 인해 신체가 압박을 받는 경우, 신경계가 혈액에서 이러한 물질의 수준을 증가시킨다. 이것이 피부에 더 많은 CRH와 SP를 유발할 수 있으며, 둘 다 여드름을 유발할 수 있는 염증반응을 유발한다.

(2) 인터루킨-1

인터루킨-1(interleukin-1, IL-1)은 사이토카인이라고 하는 염증 분자의 일종이다. 인터루킨-1(IL-1)은 피부 모낭의 측면에 붙어있는 각질세포와 피지를 생성하여 피지선에서 방출된다. 일반적으로 IL-1은 감염을 일으킬 수 있는 박테리아를 찾기 위해 피부를 돌아다니며 순찰하는 군인처럼 행동한다.

IL-1은 항상 피부에 존재하며, 비정상적인 것을 감지하면 항상 반응하고 큰 염증반응을 유발할 준비가 되어있다. 여드름에서는 초기 여드름 병변에서 높은 수준의 IL-1이 발견된다.

최근 새로운 이론에 의한 여드름 발생 4단계가 있다.

■ 1단계: 염증 유발

다음은 염증 유발 요인이다.

- 여드름 박테리아(C. 여드름)
- 피지 조성의 변화
- 스트레스

그러나 다른 요인 또는 요인의 혼합이 더 작용할 수 있다.

■ 2단계: 모낭의 변화

모낭에 염증이 생기면 끈적끈적한 피부 단백질인 케라틴의 과잉생산을 자극하기 시작한다. 이 시점에서 피지 구성 성분의 변화도 분명하게 이루어진다. 케라틴의 과잉생산과 피지의 다른 구성은 IL−1과 같은 훨씬 더 많은 염증 분자를 자극하고 면포 형성을 촉진한다.

■ 3단계: 면포 형성

막힌 모낭 안에서는 피지와 과도한 각질이 쌓이기 시작한다. 이것은 여드름 박테리아에게는 완벽한 번식지의 환경을 제공한다.

C. 여드름은 염증 분자인 IL−1의 생성을 증가시킬 수 있다. IL−1의 증가는 케라틴 생성을 추가로 자극한다. 이로 인해 모공이 더욱 막히게 되고 피지와 각질이 모낭 내부에 계속 쌓이면서 흰 여드름과 검은 여드름이 형성된다.

■ 4단계: 모낭의 파열

결국, 케라틴, 피지 그리고 C. 여드름의 축적은 모낭 벽에 압력을 가한다. 압력이 너무 높아져 모낭 벽이 파열되어 모낭 안에 있는 내용물이 주변 조직으로 흘러나온다.

신체의 면역 체계는 모낭의 내용물을 '외부 침입자'로 반응하여 훨씬 더 많은 염증과 반응하여 농포와 같은 붉고 아픈 염증성 여드름 병변을 생성한다. 결과적으로 염증은 항상 존재한다.

5) 여드름과 호르몬의 역할

여드름에 관해서는 남성 호르몬인 안드로겐이 존재한다. 이전에 여드름을 '호르몬성 여드름'이라는 용어로 사용하기도 했다. 그러나 '호르몬성 여드름'이라는 용어는 잘못된 명칭이다. 사실, 모든 여드름은 호르몬이다. 여드름이 시작되기 위해서는 호르몬이 필요하다. 이것이 우리가 사춘기에 접어들고 신체가 호르몬을 생성하기 시작할 때 여드름이 젊은 사람들을 괴롭히는 것을 보는 이유이다.

구체적으로, 남성과 여성 모두에서 발견되는 남성 호르몬인 안드로겐이 여드름 발생에 결정적이다. 안드로겐은 신체에서 생성되는 피지라고 하는 피부 오일의 양을 증가시킨다.

호르몬이 여드름을 유발하는 방법은 다음과 같다.

- 신체가 더 많은 안드로겐을 생성할수록 더 많은 피지가 생성된다.
- 피지가 더 많이 생성될수록 더 많은 여드름이 발생한다.

안드로겐은 여러 종류가 있지만 여드름과 관련이 있는 것은 3가지이다.

- 디하이드로테스토스테론(dihydrotestosterone, DHT)
- 남성 호르몬(testosterone)
- 데하이드로에피안드로스테론 설페이트(dehydroepiandrosterone sulfate, DHEA-S)

위 3가지 모두 피지생성을 자극한다. 많은 요인들이 안드로겐 수치를 증가시킬 수 있지만 대부분의 경우 사춘기가 주범이다.

안드로겐은 남성과 여성 모두에서 발견되는 남성 호르몬이지만 여성에게는 그 양이 소량이다. 여드름은 사춘기에 신체가 안드로겐 합성을 시작하는 단계이기 때문에 사춘기에 처음으로 발생한다. 여드름에서 안드로겐은 피지의 생성을 자극하고 피부를 두껍게하여 모공을 막고 면포의 형성을 유발한다.

안드로겐과 여드름의 관계는 아직까지 명확하지는 않지만 다음 2가지 이유를 원인으로 추측하고 있다.

- 일부 여드름 환자의 경우 정상 수준의 안드로겐이 여전히 피지 생성을 증가시킬 수 있다. 이 경우 일부 여드름 환자의 피지 생성 세포(피지 세포)가 다른 환자보

다 안드로겐에 더 민감하다. 즉, 같은 양의 안드로겐이라고 해도 어떤 사람은 피지 생성 세포가 다른 사람보다 더 많은 피지를 생성한다.

- 안드로겐 수치가 가장 높은 사람들이 반드시 가장 심한 여드름을 갖는 것은 아니다. 따라서 전체적으로 안드로겐 수치가 정상 이상으로 증가하는 정도가 아니라 사람의 신체가 이러한 상승된 수치에 어떻게 반응하는지가 여드름의 중증도를 결정할 수 있다. 그러나 때로는 안드로겐 수치와 이에 대한 신체의 민감도가 모든 것을 말하는 것은 아니다. 예를 들어, 피지와 관련하여 안드로겐 수치만이 사람의 피부에서 생성되는 피지의 양을 결정하는 것은 아니다. 피지 생성은 모낭의 크기에 의해서도 조절될 수 있다. 모낭이 클수록 더 많은 피지가 생성된다. 가장 큰 피지샘은 얼굴, 가슴, 등에 있으며, 이는 여드름이 신체의 이 부위에서 더 자주 발생하는 이유이다.

(1) 안드로겐의 증가 원인

안드로겐 수치가 증가하는 4가지 주요 요인이 있다.

① 연령

사람의 나이는 호르몬 수치에 큰 영향을 준다. 우리가 태어날 때 소량의 안드로겐이 급증하여 신생아 여드름이라고 하는 아기 여드름이 발생한다.

어린 시절에는 안드로겐 생성이 감소하여 어린이에게 여드름이 발생하지 않는 이유이다. 그러나 사춘기때 안드로겐 생산이 정점에 이르러 10대에 여드름이 발생한다.

② 질병

특정 질병도 안드로겐을 증가시킨다. 이러한 질병은 종종 부신(신장 위의 샘), 난소(여성 생식 기관) 및 뇌하수체(뇌 하단의 샘)와 같이 질병을 생성하는 샘 및 기관에 영향을 미친다. 이러한 질병의 예로는 부신 종양, 부신 증식증(부신 조직 증가), 난소 종양 및 다낭성 난소 등이 있다.

③ 유전학

여분의 Y 염색체를 가진 사람은 더 많은 안드로겐을 생성한다. 정상 남성은 X와

Y(XY)라는 2개의 성염색체를 가지고 있다. 남성에게 X와 2개의 Y(XYY)가 있으면 더 많은 안드로겐을 생성한다.

④ 안드로겐 복용

근육 성장을 위해 단백동화 스테로이드를 사용하면 안드로겐이 크게 증가하고 심한 여드름이 생길 수 있다. 그러나 테스토스테론은 의학적 목적으로 처방되며 이로 인해 안드로겐이 증가할 수도 있다.

(2) 호르몬과 여드름: 테스토스테론과 에스트로겐

여드름이 시작되기 위해서는 남성과 여성 모두에게서 호르몬 분비가 필요하다. 호르몬은 사춘기가 시작된 이후에 여드름이 생기는 이유이다. 구체적으로 남녀 모두에게 여드름을 유발할 수 있는 피지 생산을 시작하는 것은 증가된 안드로겐 때문이다.

■ 테스토스테론

남성과 여성 모두에게서 증가된 안드로겐(남성호르몬) 수치가 여드름을 유발한다. 안드로겐에 의해 과잉생성된 피지 또는 박테리아가 증식하여 여드름과 모낭을 막는데 중요한 역할을 한다.

■ 에스트로겐

여성의 여드름은 생리로 인해 더 주기적으로 발생한다. 또한 우리는 임신 중 에스트로겐(estrogen) 수치와 폐경기가 여드름에 미치는 영향을 볼 수 있다. 의사는 때로 여성에게 호르몬 수치를 조절하고 여드름 증상을 줄이기 위해 저용량 피임약을 처방한다. 여성들은 20대 또는 30대에 살면서 처음으로 여드름이 생길 수 있다. 호르몬 수치를 확인하기 위해서는 의사와 상의하는 것이 좋다. 호르몬, 특히 안드로겐은 여드름 형성에 중요한 역할을 한다. 여성의 경우 생리 주기, 임신 또는 폐경기 동안 호르몬의 변동으로 인해 여드름이 생길 수 있다.

① 여드름에서 테스토스테론의 역할

남성과 여성 모두에서 테스토스테론과 또 다른 남성호르몬은 피지선을 자극하여 더 많은 피지를 생성하도록 하여 여드름을 증가시킨다. 테스토스테론은 '남성 호르몬'이지만, 남성과 여성 모두에게 존재하며 남녀 모두에서 여드름 발생의 중심이다.

사춘기 동안 남성과 여성 모두의 신체는 테스토스테론(및 기타 남성 호르몬)을 생성하기 시작하고 이로 인해 피지가 생성되기 시작한다. 여드름이 형성되기 위해서는 피지가 필요하다. 그래서 신체가 테스토스테론과 또 다른 남성 호르몬을 생성하기 시작하는 사춘기 이후에만 여드름이 생긴다.

피지에 관해서는 일반적으로 더 많은 피지가 생성될수록 더 많은 여드름이 생긴다. 더 많은 테스토스테론이 더 많은 피지로 이어지기 때문에 테스토스테론의 증가와 여드름의 증가 사이에는 직접적인 관계가 있다.

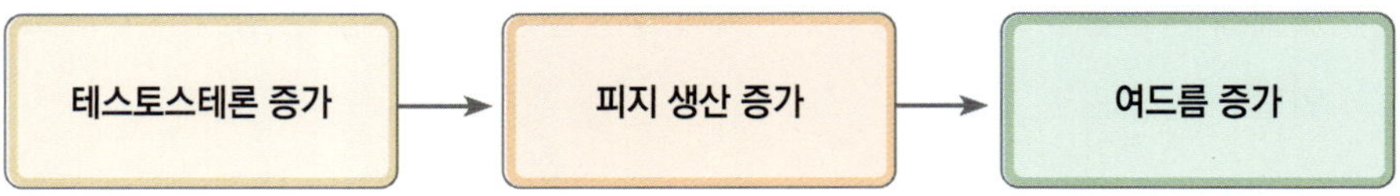

더 많은 테스토스테론이 일반적으로 더 많은 여드름으로 이어지는 것은 당연한 결과이다. 여드름이 있는 남성과 여성 모두 여드름이 없는 사람에 비해 혈류와 피부에 더 많은 테스토스테론이 있다.

Ⓐ 안드로겐의 종류

'안드로겐'이라는 단어는 2개의 그리스어에서 유래한 것으로, 남성의 경우 테스토스테론 및 기타 안드로겐이 태어나기 전에 남자 아기의 발달에 영향을 미치기 시작하고 평생 동안 몸을 계속 조절한다. 그리고 남성 성기의 발달 및 활동뿐만 아니라 얼굴 털 발달을 조절한다. 남성과 여성 모두에게서 테스토스테론은 근육 성장, 뼈 형성 및 성욕을 조절한다.

남성과 여성 모두에서 발견되는 안드로겐은 다음과 같다(강력하지 않은 것부터 가장 강력한 순으로 나열).

- 데하이드로에피안드로스테론 설페이트
- 데하이드로에피안드로스테론

- 안드로스테네디오온
- 남성 호르몬
- 디하이드로테스토스테론

테스토스테론은 일차적이고 가장 잘 알려진 안드로겐이다. 이것은 화학 구조 때문에 '스테로이드 호르몬'이라고 한다. 이 화학 구조는 단백 동화 스테로이드와 밀접한 관련이 있으며, 일부 사람들은 근육 질량을 만들기 위해 복용한다.

모든 안드로겐은 화학 구조가 유사하며, 이로 인해 신체는 한 유형의 안드로겐을 다른 유형으로 전환(변환)할 수 있다. 성기와 부신은 함께 DHEA-S, 안드로스테네디온(androstenedione) 및 테스토스테론의 이 3가지 안드로겐만 생성한다. 각질세포를 포함하여 신체의 다른 부위에 있는 세포는 나머지 2개의 안드로겐인 DHEA와 DHT로 전환(변환)할 수 있다.

모든 안드로겐이 유사한 기능을 나타내지만 일부는 다른 안드로겐보다 더 강력하다. 호르몬이 강력할수록 소량이라도 신체에 미치는 영향이 커진다. 가장 강력한 2가지 안드로겐은 DHT와 테스토스테론이며, 성인 남성은 성인 여성에 비해 훨씬 더 많은 양의 안드로겐을 혈액에 보유하고 있다. 반면에, 더 약한 안드로겐 DHEA-S, DHEA 및 안드로스테네디온은 남성과 여성의 혈액에서 거의 같은 양으로 발견된다.

모든 안드로겐 중에서 가장 약한 DHEA-S는 여드름과 가장 직접적으로 관련이 있는 것으로, 이는 여드름이 있는 사람들이 다른 안드로겐보다 DHEA-S 수치가 더 높다는 것을 의미한다.

Ⓑ 테스토스테론과 다른 안드로겐이 생성되는 신체 부위

남성과 여성 모두에서 안드로겐은 다음과 같이 생성된다.

- 성기: 남성의 고환과 여성의 난소
- 부신 땀샘: 신장 바로 위에 있는 2개의 샘

뇌의 기저부에 있는 뇌하수체는 안드로겐 생성을 조절한다. 뇌하수체는 성기 및 부신에 신호를 보내면 안드로겐을 생성하여 혈액으로 방출하기 시작한다.

Ⓒ 안드로겐은 여드름을 증가

테스토스테론을 포함한 안드로겐 수치 증가가 남성과 여성 모두에게 여드름 증가와 관련이 있다.

Ⓓ 안드로겐이 여드름을 유발하는 방법

테스토스테론 및 기타 안드로겐은 주로 피지 생산을 증가시켜 여드름을 유발한다. 더 많은 피지는 더 많은 여드름을 의미한다. 피지가 과잉 생산되면 도미노 효과가 발생하여 여드름이 시작된다. 또한 테스토스테론은 각질세포의 과성장을 촉진시켜 모공을 막는다.

여드름은 남성과 여성 모두에서 안드로겐 수치가 상승하는 사춘기에 시작된다. 피지가 더 많이 생성되기 시작하는 시기이다.

유리 테스토스테론(free testosterone)과 혈액의 다른 안드로겐은 안드로겐에 매우 민감한 피지샘의 세포로 들어갈 수 있다. 피지세포(sebocytes)라고 불리는 이 세포 내부에서 안드로겐은 소위 각 세포의 '통제 센터'인 핵으로 향한다. 핵은 세포의 유전자를 포함하고 있는데, 이것은 세포가 무엇을 하고 어떻게 성장해야 하는지를 지시하는 생물학적 정보를 포함한다. 테스토스테론과 같은 안드로겐이 피지 세포의 핵에 들어가면 더 많은 피지를 합성하기 시작하도록 세포에 '지시'하는 유전자를 '켠다'.

모든 안드로겐이 피지 생성을 증가시킬 수 있지만 가장 약한 안드로겐인 DHEA-S는 실제로 여드름과 가장 밀접한 관련이 있다. 여드름 환자의 피지 생성 샘에는 다른 어떤 안드로겐보다 더 많은 DHEA-S가 포함되어 있으며, DHEA-S의 증가는 여드름의 초기 단계와 밀접한 관련이 있다.

Ⓔ 안드로겐에 대한 민감성도 여드름을 유발

테스토스테론은 여드름과 밀접한 관련이 있다. 그러나 여드름이 많다고 해서 항상 테스토스테론이 증가한 것을 의미하지는 않는다. 대신 어떤 사람들은 단순히 테스토스테론에 더 민감할 수 있다.

② 여드름에서 에스트로겐의 역할

남성과 여성 모두에서 에스트로겐은 피지 생성을 감소시켜 여드름을 개선한다. 남성과 여성 모두 에스트로겐이라는 여성 호르몬을 생산한다. 에스트로겐은 체내 남성 호르몬의 영향을 상쇄하여 피지 생성을 감소시키고 여드름을 줄인다.

즉, 남성호르몬은 여드름을 악화시키고, 여성호르몬은 여드름을 개선시킨다. 에스트로겐은 여성 성 호르몬이다. 여성 호르몬이지만 남성에게서도 소량 생산된다.

Ⓐ 신체에서 에스트로겐의 역할

신체에서 에스트로겐의 역할은 다음과 같다.

- **여성에서 에스트로겐의 역할**
  - 여성 성기의 발달과 활동
  - 가슴의 성장, 엉덩이의 확장 등 2차 성징의 발달
  - 생리 주기 조절
- **남성과 여성 모두에서 에스트로겐의 역할**
  - 골밀도 증가(increase bone density)
  - 혈액 응고에 도움(help with blood clotting)
  - 지방 저장량 증가(increase fat stores)

Ⓑ 에스트로겐이 생성되는 신체 부위

여성의 경우 에스트로겐은 다음에서 생성된다.

- 난소(ovaries)
- 임신 중 태반(placenta during pregnancy)
- 부신(adrenal glands)
- 간(liver)
- 가슴(breasts)
- 피부(skin)
- 지방 조직(fat tissue)

- **대부분의 여성 에스트로겐은 난소에서 생성되며, 임신 시에는 태반에서 생성되고 다른 5개 기관(장기)에서 훨씬 적은 양이 생성된다.**

■ **남성의 경우, 에스트로겐은 다음에서 생성된다.**

- 고환(testes)
- 지방 조직(fat tissue)

에스트로겐의 생성은 뇌의 기저부에 위치한 뇌하수체에 의해 조절된다. 뇌하수체는 인체의 주된 호르몬 분비샘으로, 신체의 다른 기관(장기)을 통제하는 중앙 컴퓨터와 같은 역할을 한다. 뇌하수체는 호르몬을 생산하여 다른 기관에 의한 또 다른 호르몬의 생산을 자극함으로써 이를 수행한다

에스트로겐 생성을 자극하기 위해 뇌하수체는 난포 자극 호르몬(FSH)과 황체 형성 호르몬(LH)이라는 2가지 호르몬 신호를 보낸다. FSH와 LH는 다음과 같이 작동한다.

- 여성의 경우 FSH와 LH는 난소를 자극하여 다량의 에스트로겐과 소량의 안드로겐(테스토스테론과 같은 남성 호르몬)을 생산한다.
- 남성의 경우 FSH와 LH는 고환을 자극하여 많은 양의 안드로겐과 소량의 에스트로겐을 생산한다.

Tip

에스트로겐은 실제로 안드로겐에서 생성된다: 여성은 궁극적으로 소량의 안드로겐을 보유하지만 난소는 처음에 많은 양의 안드로겐을 만들고 그 다음 대부분을 에스트로겐으로 전환(변환)한다.

© 에스트로겐의 종류

주요 4가지 에스트로겐은 다음과 같다

- 에스트라디올(estradiol, 주요 에스트로겐)
- 에스트리올(estriol)
- 에스트론(estrone)
- 에스테트롤(estetrol, 임신 중 여성에서만 생성됨)

이 에스트로겐은 에스테트롤을 제외하고 남성과 여성 모두에 존재한다. 인체

가 어떻게 안드로겐과 에스트로겐 사이의 균형을 조절하는지는 아직까지 정확하게 밝혀지지 않았다. 그러나 이 균형은 전반적인 건강뿐만 아니라 특히 피부 건강에 중요하다.

Ⓓ 여드름 개선

에스트로겐이 여드름을 개선한다는 것은 이미 알고 있는 사실이다. 예를 들어, 여성에게서 혈액내 에스트로겐 수치가 낮을 때 여드름이 발생하는 경향이 있다.

6) 여드름의 발생

여드름이란 일련의 복잡한 생물학적 과정을 통해 형성되는 복잡한 질환이다. 여드름의 정의는 여드름은 안드로겐이라는 호르몬이 증가하는 사춘기가 시작된 이후에 시작되는 만성 염증성 피부질환이다. 이 호르몬은 여드름 형성에 필요한 피지 생산을 촉진시킨다. 여드름은 손바닥과 발바닥을 제외한 모공이 있는 신체의 모든 부분에서 발생한다. 주로 얼굴과 상체(등, 가슴, 목 뒤, 두피)에 모공이 많고 이 부위의 모낭에서 피지가 가장 많이 생성되기 때문에 여드름이 생기게 된다.

여드름은 사춘기의 많은 청소년에게 영향을 미치며 성인에게도 여성의 약 30%, 성인 남성의 약 20%에도 영향을 미친다. 발생 부위는 얼굴에 가장 흔하게 나타나지만, 얼굴 여드름이 있는 사람의 1/2 이상은 몸에도 여드름이 있다.

여드름 형성은 피지선 모낭이라고 하는 모낭에서 시작된다. 이 모낭은 피지선과 연모의 2가지 주요 구성 요소를 포함한다. 피지선은 피지를 생성하며 연모는 눈에 거의 보이지 않는 가늘고 짧은 털이다. 피지 모낭은 손바닥과 발바닥을 제외하고 몸 전체에 분포하고 있다. 얼굴에는 1제곱센티미터당($1cm^2$) 200개 이상의 모낭이 있어 특히 많다.

여드름의 진행 과정은 염증, 피지 과잉생성, 각질세포의 과성장으로 인해 모공이 막힐 때 시작된다. 모공이 막히고 모낭 내부에 피지가 쌓여 면포를 형성한다. 여드름 박테리아는 이 피지를 먹고 증식한다. 여드름 박테리아는 염증을 악화시킨다.

염증은 여드름 발달에 매우 중요하고 중심적인 역할을 한다. 또한 염증은 막힌 모공의 맨 처음부터 여드름이 완전히 치유될 때까지 존재한다.

(1) 모공이 막히는 원인

모공이 막히면 여드름이 형성된다. 이 문제를 유발할 수 있는 다양한 요인이 있다.

① 안드로겐

남성과 여성 모두에게 존재하는 남성 호르몬의 증가는 모공 막힘을 촉진하는 피부 변화를 일으킨다. 예를 들어, 안드로겐 수치가 높아지면 피지 생성과 각질세포 생성이 증가하여 모공이 막힌다. 사춘기는 안드로겐의 증가로 이어져 피지가 증가한다.

② 염증

염증이 잘못 조절되면 각질세포가 과도하게 성장하고 모공이 막힌다. 염증은 신체의 정상적인 방어 메커니즘이다. 면역 체계에 의해 조절되는 염증은 면역 세포와 면역 체계 분자로 구성된 복잡한 과정이며, 여기에는 많은 유형이 있다. 여드름은 염증이 발달에 결정적이기 때문에 염증성 질환으로 간주된다.

③ 피지 생산

피지생산의 증가는 모공을 좁히는 각질세포의 과잉 생산에 있다. 피지는 모낭의 측면에 붙어있는 피지선에서 생성된다. 얼굴과 상반신에는 가장 큰 피지선이 있으며 여드름이 가장 잘 발생하는 부위이다.

④ 각질세포

각질세포의 과성장은 모공 입구 근처에 과도한 각질세포를 초래한다. 많은 각질세포로 인해 모공의 윗부분이 좁아져 막히게 된다.

⑤ 박테리아의 과증식

박테리아라는 여드름 균의 과증식은 여드름의 염증을 악화시킨다. C. 여드름은 여드름이 있는 사람과 없는 사람의 피부에 상주하며 피지에서 영양분을 얻는다. 그러나 과도한 양의 피지가 있으면 C. 여드름이 과도하게 자라기 시작하여 박테리아 성장의 부산물이 과도하게 생성된다. 이러한 부산물에는 프로테아제, 히알루로니다아제라고 하는 단백질과 화학주성 인자라고 하는 분자가 포함된다. 이것은 면역 체계를 자극하여 반응하고 면역 세포가 여드름으로 이동하게 한다는 것을 의미하는 전 염증성(pro-inflammatory)이다. 이것은 여드름의 염증 특성을 악화시킨다. 이러한 요인들이 여드름의 발달에 중요한 역할을 한다.

(2) 여드름의 초기 단계에 염증이 관여

지난 10년 동안 과학자들은 여드름이 어떻게 발생하는지에 대한 이론을 재검토하고 재구성했다. 과거의 전통적인 이론은 남성과 여성 모두에게서 발견되는 남성 호르몬인 안드로겐의 과잉 생산이 여드름 발생의 출발점이라고 했다. 그러나 최근 새로운 과학적 이론에서는 염증이 출발점이다.

① 전통적인 이론

오래전 과학자들은 1936년에 처음으로 안드로겐을 발견했고 이어서 여드름과의 연관성을 밝혀냈다. 안드로겐의 수치가 높아지면 피지가 과도하게 생성된다. 전통적인 이론에서는 피지 생산이 각질세포의 과잉 생산을 유도하기 때문에 여드름이 유발된다고 한다. 각질세포는 지속적으로 피부에서 떨어지고 새로운 세포로 대체된다. 그러나 죽은 각질세포의 축적과 결합된 새로운 각질세포의 과잉 생산은 모공의 입구를 좁히고 모공을 막는다. 이때 미세 면포(microcomedone)가 형성된다.

미세 면포에서 면포로의 진행은 C. 여드름 박테리아의 존재와 성장에 의해 촉진된다. 모공이 막힌 모낭 내부에는 산소가 거의 또는 전혀 없으며 피지가 풍부하지만 산소가 거의 또는 전혀 없는 환경에서 C. 여드름이 번성하므로 빠르게 번식하기 시작한다. C. 여드름의 과증식은 면역 체계를 자극하여 염증반응을 시작한다. 구체적으로, C. 여드름은 막힌 모낭 부위에 면역 세포 및 염증 분자를 모집하는 단백질 및 기타 분자를 방출함으로써 면역 체계를 자극한다. 염증반응이 시작되면 C. 여드름은 각질세포와 면역 체계 세포의 표면에 있는 TLR-2(toll-like receptor 2)라는 특수 단백질에 결합하여 훨씬 더 강력한 염증반응을 유발한다. 이 강력하고 과도한 염증반응은 난포 벽을 약화시킨다.

염증은 결국 모낭 벽을 파열시켜 모낭 속 내용물을 주변 조직으로 방출한다. 신체는 이러한 내용물에 마치 외부 침입자인 것처럼 반응하여 염증을 더욱 악화시킨다. 염증성 구진은 모낭 벽의 작은 부분만 파열되면서 형성된다. 모낭이 파열되면 결절이나 낭종이 형성된다. 이러한 염증성 병변에 내재된 염증을 억제하지 않으면 여드름 흉터 및 염증 후 과다색소침착(병변이 치유된 후 남은 어두운/붉은 자국)으로 이어진다.

② 새로운 이론

여드름에 대한 연구가 계속됨에 따라 염증이 원래 예상했던 것보다 훨씬 빨리 나타난다는 사실이 밝혀졌다. 염증은 여드름으로 이어지는 일련의 과정에서 염증을 더 빨리 발생시킨다는 새로운 이론으로 이어졌다. 이 새로운 이론은 염증이 여드름 형성과 관련된 초기 요인 중 하나라고 말한다. 과도한 피지, 각질세포의 과잉생산 및 C. 여드름의 과증식은 여드름과 관련된 다른 요인을 포함한다.

여드름의 진행 과정은 염증, 피지 과잉생성, 각질세포의 과성장으로 인해 모공이 막힐 때 시작된다. 모공이 막히고 모낭 내부에 피지가 쌓여 면포를 형성한다. 여드름 박테리아는 이 피지를 먹고 증식한다. 여드름 박테리아는 염증을 악화시킨다.

염증은 여드름 발달에 매우 중요하고 중심적인 역할을 한다. 염증은 막힌 모공의 맨 처음부터 여드름 병변이 완전히 치유될 때까지 존재한다. 모든 여드름은 본질적으로 염증성이지만 붉고 아프지 않은 여드름을 지칭하기 위해 '비염증성'이라는 용어를 사용하고, 붉고 아픈 여드름을 지칭하기 위해 '염증성'이라는 용어를 사용한다.

여드름은 비염증성 여드름과 염증성 여드름 2가지로 분류한다.

(3) 비염증성 여드름의 형성

비염증성 여드름은 붉거나 아프지 않은 여드름이다. 여드름 형성의 첫 번째 단계는 육안으로 볼 수 없는 '막힌 모공'으로 알려진 미세 면포의 형성이다.

미세 면포의 형성은 각질세포의 과잉생산으로 인해 모공이 막히면서 시작된다. 모낭에서 피부 표면으로 배출되어야 하는 피지가 피부 밖으로 나오지 못해 유발한다. 시간이 지나면서 피지의 축적으로 인해 모낭이 부풀어 올라 면포(comedone)

를 형성하게 된다. 면포는 육안으로도 볼 수 있으며 2가지 유형이 있다.

- 흰 여드름(whiteheads)
- 검은 여드름(blackheads)

① 모낭의 과각화

미세 면포는 모낭의 과각화라고 불리는 과정에서 형성되며, 이는 피부에 대한 2가지 변화, 즉 새로운 각질세포의 과잉 생성과 죽은 각질세포의 유지로 구성된다.

모낭 내부의 새로운 각질세포가 과잉 생산되어 각질세포가 위쪽으로 쌓이게 된다. 이러한 과잉 생산은 각질세포가 빠르게 분열하기 때문에 발생한다. 피부가 필요로 하는 것보다 더 많은 각질세포가 생성되면 모공이 두꺼워져 모공이 막힌다.

죽은 각질세포가 모낭 위에서 정체되면 모낭 내부에 죽은 각질세포가 쌓이게 되고 일반적으로 죽은 각질세포는 모낭 벽에서 떨어진다. 그러나 간혹 각질세포는 모낭의 벽에 달라붙기 시작하여 떨어지는 대신 서로 달라붙는다. 죽은 각질세포의 끈적임은 접착제와 유사한 기능을 하는 데스모솜과 케라틴이라는 두 단백질에 의해 조절된다. 본질적으로 새로운 각질세포의 과잉 생산은 모공을 두껍게 만들고 내부에서 떨어지지 않는 각질을 증가시킨다. 이 두 과정 모두 모공이 막히는 결과를 가져온다.

② 피지 구성의 변화

모낭의 과각질화는 미세 면포의 형성으로 이어지지만, 피지는 미세 면포를 면포로 전환시킨다. 피지가 면포를 형성하는 가장 잘 알려진 과정은 과도한 피지 생산이다. 모낭의 과각화로 모공이 좁아지고 막히게 되면 피지가 피부 표면으로 배출되기 어려워진다. 피지가 배출되지 못하면 모낭에 쌓이기 시작하여 눈에 보이는 폐쇄면포(흰 여드름) 또는 개방면포(검은 여드름)가 형성된다.

피지를 구성하는 화합물의 변화가 미세 면포 형성에도 역할을 한다. 특히 여드름이 있는 사람과 여드름이 없는 사람의 피지에는 차이가 있다. 피지는 일반적으로 기름과 같은 성질을 가진 분자인 다양한 지질(lipids)로 구성된다. 인체에는 수백 가지의 지질이 있지만, 피지는 주로 스쿠알렌, 왁스 에스테르, 트리글리세리드, 지방산(fatty acids), 콜레스테롤 에스테르(cholesterol esters) 및 유리 콜레스테롤(free cholesterol)로 구성된다. 이러한 지질의 농도는 여드름이 있는 사람과 없는 사람 사이에 크게 다르다. 여드름이 있는 사람의 피지와 여드름이 없는 사람의 피지 사이의 2가지 주요 차이점은 리놀레산(리놀레이트; linoleate) 수치와 스쿠알렌 과산화물(squalene peroxide)의 생성이다.

- 지방산 지질인 리놀레산의 수치는 여드름이 있는 사람과 여드름이 없는 사람 사이에 비율이 크게 차이가 있다. 건강한 사람의 경우 피지에서 발견되는 지방산이 평균 비율이 45%를 차지한다. 그러나 여드름이 있는 사람은 지방산 지질인 리놀레산이 6%에 불과하다. 이 리놀레산은 여드름이 있는 사람에게 낮은 비율이 모낭의 과각화를 유발하여 미세 면포 형성을 유발한다.
- 피지에서 스쿠알렌 과산화물 생성은 모낭의 과각화증을 자극하여 모공을 막고 미세 면포를 형성한다. 스쿠알렌은 일반적으로 피지에서 발견되는 지질이지만 모공에 있는 C. 여드름이 피지를 스쿠알렌 과산화물로 전환시킬 수 있다. 스쿠알렌 자체는 모공을 막지 않지만 스쿠알렌 퍼옥사이드는 코메도제닉성(comedogenic)이 높아 모공을 막는 것으로 잘 알려져 있다. 또한 스쿠알렌 퍼옥사이드는 염증반응을 유발하여 모낭의 염증을 증가시킨다.

(4) 염증성 여드름의 형성

염증성 여드름은 발적 및 통증이 있는 여드름이다. 또한 염증성 여드름은 막힌 모공 내부에 너무 많은 압력이 가해져 모낭 벽을 파열시켜 모낭 속의 내용물이 주변 피부로 흘러나와 발생한다. 신체의 면역 체계는 이러한 내용물을 '외부 침입자'로 보고 감염과 싸우기 위해 염증 세포, 특히 백혈구를 활성화한다. 염증 세포의 유입으로 인해 여드름 병변이 붉어지고 아프게 된다.

염증성 여드름에는 4가지 유형이 있다.

① 구진(papules)

② 농포(pustules)

③ 결절(nodules)

④ 낭종(cysts)

전통적으로 '염증성'으로 분류한 여드름의 2가지 구진과 농포는 가장 흔한 유형이다. 구진은 노란색 고름이 없는 최대 직경 5mm의 붉은 융기의 여드름이다. 구진은 시간이 지나면서 노란색 고름 덩어리가 모낭을 채우고 여드름 표면에 축적되어 농포로 변한다. 사람들은 이때 농포를 '여드름'이라고 부른다. 대부분의 구진과 농포는 면포에서 발생하지만 때로는 면포 단계를 건너뛰고 미세 면포에서 직접 발생하기도 한다. 대부분의 염증성 여드름은 염증성 병변이 되기 전에 면포기(comedonal stage)를 거친다. 면포가 염증성 병변으로 발전하기까지 진행되는 단계를 살펴보자.

① C. 여드름의 과증식과 구진 형성

미세 면포는 모낭의 미세한 변화로 인해 발생한다. 특히, 우리가 본 것처럼 지루와 피지 구성의 변화와 결합된 모낭의 과각화는 모공의 입구를 막는다. 이것은 모낭 내부에 피지의 축적으로 이어진다. 모공이 막히기 때문에 모낭 내부의 산소 수치가 떨어진다. 높은 피지와 낮은 산소 환경은 박테리아인 C. 여드름의 성장을 위한 이상적인 환경을 제공한다. 이러한 환경에서 C. 여드름은 빠르게 성장하고 증식하여 모낭에 3가지 방식으로 영향을 주게 된다.

Ⓐ 박테리아의 성장은 모낭 내부에 압력을 가한다.

Ⓑ C. 여드름은 모낭에 영향을 줄 수 있는 요인을 생성한다.

- 면역 세포를 모집하고 모낭 내부의 염증을 악화시킬 수 있는 전 염증성 화학주성 인자(pro-inflammatory chemotactic factors) C. 여드름은 화학주성 인자를 방출할 때 화학주성 인자는 호중구와 같은 면역 세포를 모공으로 모집한다. 호중구는 가장 풍부한 백혈구이며 그 역할은 박테리아를 죽이는 것이다. 면포 내부에 들어가면 호중구가 C. 여드름을 죽이기 시작하여 더 많은 면역 세포를 모집하고 염증을 더욱 악화시키는 추가 효소를 방출하게 한다.
- 프로테아제 및 히알루로니다아제를 비롯한 모낭 자극제는 모낭벽과 상호작용하고 모낭벽 및 모낭 주변의 염증을 자극하는 단백질이다. 모낭 자극제는 모낭 내부와 주변 조직의 모낭 외부 모두에서 염증을 일으킨다. 이 염증의 목적

은 모낭 내부에서 자라는 C. 여드름을 죽이는 것이다. 그러나 이러한 자극제는 여드름과 관련된 염증을 악화시킨다.

© 또한 C. 여드름은 톨 유사 수용체 2(TLR-2)라고 하는 피부 및 면역 세포 표면의 특수 단백질에 결합할 수 있다.

- 이런 일이 발생하면 C. 여드름은 세포가 인터루킨-8(IL-8)과 같은 추가 염증 분자를 방출하도록 유발하여 모낭에 추가 호중구를 모집한다. 이미 악화된 염증에 IL-8과 더 많은 호중구를 추가하면 모낭 벽 내부와 주변에서 너무 큰 염증반응이 발생하여 작은 모낭이 처리할 수 없다. 침투하는 호중구는 더 이상 존재하는 염증의 양을 유지할 수 없을 때까지 모낭을 계속 팽창시키고 모낭은 결국 파열된다. 모낭이 터지면 갇힌 피지, 여드름, 염증 분자, 각질, 호중구를 포함한 내용물을 주변 조직으로 방출된다. 신체는 더 많은 면역 세포를 모집하고 모낭 너머로 염증을 확장함으로써 이러한 '침입'에 반응한다. 이것이 발생하면 여드름이 붉어지고 아프며 구진이라고 한다.

② 구진에서 농포로 진행

일단 모낭이 터지면 모낭의 내용물이 주변 조직으로 방출되어 신체가 염증반응을 일으키고 여드름 주변이 붉어지고 아프다. 아직 고름으로 채워지지 않은 초기의 붉고 아픈 여드름을 구진이라고 한다. 때로는 구진이 자연적으로 치유되기도 하지만 대부분 약 2일에 걸쳐 흰색 또는 노란색 고름 덩어리가 모낭을 채우고 병변 표면에 축적되며 농포가 생긴다.

③ 고름이 형성되는 과정

모낭의 파열은 파열로 인한 조직 손상을 복구하기 위해 모낭 주변으로 호중구를 포함한 면역 세포의 침투를 유발한다. 그러나 파열된 모낭 벽을 복구하는 것은 호중구에 위험하며 많은 수가 손상되어 그 과정에서 죽는다. 호중구가 죽으면 식세포라고 하는 다른 면역 세포가 염증 부위에서 죽은 호중구를 제거하기 위해 죽은 호중구를 소비하려고 시도하지만 빠르게 압도되어 많은 수의 호중구를 처리할 수가 없다. 염증 부위에 나타나는 액체와 결합된 죽은 소비된 호중구의 생성물은 고름을 생성한다. 즉, 이틀 동안 축적된 죽은 호중구의 잔해가 농포에 존재하는 고름이 된다. 농포는 자연적으로 피부 표면에 내용물을 방출하여 치유되거나 '여드름 압출'을 통해 방출하거나 신체가 고름을 흡수하여 여드름을 치유한다.

지금까지 살펴본 것처럼 모낭이 터지면 구진이 생기고 여기에 고름이 차서 농포가 된다. 하지만 간혹 모낭이 작은 부위에서만 터지는 것이 아니라 피부 속 깊은 곳에서 완전히 터지는 경우도 있다. 이런 경우 심각한 여드름이 발생한다.

(5) 심한 여드름

가장 심각한 2가지 유형의 여드름은 결절과 낭종이다. 이것은 심각한 조직 손상을 초래하여 피부 흉터로 이어진다.

결절은 중증 여드름의 가장 흔한 형태이다. 이것은 면포에서 발전한다. 구진과 마찬가지로 결절은 모낭 벽이 파열될 때 발생하는 염증성 여드름이다. 그러나 구진으로 이어지는 작은 파열과 달리 모낭이 폭발하여 피부 속에서 넓고 깊게 파열된다. 이처럼 모낭이 심각하게 파열되기 때문에 신체는 더 큰 염증반응을 일으키고 직경 5mm 이상의 크고 섬유질이며 통증이 있는 결절이 발생한다. 구진과 마찬가지로 결절은 고름으로 채워지지 않는다. 그리고 구진과 달리 결절은 고름으로 채워지지 않는다. 결절의 크기가 크고 염증이 과도하기 때문에 치유하는데 많은 시간이 필요하다.

낭종은 고름으로 채워져 있기때문에 결절과 다른 드문 여드름이다. 그러나 농포와 달리 낭종의 고름은 고름과 모낭 내용물이 피부 표면으로 배출되거나 자연 치유되는 것을 막는 내벽으로 둘러싸여 있다. 낭종은 모낭 벽이 작은 영역에서 파열되면 형성되지만 염증이 모낭의 잔해를 제거하는 대신 배출된 모낭 내용물 주위에 2차 벽이 형성된다. 이 2차 벽은 두껍고 강하며 피부 깊숙이 존재한다. 여드름 낭종은 그 내용물이 주변 피부와 완전히 분리되어 있고 그 내용물이 본질적으로 비염증성이기 때문에 드믈다. 전체 막이 있더라도 여드름 낭종은 염증 물질과 고름이 채워지게 한다. 따라서 여드름 낭종은 농양으로 가장 잘 설명된다.

(6) 여드름이 형성되는 기간

여드름이 생기는 것은 단순한 일처럼 보이지만, 우리가 피부를 들여다보고 그것이

어떻게 발생하는지 정확히 들여다보면 많은 요인들이 작용하고 있다. 믿기 어려워 보일 수 있지만 여드름이 형성되는데 걸리는 시간에 대한 유일한 근거는 모공을 막는 능력에 대한 화장품 성분 테스트에 중점을 둔 연구에 의존한다. 이러한 연구에 의하면 여드름 형성에는 2~6주가 소요된다. 실제로 '갑자기' 면포가 발생하면 몇 주 전에 모공 막힘 과정을 시작한 원인일 수 있다.

7) 여드름의 원인

여드름의 원인은 호르몬, 염증, 유전학, 스트레스 등 여러 요인에 의해 발생한다. 여드름은 다인성 질환으로 알려져 있으며, 이는 여러 요인이 발생 가능성이 있음을 의미한다. 이러한 요인에는 다음과 같은 복잡한 조합이 포함된다.

(1) 호르몬

여드름이 시작되기 위해서는 호르몬(hormones)이 필요하다는 것을 알고 있다. 이것은 호르몬이 왕성해지기 시작하는 사춘기에 여드름이 시작되는 이유이다. 또한 호르몬 수치가 높을수록 여드름이 더 많이 발생하며, 여드름은 호르몬 질환 중 하나이다. 사춘기 동안 몸이 호르몬을 생성하기 시작한 후에야 여드름 증상이 시작되기 때문에 우리는 이것을 알고 있다. 또한 여드름 증상은 보통 남성과 여성 모두에게 존재하는 안드로겐이라는 남성 호르몬의 수치가 높아지면 증가하는 것으로 알고 있다. 증가된 남성 호르몬 수치는 또한 여드름에 영향을 준다. 이러한 호르몬이 여드름을 증가시키는 가장 가능성 있는 설명은 피부가 생성하는 피지의 양을 증가시키고 더 많은 피지가 더 많은 여드름과 강하게 연관되어 있기 때문이다.

(2) 염증

여드름은 염증성 질환의 핵심이다. 염증 분자는 여드름 발달의 모든 단계에서 발견되며, 여드름의 발적과 통증은 염증(inflammation)의 결과이다.

(3) 유전

여드름은 유전적 질환이다. 부모님 중 한 분이나 두 분 모두 여드름이 있다면, 여드름이 생길 가능성이 높다. 정확히 어떤 유전자가 관련되어 있는지는 수수께끼로 남아 있지만, 여러 유전자가 작용할 가능성이 크다.

(4) 스트레스

정신적 · 육체적 스트레스(stress)는 신체의 호르몬에 영향을 주며 남녀 모두에서, 특히 여성에서 더 많은 여드름을 유발한다.

마음과 몸은 연결되어 있다. 감정적 스트레스는 우리의 내분비(호르몬) 시스템과 면역 시스템에 영향을 미치며 피부를 깨끗하게 유지하지 못하도록 한다. 과도한 운동 일정을 통해 몸에 무리를 주거나 충분한 수면을 취하지 않는 것과 같은 신체적 스트레스도 우리 몸의 내분비 및 면역체계에 악영향을 미친다.

여드름은 실제 위의 요인이 복잡하게 혼합되어 있을 수도 있고 아직 발견되지 않은 원인이 더 밝혀질 수도 있다. 여드름은 의학이 해결하지 못한 미스테리 중 하나이다. 왜 발생할까? 어떤 사람에게는 가라앉고 다른 사람에게는 가라앉지 않는 이유는 무엇일까? 해답보다 훨씬 더 많은 질문을 유발한다.

8) 여드름의 6가지 유형과 특성

여드름 유형으로 흰 여드름, 검은 여드름, 구진 여드름, 농포 여드름, 결절 여드름, 낭종 여드름의 6가지가 있다. 모두 각각의 특징을 가지고 있으며, 유형에 따라 관리와 치료 방법도 다르다.

(1) 흰 여드름

흰 여드름(whiteheads)은 작은 흰색 또는 피부색의 막힌 모공이다. 또한 각질세포가 모공의 입구를 완전히 막아버렸기 때문에 '닫힌 면포(closed comedones)'라고도 한다(그림 7.1).

닫힌 면포라고도 알려진 흰 여드름은 작고, 비염증성이며, 흰색 또는 피부색으로 얼굴, 특히 코와 입 주변에 가장 자주 발생한다. 10대에 가장 흔하지만 모든 연령대에서 볼 수 있다. 이 여드름은 모공이 막히고 모낭 내 갇힌 피지로 채워지기 시작할 때 발생한다. 흰 여드름은 주로 코와 입 주변 부위에 형성되는 작고 흰색을 띄

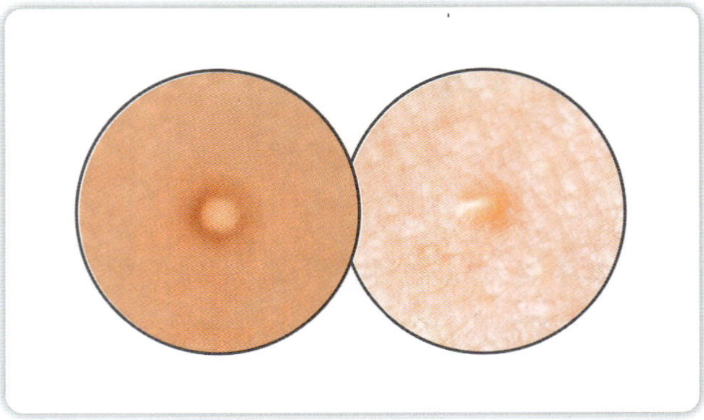

그림 7.1 흰 여드름

는 피부색의 막힌 면포지만, 얼굴이나 목 및 몸의 다른 곳에서도 생긴다.

흰 여드름이 생기면 3~12일 동안 피부에 남아 있다. 이 시간이 지나면 흰 여드름의 약 25% 정도는 자연적으로 치유되는데, 흰 여드름의 약 75%에서는 붉고, 아픈 염증성 여드름으로 진행된다.

① 흰 여드름의 형성 단계

흰 여드름은 2단계로 형성된다.

■ 1단계: 모공 막힘과 미세 면포 형성

모든 여드름은 피부의 미세한 모낭에서 시작된다. 이 모낭에는 피지를 생성하는 피지선이 붙어있다. 일반적으로 피지선에서 피지를 생성한 후 피지는 천천히 모공을 향해 피부 표면으로 이동하여 배출된다. 그러나 여드름의 경우 모공 입구가 각질세포에 의해 막히고 이로 인해 모낭 또한 막히게 되면서 면포라고 하는 것이 형성된다. 모공이 처음 막히는 것을 미세 면포라고 하며 육안으로는 볼 수 없다.

■ 2단계: 흰 여드름의 형성

미세 면포가 형성되면 모낭을 빠져나오지 못한 피지가 쌓이기 시작한다. 이러한 피지 축적으로 인해 미세 면포가 더 커진다. 미세 면포가 육안으로 보일 정도로 커지면 면포라고 한다. 이 면포는 모공이 완전히 막혀서 닫힌 면포라고 하며, 면포에는 흰 여드름과 검은 여드름의 2가지 유형이 있다.

② 흰 여드름의 원인

다음과 같은 몇 가지 요인이 흰 여드름의 발생에 기여한다.

Ⓐ 염증

흰 여드름은 붉거나 붓거나 아프지 않기 때문에 '비염증성' 여드름으로 분류되지만, 흰 여드름에는 일부 염증 분자가 이미 존재한다. 염증은 흰 여드름과 검은 여드름을 포함한 면포의 최대 76%에서 발견된다. 이것은 흰 여드름이 붉거나 붓거나 아프지는 않지만 거의 항상 발생에 영향을 미칠 수 있는 염증이 존재한다는 것을 의미한다.

Ⓑ 호르몬

남성과 여성 모두에게 존재하는 남성 호르몬, 특히 안드로겐은 여드름 발생에 중요한 역할을 한다. 만약 호르몬이 없다면 여드름도 발생하지 않을 것이다. 호르몬의 증가는 흰 여드름을 포함한 모든 여드름의 발달로 이어진다.

Ⓒ 각질세포의 축적

케라티노사이트로 알려진 각질세포는 지속적인 재생상태에 있다. 건강한 피부에서는 피부 내에서 생성되어 천천히 피부 표면으로 이동하여 균형 있게 떨어져 나간다. 그러나 여드름 피부의 경우 균형이 깨지고 이러한 각질세포가 제시간에 죽지 않고 정상적으로 떨어져 나가지도 않는다. 이로 인해 모낭 벽을 따라 새로운 각질세포와 죽은 각질세포가 모두 축적된다. 이 축적은 막힌 모공과 흰 여드름과 검은 여드름을 포함한 면포의 발달로 이어진다.

Ⓓ 케라틴

케라틴은 각질세포에 의해 생성되는 끈적끈적한 단백질로, 각질세포가 서로 달라붙게 하여 피부에서 떨어져 나가는 것을 방지하여 모공을 막히게 한다.

또한 C. 여드름이라고 하는 여드름 박테리아도 흰 여드름 발생에 한몫을 한다. 이제 막 막히기 시작한 모공에도 이미 과도하게 활성화된 C. 여드름 박테리아가 포함되어 있다. 즉, 닫힌 면포라고도 알려진 흰 여드름은 작고, 염증이 없으며, 흰색 또는 피부색으로 얼굴에 가장 흔하게 발생한다. 이러한 여드름은 모공이 각질세포로 막힐 때 발생하며, 이 막힌 모공이 피지로 채워지기 시작한다. 흰 여드름은 일반적으로 피부에 며칠 동안만 남아 스스로 치유되거나 구진, 농포, 결절 또는 낭종과 같은 염증성 여드름으로 발전한다.

(2) 검은 여드름

검은 여드름(blackheads)은 작고 짙은 색의 막힌 모공이다. 얼굴에 흔하게 생기며, 피부 표면에 갈색 또는 검은 반점과 같이 나타나는 여드름이다(그림 7.2).

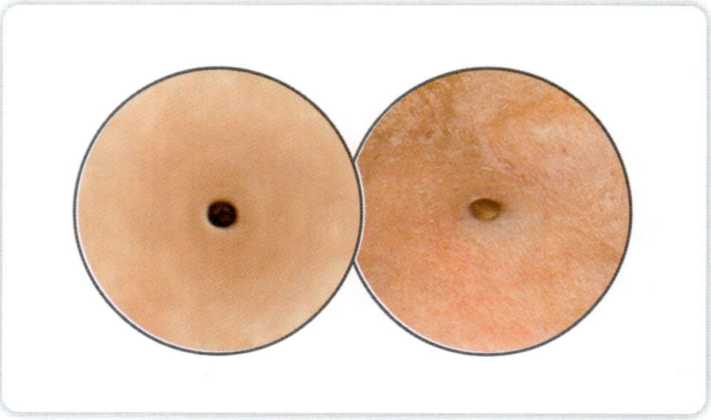

그림 7.2 검은 여드름

각질세포가 모공 입구를 부분적으로만 막아서 '열린 면포(open comedones)'라고 한다. 모공이 부분적으로만 막혀 있기 때문에 피부 유분과 각질이 모공 밖으로 스며 나올 수 있다. 이 내용물이 표면에 도달하면 주변 공기의 산소가 죽은 각질세포의 멜라닌이라고 하는 피부 색소와 화학적으로 반응하여 여드름의 특징적인 검은색 또는 갈색을 띤다. 검은 여드름은 일반적으로 45~60일 동안 지속되는 완고한 병변이다. 이 여드름은 저절로 사라지거나 구진, 농포, 결절 또는 낭종과 같은 염증성 여드름으로 발전한다. 검은 여드름은 주로 얼굴에 발생하지만 목, 등, 가슴, 어깨, 팔뚝에도 생긴다. 검은 여드름이 붉거나 붓거나 아프지 않기 때문에 '비염증성' 여드름으로 분류한다.

① 검은 여드름의 형성 단계

검은 여드름은 2단계로 형성된다.

- **1단계: 모공 막힘과 미세 면포 형성**

- **2단계: 검은 여드름 형성**

미세 면포가 형성되면 모공을 빠져나오지 못한 피지가 쌓이기 시작한다. 더 많은 피지가 쌓일수록 미세 면포가 커지고 눈에 보이는 면포가 된다. 면포에는 검은 여드름과 흰 여드름의 2가지 유형이 있다.

검은 여드름은 모공의 입구가 부분적으로만 막혀 있기 때문에 열린 면포라고 한다. 이것은 피지가 여전히 어느 정도 모공을 빠져나갈 수 있고 공기 중의 산소가 모공으로 들어갈 수 있음을 의미한다. 모공에 들어간 공기는 모낭 내부의 피지와 상호 작용하여 산화라고 하는 화학 반응을 일으켜 검은 여드름의 특징적인 검은색 또는 갈색을 띤다. 이 검은 여드름은 몇 주 이상 피부에 남아 있다.

② 검은 여드름의 원인

몇 가지 요인으로 염증, 호르몬, 각질세포의 축적, 케라틴은 검은 여드름 발생에 기여한다. 즉, 열린 면포라고 하는 검은 여드름은 작고, 비염증성이며, 검은색 또는 갈색의 면포로 얼굴에 가장 자주 발생한다. 모공이 각질세포에 의해 막히고 피지로 채워지기 시작할 때 발생한다. 검은 여드름은 저절로 없어지거나 구진, 농포, 결절 또는 낭종과 같은 염증성 여드름으로 발전하기 전에 몇 주 또는 몇 달 동안 피부에 남아 있다.

(3) 구진 여드름

구진(papules)은 크기가 5mm 미만이고 흰색 또는 노란색 고름이 없는 약간 융기된 붉은 여드름이다. 또한 구진은 막힌 모낭의 벽이 파열된 후 발생하는 첫 번째 여드름이다(그림 7.3).

거의 모든 사람들이 구진을 가지고 있다. 구진은 얼굴, 목, 등, 가슴, 어깨 및 팔 위쪽에서 일반적으로 발생되는 직경 5mm 미만의 비교적 작고 약간 융기된 붉은색

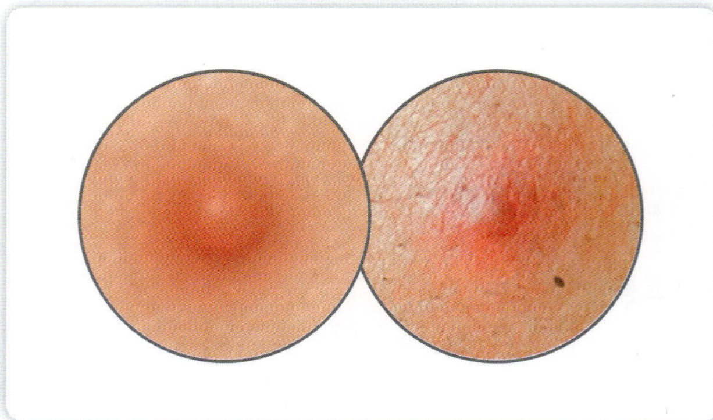

그림 7.3 구진 여드름

의 아픈 돌기이다. 또한 구진은 고름으로 채워지고 중앙이 흰색 또는 노란색인 '농포'로 변하기 전에 피부에 보이는 붉은 융기로 터질 수도 있다.

구진은 모공이 막힐 때 발생하며 일반적으로 피부 표면으로 배출되는 피지가 모낭 내에 갇히게 된다. 그런 다음 여드름 박테리아가 갇힌 피지에서 증식하며, 이 여드름은 구진이라고 하는 붉고 아프고 융기된 병변이 된다.

① 구진 여드름의 형성 단계

대부분의 구진은 3단계로 형성된다.

■ 1단계: 모공 막힘과 미세 면포 형성

여드름의 발생은 피부의 미세한 모낭에서 시작된다. 이 모낭에는 피지라고 하는 피부 기름을 생성하는 피지선이 붙어 있다. 일반적으로 피지는 모낭에서 피부 표면으로 자유롭게 흐른다. 여드름은 모공이 막히고 모낭 안에 피지가 쌓이면서 발생한다.

■ 2단계: 면포 형성

모공이 막히고 피지가 모낭 내부에 쌓이기 시작하면 모낭이 커지고 눈에 띄게 된다. 이렇게 눈에 보이는 여드름을 면포라고 하며, 흰 여드름 또는 검은 여드름으로 알려져 있다.

■ 3단계: 여드름 박테리아의 성장

면포 내부에는 피지가 많이 쌓여 있다. 여드름균에 적합한 환경이다. 면포 내부에서 C. 여드름은 피지를 먹고 빠르게 증식하기 시작한다. 모낭 내부에 존재하는 C. 여드름의 양이 증가함에 따라 신체는 이를 감염으로 인식하고 호중구라고 하는 염증 세포를 보내 반응한다. 호중구는 C. 여드름을 죽이기 위해 C. 여드름을 공격하는 효소를 방출한다. 그러나 효소는 모낭의 벽을 약하게 하여 모낭이 파열될 수 있다. 이 파열은 결국 모낭의 내용물(피지, 여드름, 호중구 및 죽은 각질세포)을 주변 피부로 방출한다. 신체는 이러한 내용물을 '침입자'로 보고 염증으로 반응하여 붉고 단단하며 약간 융기되고 아픈 여드름울 만드는데, 이를 '구진'이라고 한다.

구진은 배출되는 내용물이 없기 때문에 압출하면 안 된다. 구진을 압출하려고 하면 병변이 더 악화되고 더 오래 머물며 흉터가 생길 가능성이 높아진다. 구진은 고름으로 채워지고 중앙이 흰색 또는 노란색으로 확연히 보일 때까지 기다렸다가 압출한다.

(4) 농포 여드름

농포(pustules)는 주로 얼굴, 목, 등, 어깨 및 팔뚝에 위치한 흰색 또는 노란색 중심에 고름을 가진 상대적으로 작은 직경 5mm 미만의 염증이 있는 융기된 여드름이다(그림 7.4).

구진이 시간이 지나면서 농포가 형성된다. 농포는 모낭 내부에 고름이라고 하는 백혈구가 축적된 결과로 중앙이 흰색 또는 노란색인 붉은 여드름이다. 농포는 많은

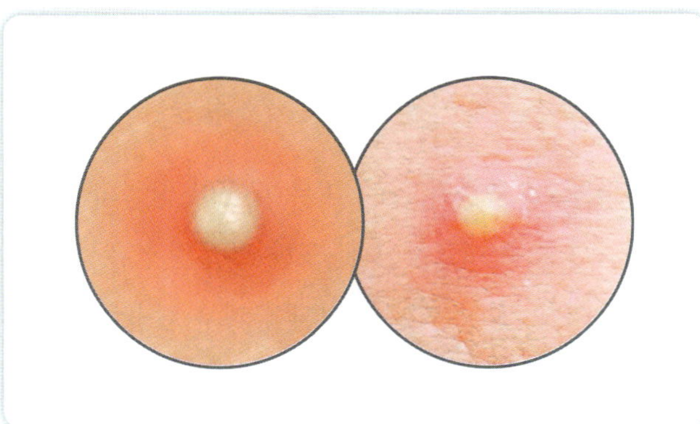

그림 7.4 농포 여드름

사람들이 '여드름'이라고 부른다.

여드름은 모공이 막힐 때 발생하며 일반적으로 피부 표면으로 배출되는 피지가 갇히게 된다. 그런 다음 박테리아는 갇힌 피지 내부에서 증식하며 구진이라고 하는 붉고 아프고 융기된 병변이 된다. 구진이 고름으로 가득 차고 머리가 흰색 또는 노란색이 되면 농포라고 한다. 이 농포를 그대로 두면 농포가 며칠 동안 피부에 남아 있다가 파열되어 고름이 방출되거나 신체가 고름을 흡수하여 치유 과정이 시작된다. 흉터에 대한 유전적 소인에 따라 농포는 흉터를 남기거나 남기지 않는다.

① 농포 여드름의 진행 단계

농포는 4단계로 형성된다.

- **1단계: 모공 막힘**
- **2단계: 면포 형성**
- **3단계: 모낭 벽 파열 및 구진 형태**
- **4단계: 농포 형성**

일반적으로 구진이 발전하여 고름으로 채워진다. 그 시점에서 구진보다 더 부드러운 농포가 된다. 농포를 채우는 고름은 C 여드름과 염증 세포 사이의 '전투'의 결과이며, 둘 다 전투 중에 죽고, 이 사망의 결과가 고름이다. 고름은 혈청(단백질이 풍부한 액체)과 함께 죽은 염증 세포(백혈구)로 만들어진 흰색 또는 노란색 액체이다. 백혈구는 고름에 특유의 흰색 또는 노란색을 준다.

(5) 결절 여드름

결절(nodules)은 고름을 포함하지 않는 피부 깊숙이 형성되는 크고(직경 5mm 이상) 염증이 있고 심각한 중증 여드름이다. 또한 결절은 섬유성 병변으로, 붉고 부으며, 통증이 있는 돌기이다. 모낭 벽이 파열되어 피부 깊숙이 완전히 무너지면 결절이 생긴다. 이 '심한 파열'은 흉터를 유발하는 심각한 조직 손상을 일으키는 심각한 염증반응을 초래한다(그림 7.5).

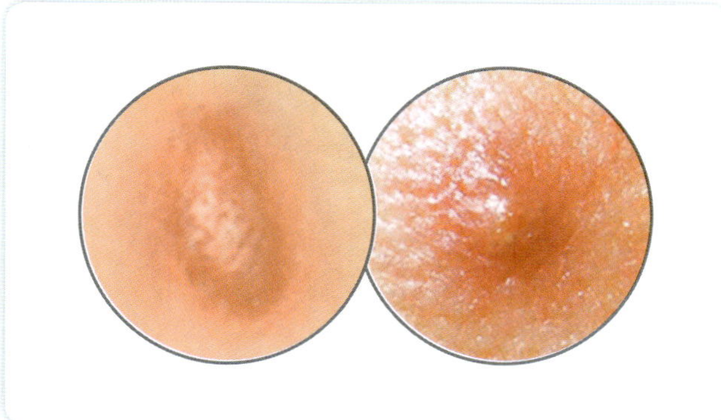

그림 7.5 결절 여드름

결절 여드름은 절대 압출하지 않는다!

터지는 결절은 단단하기 때문에 무의미하다. 결절을 압출하려고 하면 피부가 손상되어 더 많은 염증과 흉터가 생긴다. 등, 가슴, 목 뒤, 얼굴에 가장 많이 발생한다.

결절은 치료하지 않으면 몇 주 또는 몇 달 동안 피부에 남을 수 있으며 영구적인 흉터를 남긴다. 반드시 피부과 전문의에게 치료를 받아야 한다.

- 결절은 고름이 없는 조밀한 섬유성 병변이다. 결절은 낭종보다 훨씬 더 흔하다.
- 낭종은 고름이 포함된 부드러운 병변이다. 낭종은 결절보다 훨씬 덜 일반적이다.

① 결절 여드름의 형성 단계

결절은 4단계로 형성된다.

- **1단계: 모공 막힘**
- **2단계: 면포 형성**
- **3단계: 모낭 벽의 파열**
- **4단계: 결절 형성**

모낭 벽이 완전히 파열되면 결절이 형성된다. 모낭 벽의 완전히 파열로 모낭의 내용물이 모낭 주변 조직으로 방출된다. 심각한 파열로 인해 신체는 많은 양의 염증으로 반응하여 큰 결절이 형성된다. 치료를 받지 않으면 결절이 해결되는데 몇 주 또는 몇 달이 걸릴 수 있으며 위축성(움푹 패인) 또는 비대성(돌출된) 흉터를 남긴다.

② 결절 여드름의 원인

5가지 주요 요인이 관련되어 있다.

Ⓐ 호르몬

안드로겐이라고 하는 남성 호르몬은 남성과 여성 모두에게서 발견된다. 결절성 여드름이 있는 많은 사람은 안드로겐 호르몬 수치가 높다. 안드로겐이 피지 생성을 증가시킨다. 이것은 일반적으로 더 많은 여드름과 결절과 같은 잠재적으로 더 심각한 여드름으로 이어진다.

Ⓑ 유전학

부모나 다른 가까운 친척도 결절성 여드름이 있는 경우 결절성 여드름이 발병할 가능성이 더 높다. 하나 이상의 유전자가 중증 여드름 병변의 발달에 관여한다.

Ⓒ 연령

사람들은 10~20대 초반에 여드름 결절이 생길 가능성이 더 높으며, 이 시기에 발생하는 호르몬 변화로 인해 여드름이 더 흔하게 나타난다.

Ⓓ 성별

일반적으로 남성이 중증 결절성 여드름이 더 잘 생긴다. 그러나 여성도 간혹 이 여드름이 생길 수 있으며 흔하지는 않지만 임신 중, 특히 임신 3개월에 이러한 형태의 여드름이 발생할 수 있다.

Ⓔ 위치

결절성 여드름은 세계의 열대 지역에 사는 사람들에게 더 흔하지만 이러한 환경이 어떻게 심각한 여드름을 유발할 수 있는지는 수수께끼로 남아있다.

(6) 낭종 여드름

낭종(cysts)은 매우 크며(직경 7~15mm) 액체 또는 고름으로 채워진 여드름이다. 낭종 여드름은 흔하지 않은 심각한 여드름으로 붉고 부으며, 피부 깊숙이 발달하고, 간혹 통증이 있다. 그러나 결절과 달리 낭종은 섬유질이 아니다. 대신 액체나 고름으로 채워져 있다(그림 7.6).

낭종은 10대와 20대 초반의 남성에게 가장 많은 영향을 주며, 몇 달 또는 몇 년 동안 지속될 수 있고 치료가 되어도 흉터를 남긴다. 낭종은 심한 여드름을 가진 사람들에게 발생하는 심각한 여드름으로 신체의 다른 낭종과 다르다. 이 낭종은 액체나 공기로 채워진 작은 공과 같으며, 내용물을 담을 수 있는 주머니를 형성하는 내벽을 포함한다. 낭종 여드름에는 고름이 없는 것과 고름이 있는 것의 2가지 유형이 있다.

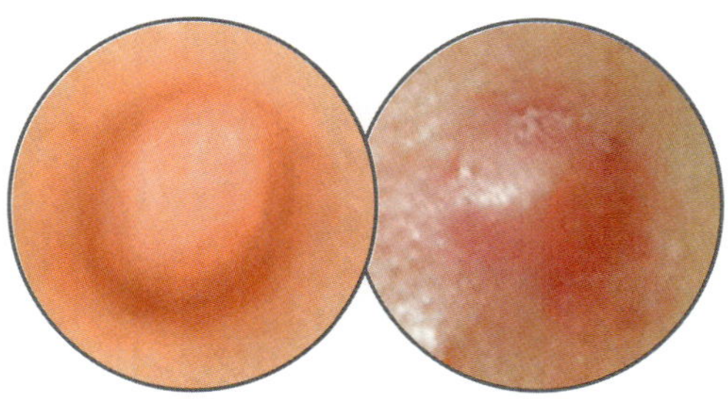

그림 7.6 낭종 여드름

① 낭종 여드름의 특성

Ⓐ 진정한 여드름 낭종(드물다)

진정한 여드름 낭종은 말랑하고 피부색을 띠는 통증이 없는 돌기이며, 피부 위에 약간 솟아오른 것으로 보통 직경이 7~15mm이다. 표피 낭종이라고도 하며, 때로는 직경이 5cm까지 커질 수 있다. 간혹 주변 근처의 낭종도 합쳐질 수 있다.

여드름 낭종에는 내용물을 주머니처럼 생긴 막에 넣어 유지하는 내막이 있다. 이 낭종은 만졌을 때 약간 말랑하게 느껴지고 낭종 내용물의 움직임이 피부 아래에서 느껴진다. 어떤 상황에서도 압출을 직접 시도해서는 안 된다. 진정한 여드름 낭종은 의사가 메스로 절개 또는 레이저로 홀을 내어 짤 때 역겨운 썩은 냄새를 풍기는 치즈나 밀랍 같은 물질을 방출한다. 때로는 진정한 여드름 낭종은 악취가 나는 내용물을 피부 표면에 자발적으로 방출한다. 이러한 구성 요소에는 체액, 죽은 각질세포, 피지, 일부 박테리아 및 잔해가 포함된다.

진정한 여드름 낭종은 완고한 여드름 병변이며 수개월 또는 수년 동안 피부에 남아있을 수 있으며 흉터를 남긴다.

Ⓑ 농양(드물다)

진정한 여드름 낭종은 어느 시점에서 피부 아래에서 '폭발'한다. 농양(abscesses)은 이것이 발생할 때 형성되는 병변이다. 낭종 파열 후 해당 부위가 고름으로 채워지기 시작한다. 고름은 주로 호중구라고 하는 죽은 면역세포로 구성된 흰색 또는 노란색 액체이다. 더 많이 죽은 호중구가 축적될수록 더 많은 고름이 파열된 여드름 낭종을 채운다. 결국 신체는 이 고름주위에 내막을 형성하여 고름이 피부의 다른 부위로 누출되는 것을 방지한다. 농양이 형성되면 그 위 및 주변 피부가 붉어지고 부어오르며 통증이 생긴다. 진정한 여드름 낭종과 마찬가지로 농양은 흉터를 남긴다.

© 가성 낭종(일반적인, 보통)

가성 낭종(pseudocysts) 또는 '가짜' 낭종은 고름이 들어있는 깊고, 붉고, 부어오르고, 아픈 돌기의 여드름이다. 낭종은 고름으로 채워진 여드름 결절에서 형성되지만 실제 낭종이나 농양이 가지고 있는 내벽을 포함하지 않는다. 이 고름은 가성 낭종을 부드럽게 만들고 만지거나 짜낼 때 피부 아래에서 느낄 수 있다. 가성 낭종은 지금까지 가장 흔한 형태의 여드름 낭종이며, 결절성 여드름에서 가장 흔한 낭종으로, 결절성 여드름은 여러 개의 결절과 가성 낭종이 있는 여드름의 일종이다.

가성 낭종은 뺨에 가장 자주 발생하며 관자놀이, 턱 순이다.

② 낭종 여드름의 형성 단계

가장 흔하기 때문에 가성 낭종이 어떻게 발달하는지 살펴보도록 한다.

- **1단계: 모공 막힘, 면포 형성**

- **2단계: C. 여드름의 증가**

- **3단계: 모낭 벽의 파열**

- **4단계: 결절 형성**

- **5단계: 가성 낭종 형성**

며칠 동안 때로는 결절이 고름으로 가득차고 이것을 가성 낭종이라고 한다.

피지로 채워진 막힌 모공, 여드름 박테리아의 증식, 모낭 벽의 파열과 함께 가성 낭종과 거의 동일한 방식으로 시작된다. 그러나 진정한 여드름 낭종은 모낭 벽의 파열이 모낭 벽을 부분적으로만 파괴하고 파열 후 신체가 모낭 벽을 복구할 때 형성된다. 진정한 낭종이 형성되는 동안 모낭 벽의 파열과 재건이 반복적으로 일어날 수 있다. 각각의 파열 및 재건과 함께 낭종 내부의 C. 여드름의 양은 알 수 없는 이유로 감소하기 시작한다. 이러한 파열 및 재건의 주기마다 모낭 벽이 얇아진다. 이로 인해 모낭 벽이 더 유연해져서 대부분 죽은 각질세포뿐만 아니라 피지, 여드름, 모발 잔해로 채워지면서 늘어난다. 이러한 내용물은 진성 낭종 내부에서 발견되는 악취가 나고 밀랍 같은 물질이 된다.

③ 낭종 여드름의 원인

다음과 같은 몇 가지 특성으로 인해 낭포성 여드름이 발생한다.

Ⓐ 호르몬

안드로겐은 남성과 여성 모두에게 존재하는 남성 호르몬이며, 여드름 결절과 낭종이 있는 많은 여드름 환자는 증가된 안드로겐 수치를 가지고 있다. 이 호르몬 수치가 높을수록 피지 생성이 증가하고 이는 더 많은 여드름과 더 심각한 형태의 여드름으로 이어질 수 있다.

Ⓑ 유전학

가까운 친척이 결절성 여드름이 있는 경우, 여드름 결절과 낭종이 발생할 가능성이 더 크다. 이는 여드름 낭종을 포함한 심각한 여드름 병변이 발생하는 데에는 하나 이상의 유전자가 관여할 수 있다는 뜻이다.

ⓒ 연령

사람들은 10대나 20대 초반에 가성 낭종 여드름이 생길 가능성이 더 높다. 여드름은 이 시기에 발생하는 호르몬 변화로 인해 이 연령대에 더 많다.

ⓓ 성별

일반적으로 남성은 중증 여드름 결절과 낭종이 발병할 가능성이 더 크다. 그러나 여성도 결절낭포성 여드름으로 고통받을 수 있으며 흔하지는 않지만 임신 중, 특히 임신 3개월에 발병할 가능성이 높다.

ⓔ 위치

결절성 여드름은 세계의 열대 지역에 살고 있는 사람들에게 더 흔하게 나타나며, 이것이 발생하는 이유를 밝히기 위해 현재에도 연구가 진행 중이다.

어떤 경우에도 낭종 여드름을 배액하려고 시도해서는 안 된다. 효과가 없으며 더 큰 흉터를 남긴다. 이를 위해 항상 피부과 의사와 상의한다.

④ 낭종 여드름 관리

낭종을 압출하려고 시도하지 않는다. 진정한 여드름 낭종이나 가성 낭종을 터뜨리려고 해서는 절대 안 되는데, 2가지 유형의 여드름 낭종 모두 피부 깊숙이 자리 잡고 있기 때문이다. 여드름 낭종을 터뜨리려고 시도하면 낭종의 내용물이 피부 깊숙이 방출된다. 이것은 낭종을 더 악화시킬 뿐만 아니라 흉터를 남기고 피부를 영구적으로 손상시킨다. 따라서 낭종 여드름은 항상 피부과 전문의에게 치료를 받아야 한다.

9) 남성 여드름

(1) 남성 여드름의 특징

청소년기에 여성과 비교해 볼 때 남성은 훨씬 더 높은 수준의 안드로겐을 갖는다. 안드로겐은 피부가 두꺼워지고 피지가 더 많이 생성되며 전체적으로 얼굴과 몸에 여드름이 더 심해진다. 성인이 되면 상황이 바뀐다. 25세 이상의 성인을 보면 남성의 약 1/4이 여전히 여드름을 경험하고 여성의 약 1/2이 여드름을 경험하고 있다.

① 면도

물리적으로 피부를 자극하는 것은 무엇이든 더 많은 여드름을 유발한다. 따라서 남성은 자극을 피하기 위해 면도(shaving)할 때 주의해야 한다.

② 보디 빌딩과 벌크 업

남성 또는 여성이 칼로리를 증가시킬 때마다 신체는 호르몬의 병행 증가로 반응할 수 있으며 이론적으로 더 많은 여드름을 유발할 수 있다. 부피가 커지면 여드름 방지 요법에 더 신경을 쓰도록 한다.

③ 단백동화 스테로이드

더 많은 테스토스테론은 더 많은 여드름을 유발한다. 이것은 확립된 과학이며 단백동화 스테로이드(anabolic steroids)를 복용할 때 얼굴과 몸 모두에서 여드름 심각도가 증가하는 것은 확실하다.

④ 얼굴 마스크

여기서 신체적 자극으로 돌아간다. 얼굴 마스크(face-masks), 헬멧 또는 특히 땀을 흘릴 때 피부에 닿는 물건은 해당 부위에 더 많은 여드름을 유발한다. 할 수 있을 때와 할 수 없을 때 자극을 최대한 제한한다.

(2) 몸과 목의 여드름

남성은 등이나 목 뒤쪽에 더 많은 여드름을 경험한다.

사춘기 이후에는 안드로겐(남성 호르몬)의 수치가 여성보다 남성이 약 10배 더 높다. 이러한 남성 호르몬의 증가로 인해 남성의 피부는 여성보다 약 25~30% 더 두꺼워진다. 또한 남성 피부는 피지를 2배 이상 생성하므로 평균적으로 여드름이 더 심하다. 남성의 여드름과 관련하여 몇 가지 고려사항을 더 살펴보도록 한다.

① 면도

잘못된 면도기 또는 잘못된 면도 크림이나 젤(gel)을 사용하여 면도하면 자극을 유발하고 여드름이 지속될 수 있다.

② 보디 빌딩과 벌크 업

남성 또는 여성이 칼로리를 늘리면 신체는 안드로겐(남성 호르몬) 생성을 증가시켜 반응한다. 이것은 사람들이 종종 체중이 증가할 때 여드름이 재발할 수 있다는 것을 알아차리는 이유이다. 벌크 업을 하고 칼로리를 늘리는 경우, 이를 섭취하고 명확하게 유지하는 것이 조금 더 어려워질 수 있다. 여드름을 일으키는 원인은 단백질 파우더나 보디빌딩 보충제가 아닐 가능성이 크다. 대신 단순히 칼로리가 증가하는 경우가 더 많다. 벌크 업하는 동안 여드름 치료요법에 더욱 신경을 써야 한다.

③ 단백동화 스테로이드

근육을 늘리기 위해 아나볼릭 스테로이드를 복용하면 여드름을 치료하기가 훨씬 더 어려워질 수 있으며 여드름이 몸에 발적을 일으킬 수도 있다. 어떤 상황에서는 아나볼릭 스테로이드가 치료하기 어려운 여드름의 빠른 발병과 매우 심각한 경우를 유발할 수 있다.

④ 얼굴 마스크

피부의 물리적 자극은 여드름을 악화시킨다. 문지르거나 긁거나 피부와 장기간 접촉하는 모든 것이 여드름을 악화시킨다. 또한 신체적 자극과 결합된 땀은 문제를 악화시킨다. 남성은 여성보다 2배 이상 땀을 흘리기 때문에 얼굴 마스크로 인한 위험을 악화시킬 수 있다. 여성도 스포츠를 할 때 얼굴 마스크를 착용하지만 평균적으로 남성이 여성보다 얼굴 마스크를 더 많이 착용한다. 얼굴 마스크를 착용하면 얼굴 마스크가 피부와 만나는 부위에서 여드름이 더 심할 가능성이 높다. 이 영역에서 자극을 예방하고 여드름 치료요법에 더 신경을 써서 노력하도록 한다.

⑤ 몸과 목 여드름

남성은 등, 가슴 및 목 뒤쪽에 여드름이 더 많이 발생하고 더 심한 경우를 경험한다.

⑥ 성인 남성 여드름

남성은 여성보다 성인 여드름을 절반 정도 경험한다. 남성 여드름은 사춘기에 더 심해지는 경향이 있지만 일반적으로 성인 초기에 가라앉는다. 그러나 항상 그런 것은 아니며 성인 남성의 약 25%가 어느 시점에서 성인 여드름을 경험한다. 성인 남성 여드름은 사춘기 남성 여드름과 치료법이 동일하다.

⑦ 자외선으로부터 보호

일반적으로 남성은 여성보다 햇빛에 덜 민감하다. 가장 흰 피부를 가진 사람의 경우 하루에 최대 20분, 가장 짙은색 피부를 가진 사람의 경우 하루 최대 20분 동안 보호되지 않은 태양에 노출되는 것이 실제로 여드름에 도움이 될 수 있지만, 햇볕에 타는 것은 피부에 손상을 주고 노출 후 2주 동안의 여드름. 자외선 차단제와 여드름에 대한 지식을 숙지해야 한다.

10) 여성 여드름

(1) 여성 여드름에 대한 5가지 사실

① 일반적으로 여성의 호르몬은 남성보다 더 많이 변동하는 경향이 있으며, 이는 여성의 여드름이 남성의 여드름보다 덜 일정하고 더 불규칙한 경향이 있는 이유를 설명한다.

② 모든 성인 여성의 절반 이상이 적어도 가끔 발진을 경험한다.

③ 여드름과 싸우는 여성의 60~70%는 생리 전 재발을 경험한다.

④ 여드름은 여성의 성인기 전반에 걸쳐 발생할 수 있다: 성인 초기, 20대 후반과 30대, 임신 중, 폐경기.

⑤ 여성 성인 여드름은 답답할 수 있지만 효과적으로 치료할 수 있다.

(2) 여성 여드름의 특징

① 생리 전 여드름

호르몬은 생리 주기로 인해 남성보다 여성에서 더 많이 변동한다. 호르몬 수치는 생리 주기 동안 변동하며 특히 생리가 시작되기 약 7~10일 전에 구진 여드름의 형태로 나타난다. 생리 전 여드름은 매우 흔하며, 여드름으로 고통받는 여성 중 36~78%가 생리 전 여드름 발적을 경험한다. 생리 전 발적으로 인한 여드름은 염증이 있다. 즉, 붉고 아프다는 뜻이다.

■ 생리 전 기간에 여드름이 급증하는 이유

생리 전 여드름이 발생할 수 있는 주된 이유는 변동하는 호르몬 때문이다. 여드름이 혈액의 에스트로겐 수치가 낮고 프로게스테론 수치가 높은 것과 관련이 있다. 낮은 에스트로겐 수치가 간접적으로 피지 생성을 증가시키고 염증을 증가시켜 여드름을 유발한다.

② 임신 중 여드름

임신 중 여성은 일반적으로 여드름이 덜 나타나지만 임신 3개월에 여드름이 재발할 수 있다. 여드름으로 고생하는 여성은 임신 초기 몇 개월 동안 상태가 개선되는 것을 볼 수 있는데, 이는 항염증 효과가 있는 것으로 생각되는 에스트로겐 수치의 증가 때문이다. 임신 초기, 특히 임신 3개월에는 일반적으로 여드름이 악화된다. 이것은 임신 기간 동안 안드로겐의 수치가 증가하기 때문에 발생하는 것이다. 높은 안드로겐 수치는 여드름과 관련이 있다. 그러나 이러한 추세는 모든 여성에게 동일하지 않으며 동일한 여성의 임신 간에도 다를 수 있으므로 너무 걱정하지 않아도 된다. 출산 후, 임신 중에 발생한 여드름 중증도의 변화는 일반적으로 임신 전 상태로 되돌아간다.

③ 성인 여드름

성인 남성의 약 1/4에 비해 성인 여성의 1/2 이상이 구진 여드름을 경험한다.

④ 호르몬 치료

경구 피임약(피임약)을 포함한 호르몬 치료와 항안드로겐 약물은 여성에게만 선택 사항으로 적용된다. 다낭성 난소 증후군의 증상일 수 있는 생리 불규칙 및 과도한 모발 성장을 발견하는 경우 특히 도움이 된다.

⑤ 폐경기

폐경으로 인한 여드름은 드물지만 발생할 수 있다. 드물기는 하지만 폐경기에 발생하는 호르몬 변화로 인해 여드름이 생길 수 있다. 여드름은 일반적으로 나이가 들면서 감소하지만 폐경기 동안 혈류 내 호르몬 수치의 변동은 여드름을 유발하거나 기존 여드름을 악화시킬 수 있다. 그러나 폐경 후 여드름은 드물다. 사람들은 호르몬의 변화를 경험할 때마다 일반적으로 여드름을 경험한다. 일반적인 추세는 청소년기 이후 여드름의 발생이 수년에 걸쳐 꾸준히 감소한다는 것이다. 이 감소는 폐경기를 통해 계속된다. 그러나 폐경 전후 및 폐경기 동안 호르몬 수치의 변동으로 인해 일부 여성은 이 기간 동안 기존 약간의 여드름이 나타날 수 있다. 이는 일반적으로 폐경이 진행되면 가라앉는다.

반면, 폐경 후 새로운 여드름 발병 또는 기존 여드름의 현저한 악화를 경험하는 경우 종양이나 복용 중인 일부 약물에 대한 반응과 같은 근본적인 의학적 상태를 나타낼 수 있다. 이 경우 여드름 증상을 유발할 수 있는 다른 조건을 배제하기 위해 가능한 한 빨리 의사를 만나는 것이 중요하다.

11) 몸 여드름

몸 여드름은 생각보다 흔하다. 사람들은 옷을 입기 때문에 몸 여드름이 가려져 눈으로 볼 수는 없지만 실제로는 매우 일반적이다.

얼굴 여드름이 있는 사람들의 약 50%가 몸 여드름이 있다. 얼굴 여드름을 동반하지 않는 몸 여드름은 소수의 사람들에게만 발생한다. 등과 가슴에 생기는 여드름을 '몸 여드름'이라고 한다. 남성은 여성보다 몸 여드름이 약간 더 자주 발생하며 가슴보다는 등에 약간 더 자주 나타난다. 사람들은 몸 여드름에 대해 많이 이야기하지 않지만 등, 가슴 및 기타 신체 부위의 여드름은 의외로 흔하다. 몸 여드름이 발생하는 부위는 다음과 같다.

- 등
- 가슴
- 목의 뒤쪽
- 어깨
- 팔
- 두피

몸 여드름은 얼굴 여드름과 비슷하게 발생한다. 몸 상체(등 및 가슴)의 피부는 얼굴 피부보다 제곱센티미터(cm^2)당 모공의 수가 적기 때문에 얼굴보다 몸에 여드름이 더 적다. 그러나 몸의 모공의 크기가 얼굴보다 더 크기 때문에 몸에 생기는 여드름이 더 심하다. 얼굴에 비해 몸에 여드름이 덜 나는 또 다른 이유는 몸의 피부가 더 산성이기 때문이다. 여드름 박테리아는 덜 산성인 환경을 좋아한다.

그리고 발생 부위와 관계없이 모든 여드름은 막힌 모공으로 시작하여 일반적으로 모공에서 피부 표면으로 배출되는 피지의 막힘으로 이어진다. 이 막힌 모공에서 박테리아가 갇힌 피지 내부에서 번식하며 여드름이 발생한다.

피부와 장기간 접촉하는 모든 것은 여드름을 악화시킬 수 있다. 피부가 물리적으로 자극을 많이 받을수록 여드름이 발생할 가능성이 높아진다. 이것은 자체 의학 용어인 여드름 역학이 있을 정도로 잘 알려져 있다.

여드름 역학은 운동선수에게 영향을 주지만 예를 들어, 하루종일 무거운 배낭을 착용하는 사람들에게도 영향을 미칠 수 있다. 그러나 분명히 하루종일 신체와의 접촉을 피하는 것은 불가능하다. 신체의 모든 물리적 자극을 제거하려고 시도하기보다는 단순히 신체에 대한 주요하고 명백한 자극의 원인을 인식하고 제거해야 한다. 그런 다음 적절한 여드름 방지 요법으로 몸을 치료하면 깨끗함을 유지할 수 있다.

Tip

참고 사항: 스포츠 장비는 종종 여드름 역학으로 오인되는 상태인 알레르기성 피부염을 유발할 수도 있다. 이것은 기어 자체의 물질로 인해 발생하며 여드름처럼 보일 수 있다.

사람들은 종종 운동으로 인한 땀이 몸 여드름의 원인인지 아닌지 궁금해한다. 땀에는 여드름을 유발할 수 있는 것이 없기때문에 땀 자체는 문제가 되지 않지만, 땀이 신체적 자극과 결합되면 자극을 악화시킬 수 있다. 땀과 물리적 자극은 그 자체로 물리적 자극보다 더 막힌 모공으로 이어질 수 있다.

12) 성인 여드름

성인 여드름은 남성과 여성, 특히 여성에게 영향을 미치며 청소년 여드름과 다르게 나타난다. 성인 여드름은 일반적으로 25세 이상의 사람들에게 영향을 미치는 여드름으로 정의된다. 성인 여드름은 단순히 성인기까지 지속되는 청소년기 여드름의 결과이지만, 특히 여성의 경우 월별 호르몬 변동으로 인해 성인기에 처음으로 여드름이 생기기도 한다. 또 소수의 사람들은 특히 여성의 경우, 여드름은 청소년기 이후 가라앉았다가 성인기에 재발하기도 한다.

(1) 남성의 성인 여드름의 원인

남성의 여드름이 계속되는 정확한 이유는 알려지지 않았지만, 일반적으로 "아직 사라지지 않았다."고 볼 수 있다. 즉, 처음에 여드름을 유발한 것과 마찬가지로 다음과 같은 잠재적인 조합으로 인해 나타난다.

① 호르몬

테스토스테론 및 기타 남성 호르몬 수치가 높을수록, 호르몬에 대한 민감도가 높을수록 여드름이 더 많이 생긴다.

② 유전학

부모에게 성인 여드름이 있었다면, 발생할 가능성이 더 크다.

③ 피부의 물리적 자극

스포츠를 위해 얼굴 마스크를 착용하거나 야구 모자를 자주 착용하는 것은 피부를 물리적으로 자극하여 여드름의 주기를 지속하게 한다. 지속적으로 피부를 만져도 여드름이 악화될 수 있다.

④ 스트레스, 흡연

신체가 스트레스나 유해 물질로 만성적인 공격을 받을 경우, 장기를 건강한 상태로 유지하기 어렵다는 것이 의학적 근거로 나타났다. 피부는 신체의 가장 큰 기관으로 스트레스, 흡연 및 여드름에 관한 과학적 근거는 압도적으로 많다.

(2) 여성의 성인 여드름의 원인

전체적으로 여아가 남아보다 여드름이 적지만 성인이 되면서 이 균형이 뒤바뀌어 25세 이후에 성인 여드름으로 고생하는 여성이 더 많아졌다. 이는 생리 중 변동하는 호르몬 때문으로 그 원인은 다음과 같다.

① 유전학

부모에게 성인 여드름이 있었다면, 여드름으로 고생할 가능성이 더 크다.

② 피부의 물리적 자극

피부를 물리적으로 자극하는 예로는 스포츠를 위해 얼굴 마스크를 착용하거나 화장을 많이 하는 것, 특히 거칠게 바르거나 화장을 대충 제거하는 경우가 있다. 손이나 머리카락으로 피부를 계속 만지는 것, 특히 잠재적으로 모공을 막는 헤어제품을 사용하는 경우에도 여드름이 악화될 수 있다.

③ 스트레스, 흡연

남성과 마찬가지로 신체가 스트레스나 유해 물질로 만성적인 공격을 받으면 장기를 건강한 상태로 유지하는데 어렵다. 그러나 신체의 가장 큰 장기인 피부, 특히 여드름을 보면 여성이 남성에 비해 스트레스와 흡연 모두에 더 취약할 수 있다.

(3) 10대 여드름과 성인 여드름

성인 여드름은 남성보다 여성에게 더 많이 발생하고, 10대 청소년 여드름은 소녀보다 소년에게 더 많이 발생한다. 여드름이 있는 성인은 여드름이 있는 10대보다 비염증성 면포(흰 여드름)가 적은 반면, 성인 여드름은 더 많은 염증성 여드름을 생성한다. 결과적으로 성인 여드름은 10대 여드름보다 더 많은 흉터를 남긴다.

성인과 10대 여드름은 모두 얼굴, 목 및 몸통에 영향을 줄 수 있다. 성인 여드름은 특히 남성과 여성 모두 볼, 턱, 하악골(턱) 부근에 발생한다. 여드름이 10대에 비해 성인에게 미치는 영향에는 몇 가지 주목할만한 차이점이 있다.

① 연령

'10대 여드름'이라고 하는 청소년기 여드름은 25세 이하의 사람들에게 영향을 미치는 반면, 성인 여드름은 25세 이상의 사람들에게 영향을 미친다.

② 발병률

10대 여드름은 성인 여드름보다 더 흔하다.

③ 성별

10대 여드름은 남성이 더 흔한 반면, 성인 여드름은 여성이 더 흔하다.

④ 발진의 위치

10대 여드름은 주로 얼굴 전체에 발진이 생기는 반면, 성인 여드름은 발진이 얼굴의 아래쪽 절반(뺨, 턱, 턱선)에 더 흔하다.

⑤ 공통점

10대 및 성인 여드름은 둘 다 호르몬에 의한 것으로 가족에게 유전되어 영향을 받는다.

⑥ 10대 여드름과 성인 여드름

10대 여드름과 성인 여드름은 같은 질병으로 여드름이 있는 사람의 연령에 따라 다음과 같이 분류된다.

Ⓐ 10대 여드름

25세 미만의 사람들에게 발생한다.

Ⓑ 성인 여드름

25세 이상의 사람들에게 발생하며 지속적이거나 늦게 발병한다.

- 지속성 여드름: 10대 여드름이 사라지지 않고 25세를 넘어서도 지속되면 성인 여드름이 되어 지속성 여드름이라고 한다.
- 늦게 발병 여드름: 25세 이후에 여드름이 저절로 나타나면 늦게 발병 여드름이라고 한다.

10대 여드름과 성인 여드름은 같은 질환이지만 10대 여드름은 성인 여드름보다 훨씬 더 흔하다.

⑦ 증상의 차이

10대 및 성인 여드름은 발진 유형, 발진 위치 및 흉터 유무가 다르다.

Ⓐ 10대 여드름

- 발진 유형: 염증성 병변(구진, 농포, 결절 및 낭종)과 비염증성 병변(흰 여드름 및 검은 여드름)의 조합이다.

- 발진의 위치: 일반적으로 이마, 코, 볼, 턱에 있다.
- 흉터: 성인 여드름보다 10대 여드름에서 덜 흔하다.

Ⓑ 성인 여드름

- 발진 유형: 주로 염증성 병변(구진 및 농포)
- 발진의 위치: 보통 뺨과 턱과 턱선을 포함한 얼굴의 아래쪽 부분에 발생한다. 또 10대 여드름보다 성인 여드름에서 입 주위, 목, 가슴, 등에 발진이 더 많이 나타난다.
- 흉터: 성인 여드름에서 더 흔하다. 발진은 주로 염증성이며 성인 여드름은 치료에 대한 내성이 더 강하고 치유하는데 더 오래 걸린다.

⑧ 남녀의 차이점(성별의 차이)

- 10대 여드름: 남성에서 더 흔하다.
- 성인 여드름: 보통 남녀 모두에서 똑같이 흔하지만 늦게 발병하는 여드름인 경우 여성에게서 더 흔하다.

13) 스트레스와 여드름

스트레스는 과도한 정신적 · 신체적 긴장으로 정의된다. 이것은 특히 여성과 남성 모두에게 해당되며, 예를 들면 다음과 같다.

■ 정신적

- 사람들과의 관계 문제
- 다가오는 행사에 대한 걱정
- 왕따
- 과도한 업무량

■ 신체적

- 수면 부족
- 앉아있는 생활 방식
- 흡연

- 바쁜 라이프스타일
- 지나친 운동, 스포츠 루틴

모든 사람은 수시로 스트레스를 받지만 스트레스가 만성화되면 피부에 염증이 생긴다. 만성 스트레스는 여드름에 영향을 줄 수 있는 신체의 화학 물질의 연속 방출을 초래한다. 이러한 화학 물질이 어떻게 피지 생성과 염증을 증가시킬 수 있는지에 대해 우리가 이미 알고 있는 것처럼 스트레스가 여드름을 악화시킨다.

스트레스는 몸 전체에 영향을 주지만 피부는 특히 스트레스에 민감하다.

오랜 기간 동안 스트레스를 받는다면 전반적인 건강을 위해 생활 방식의 변화를 고려하는 것이 현명하다. 운동은 스트레스를 다루는 가장 건강하고 효과적인 방법이다. 야외 활동, 명상 및 심호흡도 스트레스를 줄이는 좋은 방법이다.

정신적 스트레스가 여드름의 원인이 될 수 있다. 스트레스가 피부에 영향을 주는 것으로 피지 생성의 증가와 피부 염증 증가에 기여한다. 2가지 모두 더 많은 여드름을 유발하는 것으로 알려져 있다. 또한 스트레스는 상처치유를 지연시키며, 여드름 병변은 상처이기 때문에 지속적인 스트레스는 여드름을 치료할 수 있는 신체의 능력을 저하시킨다.

스트레스에 대한 신체의 반응

신체의 스트레스 반응은 우리가 생존할 수 있도록 진화한 정상적이고 건강한 현상이다. 스트레스가 발생하면 신체는 신경전달물질이라는 화학 물질과 인지된 스트레스에 맞서 싸우도록 신체를 준비시키는 호르몬을 방출하여 반응한다.

신경전달물질

신경전달물질은 뉴런(neurotransmitters; 신경계 세포)과 다른 뉴런 사이, 뉴런과 각질세포 사이, 뉴런과 면역 체계 사이의 통신을 연결하는 분자이다. 또한 신체는 스트레스를 받을 때 고전적인 '싸움 또는 도피' 호르몬인 아드레날린(adrenaline)과 같은 호르몬을 방출한다. 스트레스 반응은 실제 위험한 상황에 대응하여 주기적으로만 활성화되도록 되어 있다. 그러나 오늘날의 세계에서는 스트레스 반응이 과도하게 진행되어 만성 스트레스로 이어질 수 있다. 만성 스트레스는 스트레스 반응을 지속적으로 활성화시켜 피부 건강을 포함한 건강에 부정적인 영향을 준다.

피부는 신체의 가장 큰 기관이며 신경전달물질과 호르몬에 반응하는 능력이 있다. 스트레스 반응에는 신경전달물질과 호르몬이 관여하기 때문에 피부는 스트레스에 쉽게 반응한다.

(1) 급성 스트레스와 만성 스트레스

심리적 스트레스는 다음과 같다.

- 급성: 일시적
- 만성: 진행 중

① 급성 스트레스

급성 스트레스(acute stress)란 스트레스 요인이 사라지면 신체의 반응이 진정되는 것을 의미한다. 시험을 보는 것은 극심한 스트레스의 한 예이다. 시험 전에는 불안하기 때문에 신체는 스트레스 반응을 시작한다. 시험이 끝나고 더 이상 그것에 대해 걱정하지 않으면 몸이 진정된다. 급성 스트레스를 받으면 신체는 신체의 보호 메커니즘을 자극하는 신경 전달 물질과 호르몬을 방출하여 반응한다.

② 만성 스트레스

만성 스트레스(chronic stress)란 스트레스 요인이 사라지지 않아 지속적으로 스트레스를 받는 것을 의미한다. 계속되는 어려운 직업이나 학교 상황 또는 계속되는 관계의 문제는 모두 만성 스트레스의 예이다. 이러한 상황에서 스트레스 요인은 오랜 기간 동안 유지되며 스트레스 요인에 대한 신체의 반응도 마찬가지이다. 신체는 스트레스와 싸우는 화학 물질을 지속적으로 방출하고 그로 인한 지속적인 자극은 결국 신체의 면역 체계를 압도하고 올바른 반응을 멈추게 하여 피부 유분의 생성 증가 및 염증과 같은 문제를 일으킨다. 여드름은 피부 유분의 수치 증가와 관련된 염증성 질환이므로 염증 및 피부 유분 생성 증가를 유발하는 모든 것이 여드름을 악화시킨다.

(2) 스트레스와 여드름의 관계

스트레스는 여드름 증가와 관련이 있다. 스트레스는 다음과 같은 2가지 방식으로 여드름을 악화시킨다.

- 호르몬 수치
- 신체의 염증

① 호르몬

안드로겐은 남성과 여성 모두에게 존재하는 남성 호르몬이며 안드로겐 수치가 높을수록 여드름이 더 많이 생긴다. 우리가 스트레스를 받으면 안드로겐을 생산하는 부신이라는 샘이 과도하게 움직인다. 이것은 부신에서 훨씬 더 많은 비율의 안드로겐을 생산하는 여성에게 특히 그렇다. 안드로겐은 스트레스가 여드름과 관련하여 남성보다 여성에게 더 많은 영향을 미치는 이유이다.

② 염증

스트레스는 몸에 염증반응을 일으킨다. 여드름의 핵심은 염증성 질환이므로 염증을 유발하는 모든 것이 여드름을 악화시킨다. 어떤 사람들이 다른 사람들보다 스트레스 관련 여드름 발적에 더 취약할 수 있다. 또한 여드름이 생기는 것 자체가 스트레스를 유발할 수 있어 악순환이 될 수 있다. 따라서 스트레스 관리를 위한 방법을 배우는 것이 좋다.

스트레스에 대한 걱정은 상황을 악화시킬 뿐이다. 운동, 심호흡 및 명상, 적절한 휴식이 도움이 된다. 스트레스는 피부를 포함한 우리 몸에 큰 피해를 주고 더 많은 여드름 증상을 유발한다.

14) 수면과 여드름

수면은 피지 생산의 균형을 유지하고 스트레스를 줄이며 상처치유를 지원한다.

- 건강한 피지 생산
- 스트레스 감소
- 상처치유(여드름은 작은 상처)

충분한 수면을 취한다고 해서 여드름이 완전히 제거되는 것은 아니지만, 충분한 수면을 취하면 건강을 유지하고 여드름을 줄이는데 도움이 된다. 가능하면 밤에 8시간 이상을 자도록 노력한다.

(1) 충분한 수면은 여드름 감소에 도움

다음은 여드름에 영향을 미치는 근본적인 요인이다. 수면은 이러한 각 요인에 긍정적인 영향을 준다. 따라서 충분한 수면은 여드름을 줄이는데 도움이 된다.

① 피지 생산

- 여드름에 미치는 영향: 피지 생성 문제는 여드름으로 이어진다.
- 수면에 미치는 영향: 수면은 건강한 피지 생산을 촉진한다.

② 스트레스

- 여드름에 미치는 영향: 스트레스는 여드름을 악화시킨다.
- 수면에 미치는 영향: 수면은 스트레스를 줄인다.

③ 상처치유

- 여드름에 미치는 영향: 여드름은 작은 상처이며 적절하게 치유해야 한다.
- 수면에 미치는 영향: 수면은 상처치유를 촉진한다.

일반적으로 피지와 여드름에 관해서는 고려해야 할 2가지 사항이 있다.

지금까지 수행된 거의 모든 연구에서 이를 입증했듯이 더 많은 피지 생산은 더 많은 여드름을 의미한다. 여드름이 있는 사람은 여드름이 없는 사람에 비해 피지 구성이 다르다. 변경된 피지의 구성은 여드름으로 이어진다. 그리고 대체로 스트레스를 많이 받는 사람일수록 여드름 증상이 더 많이 나타난다.

불충분한 수면은 건강에 해로운 피지 생산, 호르몬 불균형, 스트레스 증가로 이어질 수 있으며 상처를 치유하는 피부의 능력을 저하시킨다. 이러한 요인들의 조합은 더 많은 여드름 발생에 영향을 주며 기존 여드름의 치유 및 회복을 더디게 한다.

15) 인종(민족)과 여드름

인종(민족)마다 여드름에 대한 차이가 있다. 모든 인종과 민족에게 똑같이 영향을 미치는 것은 아니다. 그러나 여드름의 치료는 모든 인종과 관계없이 동일하다.

(1) 아시아인의 피부와 여드름

모든 인종과 마찬가지로 아시아계 사람들의 여드름은 매우 흔하다. 아시아인 10대와 성인 모두가 다른 민족과 비교할 때 여드름이 덜 발생한다. 백인을 제외한 모든 인종과 마찬가지로 아시아인 피부는 과다색소침착(hyperpigmentation) 및 융기, 켈로이드 흉터에 더 취약하다.

여드름은 아시아인들 사이에서는 흔한 문제이지만 아시아계 사람들이 다른 민족보다 약간 덜 여드름으로 고통받을 수 있다. 그러나 여드름 유형에 따라 다소 달라질 수 있다.

▪ 아시아인 피부의 차이점

- **덜 심각한 여드름**

  여드름으로 인한 고통이 약간 덜할 뿐만 아니라 아시아인 피부를 가진 사람들은 심각한 여드름이 발생할 가능성이 적다.

- **과다색소침착**

  백인을 제외한 다른 인종과 마찬가지로 아시아계 사람들은 여드름이 치유된 후 남겨진 과다색소침착에 더 큰 문제가 있다.

- **켈로이드 흉터**

  아시아인 피부를 가진 사람들은 여드름으로 인한 켈로이드 흉터의 발생률이 다소 높으며, 특히 신체에 발생하면 치료하기 어려운 것으로 악명이 높다. 이것이 아시아 사람들이 몸의 여드름을 치료하고 예방하는 것이 매우 중요한 이유이다.

- **더 민감한 피부**

  아시아인의 피부는 다른 피부 타입보다 얇아서 더 민감하다.

(2) 라틴계 피부와 여드름

모든 인종(민족)과 마찬가지로 여드름은 라틴계 피부에서 흔하다. 라틴계 사람들은 다른 '피부 색' 그룹에 비해 더 많은 양의 농포, 심한 여드름(결절 및 낭종), 흉터가 발생한다. 백인을 제외한 다른 인종(민족)과 마찬가지로 라틴계 사람들도 과다색소침착, 붉은 자국 및 켈로이드 흉터를 더 많이 경험한다.

라틴계 사람들은 다른 모든 인종 그룹과 마찬가지로 높은 비율로 여드름을 앓고 있다.

▪ 라틴계 피부의 차이점

라틴계 피부를 가진 사람들은 염증 후 과다색소침착이 더 많이 발생한다. 여드름이 치유된 후 남게 되는 검고 붉은 반점에 대한 의학 용어이다. 이 과다색소침착은 사라지는데 몇 달 또는 몇 년이 걸릴 수 있으며 여드름 자체만큼 문제가 될 수 있다.

(3) 백인 피부와 여드름

모든 인종과 마찬가지로 여드름은 백인 피부에 흔하며 백인이 피부과를 찾는 가장 큰 이유이다. 그러나 백인은 다른 민족과 비교할 때 더 심각한 여드름을 경험하지만 과다색소침착은 적다. 백인 청소년은 흑인이나 아시아인 청소년보다 약간 더 많은 여드름을 경험한다. 치료는 인종에 관계 없이 동일하다.

▪ 백인 피부의 차이점

피부가 흰 백인의 사람은 멜라닌의 양이 적어 흰 피부색이다. 백인 피부를 가진 사람들은 결절과 낭종, 더 심각한 유형의 여드름 병변 발생률이 더 높다. 백인들은 또 피부가 건조해지는 경향이 있어 건조 및 필링 약물을 더 어렵게 만든다. 백인들은 발진이 발생했을 때 더 눈에 띈다. 여드름을 직접적으로 둘러싸는 급성 발적과 염증은 흰 피부톤과 분명한 대조를 이룬다. 그러나 여드름이 남긴 붉은 자국에 관해서는 백인이 덜 어려움을 겪는다. 백인은 염증 후 과다색소침착을 경험하지만 피부색이 짙은 사람보다 덜 생긴다. 또한 이러한 자국은 흰 피부에서 더 빨리 없어진다. 그러나 다른 인종과 마찬가지로 백인 피부도 흉터를 남긴다.

백인 피부는 어두운 피부에 비해 얇고 피부에 탄력을 부여하는 세포인 섬유아세포의 활성이 짙은색 피부에 비해 낮다.

백인 피부가 짙은색의 피부타입과 다른 점은, 모공이 더 작다는 것이다. 백인이 다른 집단보다 여드름이 적다는 동일한 연구에서 모공 크기와 피부 밝기 사이에는 음의 상관관계가 있다고 보고되었다. 모공 크기와 피부색 사이의 관계를 추가로 조사하기 위해서는 더 많은 연구가 필요하다.

여드름 치료에서 백인의 피부는 과다색소침착이 덜 발생하기 때문에 레이저 치료와 화학적 박피에 잘 반응한다. 여드름은 예방이 핵심이다. 여드름을 예방하면 삶의 질이 향상될 뿐만 아니라 잠재적인 흉터를 예방하는데 도움이 된다.

(4) 흑인 피부와 여드름

모든 인종과 마찬가지로 여드름은 검은 피부에서도 발생하며, 흑인 청소년과 흑인 성인에게 가장 흔하다. 흑인 청소년은 백인 청소년보다 약간 덜 여드름을 경험하지만 아시아 청소년보다 약간 더 많이 경험한다.

백인을 제외한 인종과 마찬가지로 흑인도 과다색소침착이 더 많이 생긴다. 흑인은 또한 제기된 켈로이드 흉터에 더 많은 문제가 있다.

▪ 흑인 피부의 차이점

흑인 피부 사람들은 다른 인종과 마찬가지로 염증성 여드름을 경험한다. 이는 붉고 아픈 병변과 함께 오는 가장 흔한 유형의 여드름이다. 염증성 여드름은 비염증성 여드름보다 치료가 더 쉬울 수 있기 때문에 실제로 좋은 소식이다. 비염증성 여드름은 흰 여드름과 검은 여드름이 있으며 붉지도 아프지도 않은 여드름이다.

또한 흑인은 흉터가 생기기 쉬운 심각한 여드름(결절 및 낭종)이 적다. 이러한 이유로 흑인은 다른 인종에 비해 전반적으로 흉터가 적다.

그러나 흑인 피부 사람들은 덜 심각한 여드름이 생기는 경향이 있음에도 불구하고 흉터가 한번 발생하면 피부에 움푹 들어가지 않고 피부 위로 솟아오른 켈로이드 흉터가 생긴다. 이 켈로이드 흉터는 가슴과 등에서 가장 흔하며 흉터 치료에 극도로 저항한다. 그렇기 때문에 흑인 피부, 특히 신체 여드름을 예방할 때 효과적인 여드름 예방 방법이 가장 중요하다.

다음으로, 백인이 아닌 모든 피부 유형은 염증 후 과다색소침착의 발생률이 더 높은 경향이 있지만, 특히 흑인 피부 사람들이 염증 후 과다색소침착의 발생률이 가장 높다. 피부를 뜯으면 이러한 자국이 더 심해질 수 있으므로 피부가 짙은색 사람은 뜯지 않도록 해야 한다. 흑인 피부는 과다색소침착과 켈로이드 흉터가 생기기 쉬우므로 여드름을 초기에 적극적으로 치료하는 것이 가장 중요하다.

여드름은 피부색에 관계 없이 동일한 방식으로 발생하고 치료된다. 그러나 흑인 피부는 과다색소침착에 더 취약하기 때문에 레이저 요법, 화학 박피 또는 광역학 요법과 같은 여드름 치료를 할 때 각별한 주의를 기울여야 한다.

■ **특별한 문제**

- 블랙 헤어 제품: 흑인은 때때로 포마드 및 피부 오일을 사용하여 모발을 이완시킨다. 이러한 제품은 모공을 막는 성분을 포함할 수 있으며 헤어라인 주변에 여드름을 유발할 수 있다.
- 인그로운 헤어(ingrown hairs): 흑인 남성은 면도할 때 목에 있는 인그로운 헤어에 훨씬 더 취약하다. 내성 모발은 여드름이 아니지만 여드름처럼 보일 수 있다.

16) 여드름과 우울증

여드름과 우울증 사이에는 상관관계가 있다. 여드름은 정신 건강에 부정적인 영향을 미치며 여드름을 없애면 기분이 좋아진다.

그러나 우울증은 어떠한가? 여드름과 우울증은 함께 발생하는 경우가 많다. 즉, '상관 관계'가 있다. 여드름이 반드시 우울증을 유발하는 것은 아니지만, 여드름은 우울증을 악화시킬 수 있고 우울증은 여드름을 악화시킬 수 있다.

여드름이 있는 많은 사람들은 자존감 저하를 경험한다. 여드름은 좌절, 슬픔, 분노 등 다양한 감정을 느끼게 한다. 이것은 잘 알려져 있다.

우울증은 슬픔과 함께 시간이 지남에 따라 지속되는 전반적인 관심 상실과 함께 오는 기분 장애이다. 여드름이 우울증을 유발하는지, 반대로 우울증이 여드름을 유발하는지에 대한 것을 살펴보겠다.

(1) 여드름과 우울증의 관계

① 여드름과 우울증의 상관관계

여드름과 우울증은 종종 함께 발생하며 이들 사이 대부분은 연관성이 있다. 이 두 조건이 동시에 발생하지만 그러한 관계를 결정할 수 없을 때 우리는 그들 사이에 상관관계가 있다고 말한다. 이것은 연관성이 있다는 것을 의미한다.

② 우울증은 간혹 여드름을 동반

여드름은 신체적 질병이지만 심각한 심리적 고통을 초래할 수 있으며, 이는 우울증과 관련이 있다. 여드름은 우울증을 유발하거나 증가시킬 수 있으며, 잠재적으로 자살 생각으로 이어질 수 있음을 보여주는 여러 연구에 의해 뒷받침된다.

③ 여드름은 간혹 우울증을 동반

반대로 우울한 사람들은 종종 여드름이 있다. 아무도 여드름이 나는 것을 좋아하지 않는다. 그러나 우울증은 이러한 부정적인 감정을 악화시킬 수 있다.

사람들은 종종 우울증을 포함한 스트레스가 여드름 발적을 유발한다고 보고한다. 우울증이 여드름 발적을 유발했다면 우울증을 치료하면 여드름도 치료될 것이라고 기대할 수 있다. 그러나 이것은 사실이 아니다. 실제로 일부 여드름 환자는 우울증 치료를 받으면 여드름이 더 심해진다고 호소하며 여드름은 일부 항우울제의 부작용으로 꼽힌다. 따라서 우울증이 여드름의 심리적 영향을 악화시킬 수 있지만 여드름을 유발하는 것으로는 알려져 있지 않다.

(2) 여드름이 자존감에 미치는 영향

여드름은 특히 여성의 자존감을 낮춘다. 10대와 성인 모두에서 여드름은 자존감을 낮추고 자의식과 우울증을 유발할 수 있다.

여드름은 '모든 사람이 겪는 일'이지만 여드름의 정서적 영향은 특히 여드름이 더 심한 사람들에게 현실적이고 심각하다. 여드름은 남성과 여성 모두에게 부정적인 영향을 주지만 여성은 여드름으로 인한 자존감 문제를 경험한다. 그리고 긍정적인 점은 피부를 적절하게 치료하고 여드름을 제거하면 누구에게나 이러한 문제가 해결된다는 것이다.

① 자존감이란 무엇이며, 왜 중요한가?

자존감은 자신의 가치에 대한 개인의 주관적인 의견이다. 높은 자존감은 사람의 성공과 삶의 질에 기여하지만 낮은 자존감은 사람을 우울하게 만들고 심지어 우울증을 유발한다. 낮은 자존감은 잠재적으로 학교나 직장에서 성공하지 못하는 것과 같은 심각한 문제로 이어질 수 있다.

② 여드름은 자존감에 부정적인 영향을 준다.

의사는 일반적으로 여드름을 천식, 당뇨병 또는 관절염과 같은 만성질환에 비해 사소한 건강 문제로 간주한다. 그러나 지난 20년 동안 연구자들은 여드름이 심각한 심리적, 정서적 영향을 유발할 수 있음을 인식하기 시작했다.

③ 여드름은 여성의 자존감에 더 심각한 영향을 준다.

여드름은 모든 사람의 자존감을 손상시키는 경향이 있지만, 특히 여성에게 더 큰 영향을 미치는 것으로 보인다. 여드름이 있는 여성은 여드름이 있는 남성보다 얼굴에 난 여드름에 대해 훨씬 더 자의식이 강하다. 특히 심한 여드름이 여성의 성적 자존감, 즉 성욕에 대한 자신감과 만족도를 떨어뜨린다는 사실을 발견했다.

④ 여드름을 치료하면 자존감이 향상된다.

피부를 깨끗하게 하면 일반적으로 자존감이 향상된다.

17) 여드름의 후유증

여드름은 주로 사춘기에 호발하며, 대개 12~14세부터 나타나기 시작하고, 여성은 남성보다 조기에 나타나는 경향이 있다. 대다수의 여드름은 15~19세까지 심해지는 경향이 있다.

이때 여드름을 방치하거나 여드름 관리 또는 치료를 받지 않게 되면, 다양한 여드름 후유증이 남는다. 가장 대표적인 후유증으로는 얼굴에 붉은색(홍반)이 오래 지속되는 것과 거무스름한 갈색의 색소침착, 그리고 여드름 흉터 등이다. 그 외에 켈로이드 체질인 경우에는 피부가 붉게 부풀어오르는 켈로이드성 흉터가 발생하기도 한다.

일반적으로 붉은색 또는 갈색의 색소침착은 시간이 지나면서 서서히 없어지기도 하지만, 미용적인 측면에서 문제가 되는 경우에는 메디컬 스킨케어나 치료를 받게 되면 빠른 호전을 보이게 된다.

여드름 흉터는 시간이 지나도 영구히 남게 되며, 흉터부위는 피부가 정상 피부보다 깊게 파여 있어 치료하기도 쉽지 않다. 여드름 흉터의 치료는 치료기간도 길고, 비용도 많이 들게 되므로 여드름은 조기에 치료하는 것이 좋다.

(1) 붉은색(홍반)

여드름은 메디컬 스킨케어나 치료 후에 피부의 붉은색이 지속되는 경우가 있다. 이것은 일부 염증반응이 여드름 관리나 치료 후에도 계속 지속되는 현상이다. 이러한 붉은색은 시간이 지나면서 흐려지지만 미용적으로 문제가 되는 경우에는 치료를 받는 것이 좋다(그림 7.7).

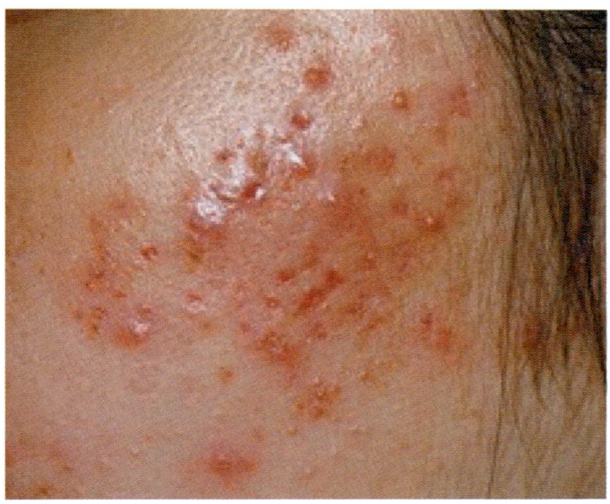

그림 7.7 붉은색(홍반)

(2) 색소침착(염증 후 과다색소침착, PIH)

여드름 관리나 치료를 받지 않고 혼자서 손으로 여드름을 짜게 되면, 그 부위에 검은색이 반점처럼 색소침착이 나타나게 된다. 이 색소침착은 여드름에 의해서 염증 후 표피에 존재하는 멜라닌 형성세포에서 색소가 많이 만들어져 생기는 것이다. 이는 메디컬 스킨케어만으로도 충분한 효과를 얻을 수 있다.

(3) 여드름흉터

여드름흉터는 여드름이 심하게 곪은 상태에서 피부 일부가 떨어져 나가거나, 농포나 결절이 피부 속에서 터지면서 생기는 것이다. 특히 곪은 여드름을 손으로 마구 짜게 되면 흉터가 쉽게 생긴다. 흉터를 예방하기 위해서는 여드름이 곪기 전에 초기에 메디컬 스킨케어나 치료를 하는 것이 가장 중요하다(그림 7.8).

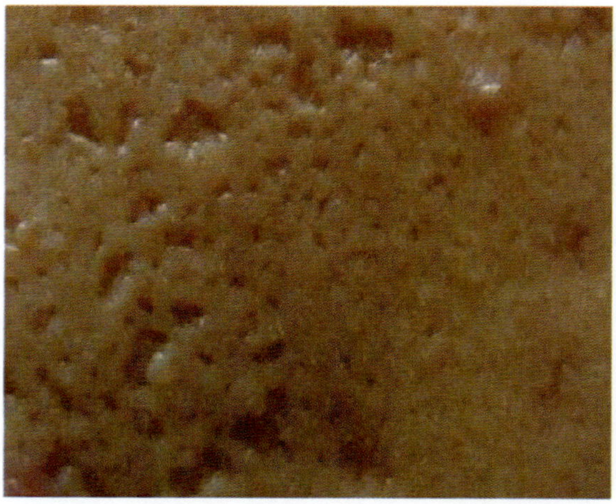

그림 7.8 여드름 흉터

18) 여드름 유형별 스킨 스케일링 방법

스킨 스케일링(skin scaling)은 산(acid)을 이용하여 각질층과 표피 일부를 얇게 벗겨내는 방법을 말한다. 즉, 각질층의 묵은 각질을 탈락시키고 면포로 인해 막힌 모공을 열어주어 모공 속에 쌓인 피지를 밖으로 배출하게 한다. 또 열린 모공은 모공 속 면포를 압출하기 용이하도록 만들어 주며, 피지분비량을 조절하여 여드름 호전에 매우 효과적이다. 여드름관리의 스킨 스케일링에 사용되는 대표적인 것으로는 AHA(alpha-hydroxy acid)와 BHA(beta-hydroxy acid)가 있다.

AHA는 음식에서 찾을 수 있는 것으로 과일의 무독한 유산균(organic acid group)이다. 이들 AHA에 속하는 산들은 자연에서 얻을 수 있는 것이며, 그중에는 과일에 들어 있는 것이 여러 가지이므로 AHA를 '과일산(fruit acid)'이라고 부르기도 한다. AHA

의 종류에는 글리콜산(glycolic acid, 사탕수수), 젖산(lactic acid, 발효된 우유), 능금산(malic acid, 덜 익은 사과), 주석산(tartaric acid, 발효된 포도), 구연산(citric acid, 감귤류 과일) 등이 있다(그림 7.9).

그림 7.9 AHA

AHA에 속하는 모든 산들은 피부에 비슷한 효력을 나타낸다. 이중에서 글리콜산(GA)과 젖산이 미용 목적으로 사용하기에 가장 적합하다. 이것들은 독성이 없고 쉽게 중화될 수 있으며, 수용성이기 때문에 물로 쉽게 씻어낼 수 있다.

GA는 AHA 중 분자량이 가장 작기 때문에 더 효과적으로 특별히 피부에 잘 침투할 수가 있어서, 다른 과일산보다도 피부를 아름답게 개선시키는 효력을 갖고 있다. 그러므로 AHA들 중에 GA가 가장 보편적으로 사용되고 있다.

AHA 필링이라 하면 일반적으로 GA 필링을 의미한다. GA는 농도와 pH가 매우 중요하다. 이는 피부관리의 중점을 필링효과에 둘 것인가 아니면 피부의 재생효과에 둘 것인가에 따라서 농도와 pH가 달라지기 때문이다. 피부 개선목적을 어디에 둘 것인가에 따라서 적용하는 방법이 다르며 효과 또한 매우 달라지기 때문이다.

GA는 일정한 농도(제품의 성분함량)와 아주 특정한 pH(제품의 산도)에서만 효과가 있다. 효과적이기 위해서는 pH가 낮아야 한다. 즉, 알칼리성보다는 산성이어야 한다는 것이다. GA는 10~50%의 농도와 pH 3~4 정도에서 최상의 작용을 한다. 그리고

GA는 자외선으로 인한 손상된 피부, 노화피부, 여드름피부에 탁월한 효과를 보이는데 그중 특히 여드름피부에 효과를 나타낸다.

여드름 관리인 스킨 스케일링에 사용하는 GA는 농도가 10~50% 사이이며, pH는 3~4이다. 여드름은 여러 가지 요인에 의해서 생기는데 비정상적인 각질화(keratinization)가 매우 중요한 요인의 하나이다. GA는 각질세포 간의 결합력을 약화시켜 각질세포가 잘 떨어져나가 피지샘의 배출구에 쌓였던 각질이 제거되어 피지샘의 분비물이 잘 배출될 수 있도록 한다. 따라서 면포 형성을 억제하며 면포 압출을 용이하게 모공을 열어주는 역할을 하는 것이다.

스킨 스케일링의 효과는 GA의 농도와 pH, 또 피부에 발라져 있는 시간과 피부의 특성에 달려 있다. GA의 농도가 높을수록, pH가 낮을수록, 피부에 발라져 있는 시간이 길수록 깊고, 강하게 벗겨진다. 따라서 농도와 PH, 바르는 시간을 조절함으로써 표피를 다양한 깊이와 강도로 스킨 스케일링할 수 있다.

GA를 바를 때에는, 피부에 바르는 동안 환자에게 반드시 눈을 감고 있으라고 당부한다. GA를 바르면 따갑지만 참을 만하다. 그러나 환자가 당황하지 않도록 따가울 것이라고 미리 알려준다. 또 GA를 바르기 전에 미리 중화제를 옆에 준비해 놓고 피부에 바르기 시작한다. 만약에 중화제를 미리 준비해 두지 않으면 가지고 오는 동안에 지나치게 깊이 침투하는 경우가 발생한다. 그리고 GA는 피부에 발라져 있는 시간을 잘 조절해야 한다. 너무 짧으면 효과가 떨어지고 또 너무 길면 피부는 손상을 입는다.

GA를 바르는 순서는 피부의 가장 두꺼운 부위에 제일 먼저 바른 다음 두께가 얇은 부위의 순서대로 발라준다. 바르는 동안 타이머(timer)를 누르고, 이마부터 콧등, 볼 옆, 턱, 코 옆 볼의 순서대로 바른다. GA를 바른 후 피부관리사는 환자의 피부에서 눈을 떼지 말고 계속 관찰하는 것이 중요하다. GA를 얼굴 전체에 발랐으면 면밀히 관찰하다가 홍반이 되기 전에 중화해 주기 시작한다. 10분 정도 중화를 하고 스킨 스크러버로 피부 표면을 정리한 다음 여드름을 압출한다.

스케일링을 하고 난 후 2~3일이 지나면 약간의 각질이 일어날 수 있고, 완전한 재생까지는 7~8일이 걸린다. 스케일링을 시작한 지 2주간은 여드름이 더 악화되기도 하지만 대부분의 환자는 3~4주 후에 좋아지는 것을 확인할 수 있다.

사람의 피부상태는 개개인이 독특해서 똑같은 스케일링을 해도 매우 다르게 반응한다. 따라서 피부관리사들은 피부를 분석하는 것이 무엇보다도 우선이며 중요하다.

표 7.4 AHA의 종류

종류	추출물 분자량	분자량
글리콜산(glycolic acid)	사탕수수	76.1
젖산(lactic acid)	발효된 우유	90.1
능금산 = 말릭산(malic acid)	덜 익은 사과	134.1
주석산(tartaric acid)	발효된 포도(다른 AHA 효능 강화)	150.1
구연산(citric acid)	감귤류 과일	192.1

■ GA를 바를 때 주의사항

① 빠르게 그리고 균일하게 바른다.

② 균일하게 바르기 위해서는 큰 면봉을 사용한다.

③ 많은 양의 용액을 적시지 않는다.

④ 면봉의 움직임을 멈추지 않는다.

⑤ 두 번째 다시 바르기 전에 첫 번째 바른 GA를 잘 건조시킨다.

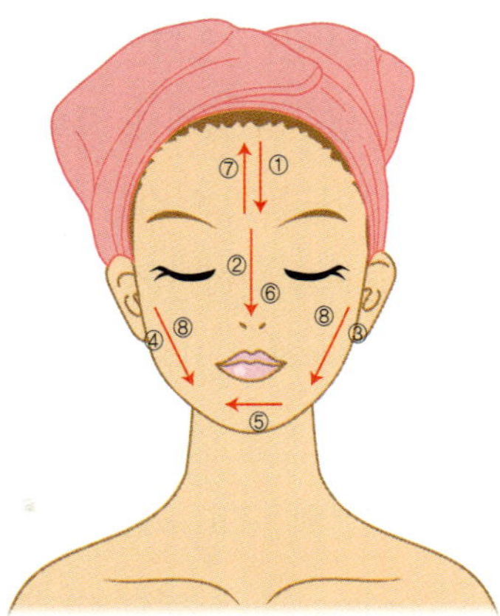

① 이마 → ② 콧등 → ③ 볼 옆 → ④ 볼 옆 → ⑤ 턱 → ⑥ 콧등 → ⑦ 이마 → ⑧ 볼

그림 7.10 GA 바르는 순서

표 7.5 면봉과 붓의 차이점

면봉	붓
① 면봉 조직은 좁고 촘촘한 망처럼 되어 있어서 액체를 더 많이 머금음(바를 때 적은 양을 골고루 쓸 수 있음)	① 붓은 강모 또는 나일론으로 되어 있음. 강모는 털의 조직이 편형으로 배열되고 거침. 그러므로 붓은 액체를 잘 머금지 못함(초기에 바를 때 너무 많은 양이 소모됨)
	② 붓은 처음 발랐을 때 피부가 많은 양을 받아들이기 때문에 다음 횟수부터는 피부에서 받아들이는 양이 줄어드는 반비례 상태를 볼 수 있음
② 면봉은 적당한 양으로 조금씩 꾸준히 피부에 흡수시키므로 크게 변동이 없는 수평상태를 유지할 수 있음	③ 붓은 처음 바를 때 너무 많은 양을 바르게 될 수 있고, 이로 인해 액체의 양과 농도가 고르지 않게 됨(두꺼움)
③ 면봉은 일정한 양을 균일하게 바르고 거의 일정한 농도를 유지할 수 있음	④ 많은 양은 피부에 더 깊게 스며들어 자극이 될 수 있음

BHA는 다양한 종류가 있는 AHA에 비해, 단지 하나 살리실산(salicylic acid)뿐이다. 또한 AHA는 수용성인 반면, BHA는 지용성이다. 살리실산의 특징은 모공을 통해서 모낭에 빠르게 흡수되어, 모낭 내 면포를 융해시키고 피지선 내에 축적된 각질세포를 제거하며, 각질 제거력은 시간이 지나도 지속되어 계속해서 각질을 제거한다.

또한 표피에서의 항염작용과 항균작용이 있다. 살리실산의 가장 큰 장점은 항염작용, 항균작용이며, 지용성으로 모공 입구의 각질 탈락으로 모공축소와 피지 억제, GA보다 훨씬 더 강한 면포 제거 기능, 여드름 덩어리를 분해하여 감소시키므로 여드름피부에 보다 선택적으로 사용할 수 있다. 살리실산은 지성피부와 기미, 색소침착에 사용할 수 있으며 모든 피부타입과 모든 인종에서 사용할 수 있다.

피부의 백색침전은 살리실산의 크리스탈 형성을 의미하며 얼굴에 바른 후 30초~1분 후 형성된다. 이러한 백색침전은 단백응집(protein agglutination)을 의미하는 프로스팅(frosting)이나 화이트닝(whitening)과 혼동해서는 안 된다. 3~4분 후 물에 적신 솜으로 얼굴에 남아 있는 살리실산 침전물을 닦아낸다.

살리실산으로 스킨 스케일링을 할 경우 여드름 면포압출은 3~4일째 되는 날에 가장 쉽게 할 수 있다. 스킨 스케일링 시행 후 3~4일이 지나면 각질제거로 인해 모공이 열리기 때문이다. 일반적으로 1주일 후에 면포를 압출하지만 환자에 따라서 주 2회 병원 방문이 가능한 경우 3~4일째 면포를 압출하고, 다시 3~4일 후에 보습관리를 하는 것이 최상의 방법이다. 또한 피부가 건조할 수 있고, 심한 각질탈락과 가피 형성이 일어날 수도 있으며, 홍반이 있을 수도 있다. 이러한 증상들은 일반적으로 7~8일이면 해결된다.

표 7.6 스킨 스케일링 과정 (1)

순서	관리내용	작용 및 효과
클렌징	겔 타입의 약산성 세안제 사용	피부표면의 피지제거 및 노폐물 제거
딥 클렌징	스킨 스크러버(가볍게 5분 정도)	각질과 피지제거에 도움
스킨 스케일링	• GA 농도: 10~30% 정도 • pH: 3~5 정도 • 발라져 있는 시간: 3~5분 정도 (피부에 따라 차등 적용)	각질을 제거하여 모공을 열어줌 피지제거
중화	GA를 닦아내고, 솜이나 거즈에 증류수를 적셔 10분 정도 올려놓음(Mummy Mask)	GA의 자극을 줄이며, 피부를 진정시킴
스킨 스크러버	스킨 스크러버로 가볍게 필링	중화하는 동안 올라온 피지제거
여드름 압출	여드름을 짬	면포제거
마스크	• 캄파성분을 함유한 마스크 • 설파성분을 함유한 마스크 • 해양추출물을 함유한 마스크	캄파성분은 항염작용과 항균작용이 뛰어나며, 여드름 짠 부위의 부어오름을 진정시킴. 피지흡착 효과
헬륨 – 네온 (He – Ne)	저출력 레이저를 10분 정도 조사	피부 재생 촉진 상처회복
바이탈 이온트	녹차추출물 (+)4분, (-)6분 시행	피부 보습과 피지조절
마무리	• 비타민 C, 히알루론산, 알로에베라 등의 성분을 함유한 세럼이나 크림 • 자외선 차단제	피부 보습에 중점을 둠
홈 스킨케어 처방	• 여드름용 기능성 세안제 • 보습용 세럼, 보습 크림, 자외선 차단제	매일 보습효과를 줄 수 있도록 신경 씀

※ 2차 마스크는 상황에 따라 적용한다.

다음은 여드름 형태에 따른 스킨 스케일링 과정으로 일반적인 여드름피부 관리방법과 문제성 여드름피부 관리방법이다.

(1) 일반적인 여드름피부 관리방법

일반적인 여드름피부는 비염증성 여드름피부를 말하며, 주로 흰 여드름과 검은 여드름이 있는 상태이다.

표 7.7 스킨 스케일링 과정 (2)

순서	관리내용	작용 및 효과
클렌징	겔 타입 여드름 전용 세안제(GA 5% 이하 함유된 것)	피부표면의 피지제거 및 노폐물제거
딥 클렌징	• 효소를 이용한 딥 클렌징 • 스킨 스크러버	모공 속 각질제거
스킨 스케일링	• GA 농도: 30~50% 정도 • pH: 3~4 정도 • 발라져 있는 시간: 3~5분 정도 (피부에 따라 차등 적용)	각질제거 피지제거
중화	GA를 닦아내고, 솜이나 거즈에 증류수를 적셔 10분 정도 올려놓음(Mummy Mask)	GA의 자극을 줄이며, 피부를 진정시킴
스킨 스크러버	스킨 스크러버로 가볍게 필링	중화하는 동안 올라온 피지제거
여드름 압출	여드름을 짠다	검은 여드름과 면포제거
마스크	• 캄파성분을 함유한 마스크 • 설파성분을 함유한 마스크	캄파성분의 항염작용과 항균작용, 여드름 짠 부위의 부어오름 진정 피지흡착 작용
헬륨 - 네온 (He - Ne)	저출력 레이저를 10분 정도 조사	피부 재생 촉진 상처회복
마무리	• 비타민 C, AHA를 함유한 세럼이나 크림 • 자외선 차단제	각질제거 피지분비 조절
홈 스킨케어 처방	• 여드름용 기능성 세안제 • AHA를 함유한 세럼 또는 크림 • 자외선 차단제	매일 미세한 각질제거

※ 2차 마스크는 상황에 따라 적용한다.

① 흰 여드름피부 관리

좁쌀 크기의 작은 알갱이가 많은 흰 여드름피부의 특징은, T존 부위의 모공은 크고 피지분비가 많은 반면, 다른 부위의 모공의 크기는 작고 T존 부위를 제외한 부위는 건조하며 얼핏 보기에는 복합성피부처럼 보이나 여드름피부의 한 형태이다. 특히 뺨에 좁쌀만한 흰 여드름이 오돌토돌하게 깔려 있다. 이러한 여드름피부는 GA를 선택하는 것이 좋다. GA는 AHA의 일종으로 각질을 제거하는 기능을 하지만 피부 보습에 도움을 준다. 따라서 피부가 건조하면서 발생하는 좁쌀 같은 알갱이의 흰 여드름피부는 GA가 적합하다. 주 1회 실시하며, 6주는 스킨

표 7.8 스킨 스케일링 과정 (3)

순서	관리내용	작용 및 효과
클렌징	겔 타입 여드름 전용 세안제	피부표면의 피지제거 및 노폐물제거
딥 클렌징	효소를 이용한 딥 클렌징	각질제거
스킨 스케일링	• 살리실산 • 바르는 횟수: 1~2회 정도 • 발라져 있는 시간: 3~4분	모공 내 각질제거 피지 융해, 면포제거 항염, 항균 효과
쿨링(Cooling)	Mummy Mask를 10분 정도 쿨링 (살리실산은 중화가 필요 없음)	따가움을 진정시킴
여드름 압출	여드름을 짬	면포제거
마스크	• 캄파성분을 함유한 마스크 • 설파성분을 함유한 마스크	캄파성분의 항염작용과 항균작용, 여드름 짠 부위의 부어오름 진정 피지흡착 작용
헬륨 - 네온 (He - Ne)	저출력 레이저를 10분 정도 조사	피부 재생 촉진 상처회복
마무리	• 하마멜리스, 알란토인, 알로에베라, 히알루론산 등의 성분을 함유한 세럼이나 크림 • 자외선 차단제	보습 효과, 항염 효과, 진정 효과
홈 스킨케어 처방	• AHA 5% 이하, 또는 살리실산 3% 이하 함유된 세럼이나 크림 • 자외선 차단제	각질제거, 피지분비 조절

※ 2차 마스크는 상황에 따라 적용한다.

스케일링, 4주는 보습관리로 총 10회를 기본으로 한다.

② 일반 여드름피부 관리

흰 여드름과 검은 여드름이 동시에 있는 경우이다. 전체적으로 모공이 크고 피지 분비량도 많다. GA를 선택한다.

(2) 문제성 여드름피부 관리방법

① 농포성 여드름피부 관리

흰 여드름과 검은 여드름, 구진, 약간의 농포가 혼재되어 있는 경우이다. GA는

표 7.9 스킨 스케일링 과정 (4)

순서	관리내용	작용 및 효과
클렌징	밀크 타입 또는 로션 타입 클렌저	자극 없고, 피부건조를 예방해 주는 세안제
딥 클렌징	스킨 스크러버(가볍게 3분 정도)	각질제거
스킨 스케일링	• 살리실산 • 여드름이 난 부위에만 도트(Dot)함	항염작용, 항균작용, 피지용해 작용
초음파 영동법	알로에 겔을 이용하여 초음파를 함	피부보습과 진정효과
마스크	알란토인, 글리시리신, 알긴 등의 성분을 함유한 마스크	피부보습과 진정효과
헬륨 – 네온 (He – Ne)	저출력 레이저를 10분 정도 조사	신진대사 촉진 세포재생 효과
마무리	알로에베라, 히알루론산, 비타민 E, 알파리포산 등의 성분이 함유된 세럼이나 크림	피부 보습과 피부보호막 형성 항산화 효과
홈 스킨케어 처방	• 알로에베라, 히알루론산, 비타민 E, 밀배아, 도라지꽃 오일 등의 성분이 함유된 세럼이나 크림 • 살리실산 3% 이하의 홈 케어용 제품 • 자외선 차단제	여드름이 난 부위에만 살리실산으로 도트함 피부 보습에 중점을 둠

※ 2차 마스크는 상황에 따라 적용한다.

비 염증성 여드름에 효과적이지만 농포를 포함하고 있는 경우에는 가능하면 사용하지 않는 것이 좋다. GA는 농포를 터트리기 때문이다. 이러한 경우 살리실산이 적합하므로 살리실산을 선택한다.

② 아토피 체질의 여드름피부 관리

이 여드름은 흔하지 않지만 메디컬 스킨케어를 하다 보면 간혹 드물게 있다. 아토피 증상은 유아기와 소아기, 유년기를 거치면서 호전되는데 성인이 되면서 피부가 건조증상으로 바뀌게 된다. 이러한 피부 타입은 과다한 피지분비에 의한 것보다도 피부가 건조해서 생기며 스트레스성 여드름 형태와 비슷한 양상을 보인다.

3. 기미피부와 미백관리

1) 기미의 원인과 증상

기미는 연한 갈색이나 암갈색 또는 흑색 등의 다양한 크기의 색소침착 반점이 얼룩져서 대칭적으로 얼굴에 나타나는데 이마, 뺨, 관자놀이, 윗입술에 자주 발생한다(그림 7.11). 기미는 흔한 질환이면서도 아직까지 정확한 발생 원인이나 병인이 밝혀지지는 않은 상태이다. 기미는 대개 유전적인 영향으로 보고 있다.

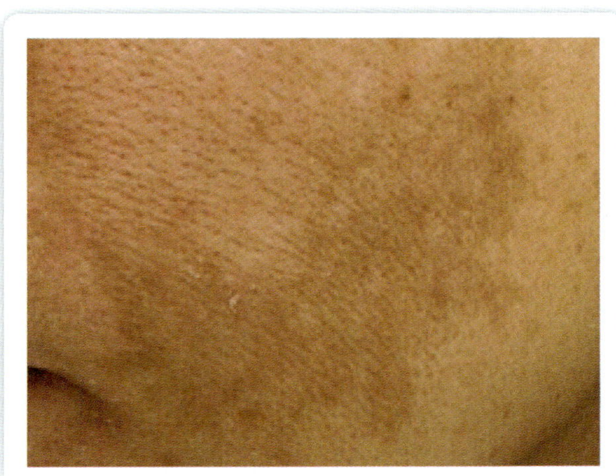

그림 7.11 기미

지금까지 일반적으로 밝혀진 원인은 다음과 같다. 첫째, 햇빛 노출이 원인이다. 피부가 햇빛에 노출되면 멜라닌색소가 많이 만들어지는데, 이때 과잉으로 생성된 멜라닌색소가 피부에 침착됨으로써 발생한다. 햇빛에 노출된 후에 기미 부위의 색깔이 더 짙어지는 증상은 바로 이것을 말해 주는 단적인 예라 하겠다. 기미가 낀 여성들이 겨울에는 기미가 옅어진 듯 하다가 봄만 되면 다시 나타난다고 말하는 것만 보아도 햇빛이 얼마만큼 기미에 큰 영향을 미치는지를 쉽게 알 수 있다.

둘째, 임신이 원인이다. 임신한 대다수의 여성들에게 기미 증상이 나타난다고 하며, 이것을 임신성 기미라고 한다. 임산부 중 50~75% 정도가 발생하며, 일반적으로 임신 3개월 후에 나타나서 임신기간 중에는 색소침착 현상이 심해지지만 출산 후 1년 내에 서서히 없어진다. 그러나 기미가 완전하게 없어지지 않고 그대로 남아 있는 경우도 있다.

셋째, 경구피임약 복용이 원인이다. 경구피임약을 복용하는 여성 가운데 1/3 이상에서 기미가 발생하는 것으로 알려져 있다. 보통 피임약을 복용한 후 1~7년 사이에 나타나며, 임신에 의한 기미보다 치료가 어렵다는 것이 특징이다. 피임약을 복용하는 기간과 색소침착 정도는 무관한 것으로 나타났다.

이외에도 햇빛에 민감해지는 광과민 의약품(간질 약 등)이나 향이 함유된 유향 화장품도 기미를 발생시키는 원인으로 알려져 있다. 햇빛에 그을리거나 상처로 염증반응이 나타난 후에도 기미가 발생할 수 있다.

2) 미백관리 방법

전 세계적으로 아직까지 기미를 만족스럽게 치료할 수 있는 방법이나 물질은 나와 있지 않다. 따라서 기미피부에 대한 미백관리는 더욱 단기간에 해결하기 어렵다. 미백관리는 꾸준히 노력하는 것이 무엇보다 중요하다.

기미피부에 대한 미백관리를 위해서는 기미가 언제부터 어떻게 생기기 시작했는지, 또는 기미가 왜 심해졌는지를 자세히 관찰하여 원인을 찾아야 한다. 원인을 알면 그만큼 관리도 쉬워지기 때문이다. 특히, 기미 발생원인이 무엇이든지 햇빛은 기미를 더욱 악화시키거나 재발시키는 요인이 되므로, 기미피부를 위한 미백관리를 할 때는 반드시 자외선을 차단하는 노력이 병행되어야 한다.

어떤 여성들은 골프를 즐기면서 기미피부에 대한 미백관리를 받고 싶어하지만 만족스러운 효과를 기대할 수 없다. 햇빛이 기미를 계속 악화시키는 요인으로 작용하기 때문이다.

기미피부에 대한 미백관리를 하는 데 한 가지 염두에 두어야 할 것은 기미의 원인과 상태에 따라 관리기간이나 효과가 각기 다르다는 점이다. 기미는 색소침착의 상태에 따라 피부표면의 표피에 침착되는 표피형 기미, 진피까지 깊숙이 침착되는 진피형 기미, 표피와 진피에 침착되는 혼합형 기미로 분류하는데(표 7.10) 색소가 깊이 침착될수록 관리에 어려움이 있어 치료와 같이 병행해야 하고 장기간 관리해도 효과가 빨리 나타나지 않는다. 기미피부의 미백관리는 색소침착을 감소시키고 예방하기 위한 목적으로 관리하는 방법을 말한다. 미백관리의 핵심은 멜라닌색소의 생성을 억제하고 항산화 효과가 있는 물질을 피부에 흡수시키는 것과 보습을 유지시켜 주는 것이다. 이러한 물질로는 대표적으로 비타민 C와 태반추출물이 있는데 미백효과가 있고 이온화되기 쉬운 수용성 물질을 색소 부위에 흡수시키기 위해 이온 영동법이 사용된다(표 7.11, 7.12).

표 7.10 기미의 분류

표피형 기미	갈색을 띠며 기저층과 기저층 상부에 정상보다 많은 멜라닌을 함유하고 있음. 표피 전층에서 보임
진피형 기미	청회색을 띠며 멜라닌을 포함한 대식세포(Macrophage)가 진피 상부와 중간 부위의 혈관 주위에 분포하고 있음. 진피형은 특별한 치료법이 없음
혼합형 기미	멜라닌은 갈색과 회색을 보이는데 표피형만 치료됨

태반추출물은 미백효과뿐만 아니라 피부의 보습효과를 증대시켜 주므로 항상 비타민 C를 병행하는 것이 미백관리를 효과적으로 할 수 있는 방법이다. 또 비타민 A나 비타민 E, 플라보노이드와 같이 이온 영동법으로 어려운 경우, 초음파 영동법을 이용하여 좀 더 깊이 피부에 흡수시킬 수 있다. 그 외 높은 압력의 산소를 이용하여 물리적으로 미백물질을 흡수시키는데 이때 방법으로는 고분자, 저분자, 수용성, 지용성 등 모두 가능하다.

미백관리의 방법으로 첫째, 세안단계의 클렌징은 자극이 없고 부드러운 타입을 사

표 7.11 미백관리 과정 (1)

순서	관리내용	작용 및 효과
클렌징	밀크 타입이나 로션 타입 세안제	메이크업 및 오염물질 제거
딥 클렌징	효소 타입으로 딥 클렌징	모공 속 노폐물 및 각질제거
이온 영동법	• 비타민 C (+)4분, (−)4분 • 태반 추출물 (−)7분 시행 ※ 주 2회 실시	멜라닌 생성 억제 피부의 미백효과 보습효과, 항산화 작용
마스크	알로에베라, 알란토인, 코직산, 비타민 E, 레시틴, 알긴산 등의 성분을 함유한 마스크	미백효과, 보습효과 진정효과, 재생효과
헬륨 − 네온 (He − Ne)	저출력 레이저를 10분 정도 조사	신진대사 촉진 세포재생 효과
마무리	• 비타민 A, 비타민 C, 비타민 E, 플라보노이드 등을 함유한 세럼이나 크림 • 자외선 차단제	멜라닌 생성 억제 피부의 미백효과 항산화 효과
홈 스킨케어 처방	• 비타민 C, 레티노이드, 비타민 E, 플라보노이드, 감초추출물, 코직산 등을 함유한 세럼이나 크림 • 자외선 차단제	멜라닌 생성 억제 피부의 미백효과 보습효과, 항산화 작용

※ 2차 마스크는 상황에 따라 적용한다.

용하며 피부의 수분손실을 막아줄 수 있는 것을 선택해서 사용해야 한다. 둘째, 멜라닌 색소의 배설시간을 단축시키기 위하여 표피의 각화작용을 촉진시켜 줄 수 있는, 피부 자극이 적고 피부톤을 정화시켜주는 파파야 같은 효소 타입을 이용하여 멜라닌을 각질층으로부터 탈락시킨다. 셋째, 멜라닌색소의 생성을 저지하기 위해서 이온 영동법이나 초음파 영동법을 시행한다. 기미는 치료 여부에 따라 미백관리가 다르며 색소침착 부위에 필링을 적용할 수 있다. 마스크 단계는 충분한 보습효과를 줄 수 있는 것을 선택하여 사용하고 기미는 특히 자외선 차단이 매우 중요하므로 각별히 주의를 기울인다. 넷째, 기미환자가 가정에서 하는 자기관리는 기미의 호전효과와 유지에도 많은 영향을 주게 되므로 중요한 부분으로 작용한다. 기미가 있는 피부유형의 특징으로 대부분의 환자가 건조함과 민감함을 느끼기 때문에 매일 시행하는 홈 스킨케어가 아주 중요하다.

표 7.12 미백관리 과정 (2)

순서	관리내용	작용 및 효과
클렌징	밀크 타입이나 로션 타입 세안제	피부표면의 노폐물제거
딥 클렌징	효소 타입으로 딥 클렌징	각질제거
필링	• AHA: 10%~20% • pH: 4~6 • 발라져 있는 시간: 2~4분 정도 • AFA: 10~20% • pH: 4~6 • 발라져 있는 시간: 1~2분 정도 (기미가 있는 부위에만 부분적으로 바름)	멜라닌색소의 배설기간 단축
이온 영동법	• 비타민 C (+)4분, (-)4분 • 태반 추출물 (-)7분 시행	멜라닌 생성 억제 피부 미백효과 보습효과, 항산화 작용
마스크	알로에베라, 알란토인, 코직산, 비타민 E, 레시틴, 알긴산 등의 성분을 함유한 마스크 사용	미백효과, 보습효과 진정효과, 재생효과
헬륨 - 네온 (He - Ne)	저출력 레이저를 10분 정도 조사	신진대사 촉진 세포재생 효과
마무리	• 비타민 A, 비타민 C, 비타민 E, 플라보노이드 등을 함유한 세럼이나 크림 바름 • 자외선 차단제	멜라닌 생성 억제 피부의 미백효과 항산화 효과
홈 스킨케어 처방	• 비타민 C, 레티노이드, 비타민 E, 플라보노이드, 감초추출물, 코직산 등을 함유한 세럼이나 크림 • 자외선 차단제	멜라닌 생성 억제 피부의 미백효과 보습효과, 항산화 작용

※ 2차 마스크는 상황에 따라 적용한다.

따라서 비타민 C, 레티노이드, 비타민 E, 히알루론산, 플라보노이드, 알파리포산 등은 항산화 효과를 주면서 멜라닌 생성을 저지시켜 주고 각화과정을 촉진시키며 피부 보습을 오래 지속시켜 줄 수 있는 성분이 함유된 것들을 사용하는 것이 도움이 된다. 또한 메디컬 스킨케어 피부관리사는 환자의 올바른 홈 스킨케어 방법에 대해서 조언한다. 이렇게 상호간의 협조와 노력이 있어야만 기미는 빠른 호전 효과를 기대할 수 있다.

4. 민감성피부와 진정관리

1) 민감성피부의 정의

민감성피부의 특징에 대한 자세한 내용은 3장(p.37)을 참조한다.

2) 진정관리 방법

민감성피부 관리는 최대한 자극이 적고, 안전한 관리를 하는 것이 무엇보다 더 중요하다. 피부 침투력이 뛰어난 화장품 사용은 자제하고, 침투되지 않고 피부표면의 각질층에서 보호기능을 할 수 있는 화장품을 선택해서 사용하는 것이 좋은데 대표적으로 알로에 겔을 사용할 수 있다. 메디컬 스킨케어 기기를 사용할 때는 초음파를 사용하는 것이 가장 바람직하며, 이는 초음파의 피부진정 작용과 알로에 겔의 피부 보습작용을 동시에 시행할 수 있는 것이다. 각질제거 단계는 되도록 삼가한다(표 7.13).

표 7.13 진정관리 과정

순서	관리내용	작용 및 효과
클렌징	밀크 타입이나 로션 타입 세안제	피부표면의 노폐물제거
딥 클렌징	효소 타입으로 딥 클렌징	각질제거
이온 영동법	비타민 C (+)4분, (−)6분 시행	면역력 강화, 항산화 작용
초음파 영동법	알로에 겔을 바르고, 초음파를 이용하여 10분간 시행	피부 진정효과, 보습효과
마스크	카모마일, 알란토인, 위치하젤, 알긴산, 대두추출물 등을 함유한 마스크 사용	피부 진정효과, 보습효과
헬륨 − 네온 (He − Ne)	저출력 레이저를 10분 정도 조사	신진대사 촉진, 세포재생 효과
마무리	• 알로에베라, 비타민 E, 플라보노이드, 시어버터 등을 함유한 세럼이나 크림 • 자외선 차단제	피부 진정효과, 보습효과 항산화 효과
홈 스킨케어 처방	• 비타민 C, 비타민 E, 히알루론산, 플라보노이드 등을 함유한 세럼이나 크림 • 자외선 차단제	피부 진정효과, 보습효과 항산화 효과

※ 2차 마스크는 상황에 따라 적용한다.

5. 노화피부와 재생관리

피부 노화는 크게 내인성 노화와 광노화로 구분할 수 있다. 내인성 노화는 나이가 들면서 자연적으로 나타나는 노화현상을 말한다. 광노화는 햇빛에 노출된 피부부위에 나타나며, 내인성 노화현상과 자외선의 복합적인 요인에 의해서 발생된다. 내인성 노화의 특징으로는 피부의 미세한 잔주름, 피부건조 증상, 탄력저하 등의 현상이다.

광노화의 특징으로는 굵고 깊은 주름, 많은 잔주름, 색소침착이나 색소질환의 증가, 건조하고 거친 증상, 탄력저하, 피부처짐 등이다.

1) 노화에 의한 피부변화

피부의 노화과정에서 표피와 진피 변화는 모두 다르게 나타난다. 표피에 나타나는 노화 현상으로는 표피의 두께와 각질층의 수분 함량이 감소하고, 탄력성이 저하되면서 세포형태의 변화가 생기는 것이 있다. 또한 색소세포가 감소하여 피부 탈색이 나타나며, 면역세포인 랑게르한스세포의 수도 감소하게 되어 피부암을 일으키는 원인이 되기도 한다(표 7.14).

표 7.14 표피 변화의 조직학적 특징

내인성 노화	광노화
피부 두께 감소	표피가 두꺼워짐
각질층의 수분 함량 감소	멜라닌 증가
세포주기 변화 → 각화주기 연장	랑게르한스세포수 감소 → 피부암 유발
멜라닌세포 감소 → 피부 탈색화	

진피에 나타나는 노화현상으로는 콜라겐과 엘라스틴 감소가 있다. 피부 탄력성을 유지하는 성분인 섬유모세포 같은 콜라겐은 엘라스틴과 서로 일정한 비율을 유지해야 하는데, 세포 자체가 감소하게 되면 이 두 층 모두가 줄어들어 피부 탄력이 떨어지게 된다. 또 피부는 혈관과 색소세포가 감소하게 되면 피부의 특정 부위가 하얗고 얇아지게 되면서 건조해진다. 이는 내인성 노화에서 더욱더 뚜렷하게 나타난다.

그 외에도 피부에 주름이 늘고 탄력은 떨어지며, '버찌혈관종'이라 불리는 붉은색 점들이 많이 발생하며 일광화상을 잘 입게 된다(표 7.15).

표 7.15 진피 변화의 조직학적 특징

내인성 노화	광노화
콜라겐과 엘라스틴 감소	콜라겐의 변성과 감소
세포기질 감소	세포기질 변성과 감소
혈관 및 섬유모세포 감소	변성된 엘라스틴 증가
피부주름 증가, 탄력저하	일광화상

2) 노화에 의한 피부기능 변화

노화가 진행되면서 피부기능 변화가 두드러지게 나타난다. 진피는 피부 부속기를 통해서 끊임없이 땀을 배출하는데, 이때 중금속이나 노폐물이 함께 배출된다. 따라서 진피를 통한 물질제거 기능이 저하되면 접촉성 피부염이 오래 지속되고, 상처치유가 지연되면서 이차 감염이 쉽게 나타날 수 있다. 그 외에 면역력이 떨어지고 여러 감염성 피부질환이 발생할 수 있다.

3) 노화에 의한 피부 부속기 변화

노화과정에 의한 모발, 땀샘, 피지선, 손발톱, 피하지방 등의 피부 부속기의 변화는 매우 다양하다(표 7.16).

표 7.16 노화에 의한 피부 부속기의 변화

피부 부속기	노화현상
모발	백발, 머리카락 수 감소
땀샘	땀 분비 감소 → 열 쇼크 발생 가능
피지선	피지분비 감소 → 노인성 소양증 발생
말초신경	감각 둔화 → 화상 가능성
손톱, 발톱	두꺼워짐, 성장이 느려짐
피하지방	감소, 위축 → 살이 처짐

(1) 모발

모발에서 나타나는 변화로는 머리카락 수가 줄어들면서 탈모가 진행되고,

모발 색소세포 감소에 의해 백발(gray hair)이 나타나는 것이 있다. 때문에 외형적 모습은 더욱 늙어 보이게 되는 것이다.

(2) 땀샘

땀샘은 저장액을 생산하여 몸의 표면에서 증발시켜 체온을 낮추는 기능을 한다. 그러나 노화에 의해 땀샘의 분비 기능이 저하되면 열 체온조절 기능이 떨어져 특히 여름철 무더위에 노인에게는 열 쇼크가 일어나 사망하기도 한다.

(3) 피지

피지는 노화의 진행을 지연시켜주는 비타민 E(토코페롤)와 여러 항균성분들을 포함하고 있으며, 이는 곰팡이나 세균으로부터 저항력을 가지는 중요한 성분이다. 피지는 다른 피부부속기에 비해서 상대적으로 느리게 노화가 진행되지만, 피지선의 분비감소로 인하여 피부표면이 건조해지면서 노인성 소양증(가려움증)의 원인이 되기도 한다. 또 피지선의 분비 감소는 노화과정뿐 아니라 아토피피부염에서도 나타나게 되는데, 이는 피지 성분이 정상적으로 분비되지 못하여 발생하는 증상이다.

(4) 말초신경

말초신경이 둔화되어 감각기능이 저하되면서 화상과 같은 외상을 쉽게 입게 된다.

(5) 손발톱

손발톱은 노화로 인하여 대체로 두꺼워지는데 비해 잘 부서지는 경향이 나타난다. 이는 손발톱의 성장속도가 느려지면서 생기는 현상이며, 무좀 같은 각종 손발톱 질환에 쉽게 노출된다.

(6) 피하지방층

피하지방층의 노화에 의한 변화로는 피하지방층의 감소와 위축이 나타나게 되는데, 외부의 물리적 압력을 지탱하고, 충격을 흡수하는 기능이 떨어지면서 살이 밑으로 처지는 현상이 나타나게 된다.

Tip

피지와 노화: 피지선은 특히 이마와 코(T-zone) 주위에 발달되어 있으며, 피지 속에는 토코페롤 이라는 성분이 많아 노화의 진행 속도를 지연시켜 주는 기능을 한다. 젊을 때는 피지선의 왕성한 피지분비로 여드름이나 뾰루지, 모낭염이 나타나지만 나이가 들면 피지로 인해 피부의 노화진행 속도가 느려지게 된다. 때문에 젊어서는 피지가 별로 없는 깨끗한 피부는 나이가 들면서 오히려 노화 속도가 빨라져 주름, 잡티, 기미, 주근깨가 더 많이 나타나게 된다.

4) 재생관리 방법

재생관리는 사실상 노화피부 관리에 대한 임의의 용어로서 피부미용 분야에서 일반화되어 사용하는 용어이다. 인체는 어떤 조건과 환경 변화에도 인체의 조직과 구성 성분이 한결같은 상태를 조절하려는 생체조절기능인 항상성 기능을 하고 있다. 따라서 '재생을 시킨다'라는 말을 사용하는 것은 적합하지 않지만, 노화피부 관리의 개념에 포괄적인 의미로 사용하는 것이다.

노화피부의 원인은 다양하다. 그러므로 한 가지 방법의 피부관리가 아니라 다양한 프로그램의 방법을 병행하여 관리해야 하며 최대한 피부노화를 지연시킬 수 있는 최적의 피부환경을 만들어 주는 것이 가장 큰 목적이라 할 수 있다. 이것이 재생관리의 핵심이며, 피부의 탄력관리와 미백관리, 보습관리가 동시에 이루어져야 한다.

노화피부의 주된 원인인 피부조직 자체의 변형으로 생긴 콜라겐과 엘라스틴의 감소로 유발되는 것이 잔주름과 탄력저하이다. 메디컬 스킨케어에서 미세전류를 이용하여 콜라겐과 엘라스틴을 자극하여 피부를 리프팅하면서 탄력 증가에 도움

그림 7.12 노화피부

이 되는 관리방법으로 탄력관리를 할 수 있다.

황인에 해당하는 한국인의 피부는 노화되면서 색소침착을 동반한다. 피부의 색소침착은 정도에 따라서 치료를 받을 수도 있고, 미백관리가 도움이 되는 경우도 있다.

노화피부의 미백관리는 AHA 성분을 이용한 스킨 스케일링과 함께 태반추출물과 비타민 C를 이용한 이온 영동법, 초음파 영동법을 병행하는 것이 대표적인 방법이며, 미세전류를 이용한 방법과 비타민 C를 이용한 이온 영동법 또한 피부미백에 큰 도움을 준다. 노화피부의 미백관리는 탄력과 미백을 동시에 시행할 수 있다는 것이 특징이다.

보습관리는 태반추출물, 라즈베리추출물, 녹차추출물 등을 이용한 이온 영동법과 초음파 영동법이 효과적이며, 일반적인 보습관리와는 다르다. 일반적인 보습관리는 피

표 7.17 재생관리 과정 (1)

순서	관리내용	작용 및 효과
클렌징	밀크 타입이나 로션 타입 세안제	피부표면의 노폐물제거
딥 클렌징	효소 타입으로 딥 클렌징 또는 스킨 스크러버 필링	각질제거
스킨 스케일링	• AHA: 10%~20% • pH: 4~6 • 발라져 있는 시간: 2~4분 정도	각질층의 각화과정을 정상화시켜 줌
이온 영동법	• 비타민 C (+) 4분, (–) 4분 • 태반 추출물 (–) 7분 시행	피부의 미백효과, 보습효과 콜라겐 생성 촉진
마스크	효모추출물, 씨위드추출물, 시어버터, 비타민 E, 레시틴, 알긴 등의 성분을 함유한 마스크를 사용	재생효과, 보습효과 미백효과
헬륨 – 네온 (He – Ne)	저출력 레이저를 10분 정도 조사	신진대사 촉진, 세포재생 효과
마무리	• 비타민 A, 비타민 C, 비타민 E, EGF, AHA, 구리펩티드, 코엔자임Q10, 글루타치온, 녹차추출물 등을 함유한 세럼이나 크림 • 자외선 차단제	피부재생효과, 항산화 효과
홈 스킨케어 처방	• 알파리포익산, 비타민E, 비타민 C, 레티노이드, 플라보노이드, AHA 성분을 함유한 세럼이나 크림 • 자외선 차단제	피부재생효과, 항산화 효과

※ 2차 마스크는 상황에 따라 적용한다.

부 각질층의 수분이 부족하여 생기는 건조현상이지만 노화피부의 보습관리는 피부표면의 수분의 양을 결정짓는 진피 콜라겐과 히알루론산의 감소에 의해서 유발되기 때문에 태반추출물의 효능과 초음파 기능이 피부보습에 많은 영향을 주게 된다.

노화피부관리를 위해서는 클렌징을 하고 난 후 딥 클렌징 단계는 필수이며, 아주 민감한 피부를 제외하고는 각질제거는 매회 반드시 시행한다. 노화피부의 딥 클렌징제로는 파파야 같은 효소의 작용이 노화된 각질을 탈락시킬 뿐 아니라 피부 톤은 정화시켜 안색을 맑게 하며, 다음 단계의 영양물질의 흡수를 용이하게 하는 중요한 역할을 한다. 그리고 신진대사를 촉진시키고, 세포 활성화를 돕는 저출력 레이저도 필수 항목이다. 노화피부 관리를 위한 홈 스킨케어의 조언은 알파리포익산, 비타민 E, 비타민 C, 레티노이드, 플라보노이드와 같은 항산화 성분과 AHA 성분이 함유된 크림이나 또는 세럼을 사용하는 것이 도움이 된다.

표 7.18 재생관리 과정 (2)

순서	관리내용	작용 및 효과
클렌징	밀크 타입이나 로션 타입 세안제	피부표면의 노폐물제거
딥 클렌징	효소 타입으로 딥 클렌징 또는 스킨 스크러버 필링	각질제거
이온 영동법	비타민 C (+)4분, (-)6분	항산화 효과, 콜라겐 생성 촉진
일렉트릭 필링	탑-덤이나 레주-덤, 실크웨이브를 이용하여 10분 정도 시행	진피를 자극하여 콜라겐 생성을 촉진
마스크	효모추출물, 씨위드추출물, 시어버터, 비타민 E, 레시틴, 알긴산 등의 성분을 함유한 마스크를 사용	재생효과, 보습효과
헬륨 - 네온 (He - Ne)	저출력 레이저를 10분 정도 조사	신진대사 촉진, 세포재생 효과
마무리	• 비타민 A, 비타민 C, 비타민 E, EGF 등을 함유한 세럼이나 크림 • 자외선 차단제	피부재생효과, 항산화 효과
홈 스킨케어 처방	• 비타민 A, 비타민 C, 비타민 E, EGF, AHA, 구리펩티드, 코엔자임Q10, 글루타치온, 녹차추출물 등을 함유한 세럼이나 크림 • 자외선 차단제	피부재생효과, 항산화 효과

※ 2차 마스크는 상황에 따라 적용한다.

[피토재생 필]

피토재생 필은 퍼플루오로카본(perfluorocarbone = blue blood)이 주성분으로 솔루션과 파우더를 섞어 피부에 바르는 순간부터 '재생 활성성분'이 피부에 흡수된다. 이때 재생 활성성분이 용해되면서 특수 전달물질인 퍼플루오로카본의 유도에 의해 혈액 속까지 흡수되고 혈액순환이 활발해지면서 재생 활성성분은 넓게 퍼지게 된다. 따라서 세포재생과 함께 교원섬유가 증가하게 되고 주름이 옅어지며, 탄력이 생기게 된다.

Tip

퍼플루오로카본: 퍼플루오로카본은 혈액 대체물질로서 최근에 개발된 성분으로 사람의 혈액과 유사한 기능을 한다. 손상되거나 느슨해진 모세혈관을 복구시키고 혈액순환을 촉진시켜 혈액을 원활하게 공급한다. 세포 재생력이 기존의 약 10배 이상 증가한다.

① 피토재생 필의 특징

- 산이 전혀 들어있지 않다.
- 세포재생 과정 중에 자연적으로 필링이 일어난다.
- 많은 횟수를 반복 관리해도 피부가 예민해지지 않는다.
- 관리를 반복할 때마다 효과가 더 큰 폭으로 상승한다.
- 모든 피부 타입에 적용 가능하다.

② 피토재생 필 관리 주기와 현상

- 주 1회씩 피부 타입이나 관리목적에 따라 4~8회 또는 12회까지 가능하다.
- 필링을 받고 6시간 후에 얼굴이 살짝 붉어질 수 있다.
- 첫 회 관리는 피부 적응 상태를 확인하기 위해 도포 시간과 마사지 강도를 최소한으로 약하게 한다. 2회부터 바르기와 마사지 시간을 늘려간다.
- 필링 후 2~3일째부터 각질이 일어나기 시작한다.
- 세포재생 활성성분이 피부 깊숙이 침투하여 활성작용을 하는 증상으로 필링 후 1~2일간은 니들(needle) 현상을 느낄 수 있다.

① 클렌징

② 스팀

③ 파우더와 솔루션 혼합

④ 피토필 바름

⑤ 물로 러빙하여 닦아냄

⑥ 마스크

⑦ 마무리

그림 7.13 피토재생 필 관리과정. 자료제공: (주)옥산토닝

6. 모공수축관리

모공이란 피지선에서 분비되는 피지를 운반하는 피지선관이 연결된 작은관 구조로 외부로 연결된 개구부를 지칭하는 말이다. 이 관은 피부의 보호막 역할을 하는 피지를 24시간 끊임없이 분비하는 아주 작고 좁은 관이다. 이 좁은 관에는 미세한 털이 있으며, 모공은 이 좁은 관의 입구를 말한다(그림 7.14).

모공의 크기는 일반적으로 지름이 약 0.02~0.05mm로 매우 작으며, 피부 1cm^{2}당 100~120개의 모공이 분포한다. 따라서 사람의 얼굴에는 약 2만여 개의 모공이 있는 셈이다. 모공의 크기는 피지분비와 관계가 있다.

모공이 넓어지는 이유는 확실히 밝혀지지는 않았지만, 일반적으로 과다한 피지분비와 피부노화의 영향을 받는다. 피지분비가 많아지게 되면 피지를 배출하기 위해 모공이 커지게 되며, 피지가 모공을 통과하는 과정에서 장애가 생기면 모공이 점점 더 커지게 된다. 또 여드름으로 인한 염증이 오래 지속될수록 피부는 탄력을 잃어 모공이 더욱 두드러져 보이게 된다. 피부 탄력이 감소되면 피부가 모공을 조여주는 힘이 떨어지기 때문에 모공이 더 커 보이는 것이다. 즉, 모공 자체가 커지는 것이 아니라 피부가 늘어지면서 모공이 커 보이는 것이다.

모공관리는 드라마틱한 효과를 보는 것은 어렵다. 또 모공관리 초기에는 모공이 더 커보일 수 있다. 이는 모공 속의 노폐물을 제거하고 나서 시각적으로 그렇게 보이는 것

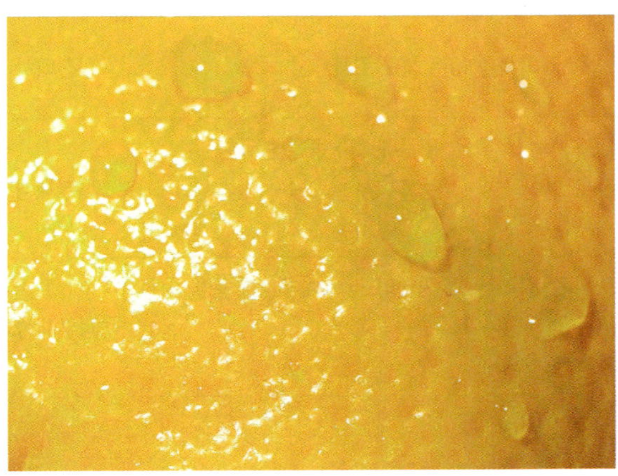

그림 7.14 모공과 비슷한 과일껍질

이다. 하지만 계속해서 모공관리를 하게 되면, 효과를 볼 수 있다.

모공수축관리는 단기간에 효과를 보기는 어렵고 주 2회 관리로 10회 이상 실시해야 효과를 볼 수 있다. 늘어난 모공에 가장 효과가 좋은 관리는 일렉트릭 필(electric peel) 관리이다.

일렉트릭 필은 고주파 열과 진동마사지, 즉 전기적 자극을 피부 깊숙이 전달하는 원리를 이용하여 콜라겐과 엘라스틴 조직의 생성력을 활성화시켜 신장력이 증가되는 결과로 조직구조가 튼튼하게 재형성되어, 조직세포에 활력에너지를 공급하여 피부 탄력을 증진시켜주는 작용을 하도록 한다. 이로 인하여 모공에 수축효과를 주는 것이다. 모공수축효과는 시간이 지나면 다시 원래의 상태로 돌아온다. 따라서 모공은 지속적인 관리가 필요하다.

표 7.19 모공수축관리 과정

순서	관리내용	작용 및 효과
클렌징	젤 타입 세안제	피부표면의 노폐물제거
딥 클렌징	스킨 스크러버 필링	각질제거
일렉트릭 필	탑-덤이나 레주-덤, 실크웨이브를 이용하여 15분 정도 시행	진피를 자극하여 콜라겐 생성 촉진
마스크	알긴산, 알로에베라, 대두추출물, 해양추출물 등을 함유한 마스크 사용	진정효과, 보습효과
헬륨 - 네온 (He - Ne)	저출력 레이저를 10분 정도 조사	신진대사 촉진, 세포재생 효과
마무리	• EGF, 녹차추출물, 알로에베라 등을 함유한 세럼이나 크림 • 자외선 차단제	피부재생효과, 항산화 효과
홈 스킨케어 처방	• 비타민 C, EGF, 구리펩티드, 녹차추출물 등을 함유한 세럼이나 크림 • 자외선 차단제	피부재생효과, 항산화 효과

※ 2차 마스크는 상황에 따라 적용한다.

CHAPTER

8

메디컬 스킨케어 기기관리

1. 이온 영동법
2. 초음파기기 관리
3. 냉각 전기 영동법
4. 산소 기기
5. 일렉트릭 필링
6. 기계적 필링

1. 이온 영동법

이온 영동법(iontophoresis)은 갈바닉 전류의 (+)극과 (−)극을 이용하여, 이온화 원리에 의해 특정한 극성을 띠는 물질을 피부로 흡수시키는 방법을 말한다. 이때 사용할 물질은 적절한 이온화 과정이 이루어져야 하므로 수용성이어야 하며, 분자량은 작은 물질이어야만 피부로 침투시키기가 용이하다. 또한 사용할 물질의 용액을 만들 때, 가장 이상적으로 사용할 수 있는 용매는 증류수이다. 즉, 흡수시키고자 하는 물질이 물에 녹아서 이온화되어야 한다.

메디컬 스킨케어에 사용되는 대표적인 물질은 바로 비타민 C이다. 이 외에도 태반추출물, 미네랄 및 미량원소, 해초추출물과 수용성 베이스의 식물추출액, 과일추출액 등도 이온 영동법으로 피부에 흡수시킬 수 있다.

비타민 C는 티로시나제 효소의 작용을 방해하며 멜라닌 합성을 억제하므로 피부에 미백효과를 준다. 또한 콜라겐 합성을 촉진하며 피부 탄력을 증가시키고, 항산화 작용에 의해 피부의 활성산소를 감소시켜 주며, 광노화에 의해서 발생할 수 있는 피부의 문제점을 예방하는 효과도 있다. 다만 비타민 C의 효과는 즉각적으로 나타나지 않기 때문에 꾸준히 장기적으로 시술하는 것이 가장 중요하다.

이온 영동법을 시행할 때 흡수시키고자 하는 물질의 농도는 5% 미만으로 사용하는 것이 좋으며, 5% 이상의 농도를 사용하게 되면 이온이 밀집하는 병목현상이 나타나 오히려 효과가 떨어진다. 또 전류의 강도는 5mA 이하의 낮은 강도를 사용할 때 효과가 가장 좋으며, 피부에 적용하는 시간은 5~15분 또는 그 이하로 한다. 이온 영동법의 효과는 72시간 정도 지속되므로 주 2회 시행하는 것이 바람직하다. 시술방법으로는 이온 영동법을 시행하기 전에 피부 세정이 세밀하게 이루어져야 한다. 피부표면이나 모공 속에 유분이 남아 있으면 전류의 흐름을 방해하므로 클렌징을 하고 난 후, 딥 클렌징까지 세심하게 해야 한다.

피부에 영양물질을 흡수시킬 때 비타민 C를 단독으로 사용할 경우는 (+)극으로 5분 정도 실시하고 (−)극으로 다시 5분을 실시한다. 비타민 C와 태반추출물을 병행하여 실시할 경우는 비타민 C를 (+)극 4분, 다시 (−)극 4분을 하고 난 후, 태반추출물을 (−)극으로 7분 정도 실시하여 흡수시킨다. 즉, 비타민 C와 태반추출물을 흡수시키고자 하는 경우, 총 15분을 실시하는 것이다. 특히 이러한 방법은 기미가 심하거나 색소침착이 있는 경우 매우 좋은 효과를 볼 수 있다.

이온 영동법 시술 시 주의해야 할 점은 전류에 민감한 사람과 심장박동기를 사용하는 사람, 임산부에는 사용해서는 안 된다. 또한 착용하고 있는 액세서리는 모두 빼고 난 후에 시행한다. 그리고 약간 찌릿찌릿한 피부의 불쾌감을 느낄 수 있으며, 피부 자극 반응으로 간혹 발진이나 물집이 생길 수 있다.

이온 영동법을 이용한 메디컬 스킨케어에서 대표적으로 사용되는 기기로는 바이탈이온트(그림 8.1)와 C+이온 마스터(그림 8.2), 이온자임이 있으며, 초음파 복합기에도 이온기능을 부착해서 사용한다.

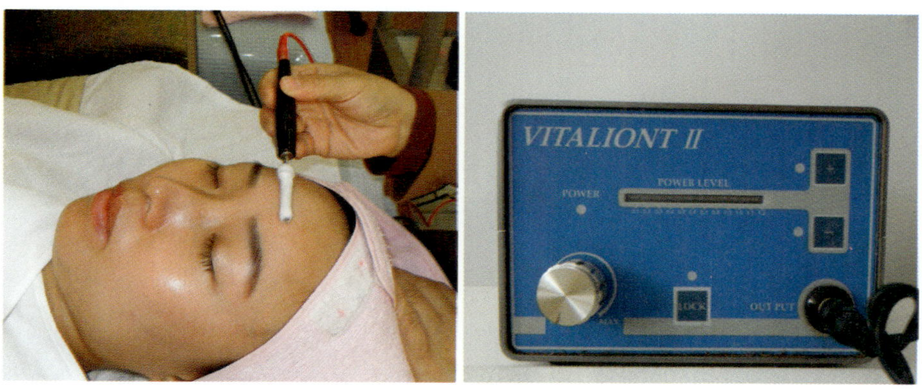

그림 8.1 바이탈 이온트. 자료제공: 김윤섭 피부과

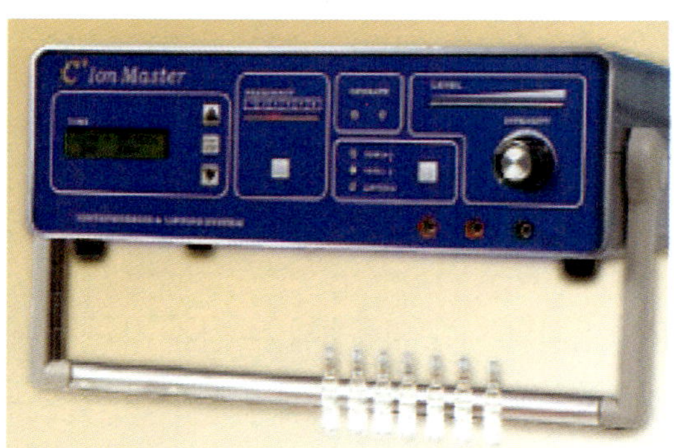

그림 8.2 C+ 이온 마스터. 자료제공: 메드로메디컬비전

1) 바이탈 이온트

일반적으로 입자가 커서 피부를 통한 흡수가 어려운 비타민 C나 태반추출물을 이온 영동법으로 피부에 흡수시키는 기구이다. 일본의 피부과 의사 스즈키 하루에가 개발하였으며, 바이탈 이온트(vital iont)를 이용하여 비타민 C를 흡수시킨다.

태반추출물을 흡수시키고자 할 때는 (+)극과 (−)극을 모두 사용한다. 바이탈 이온트는 전기봉을 이용하여 원하는 부위에 집중적으로 사용할 수 있는 장점이 있다.

또한 바이탈 이온트는 기미피부, 여드름피부, 노화피부, 칙칙한 피부 등 피부의 미백과 보습효과에 영향을 주며, 메디컬 스킨케어의 가장 기본적인 관리이면서 다양한 피부 타입에 이용되는 핵심기기라 할 수 있다(그림 8.3).

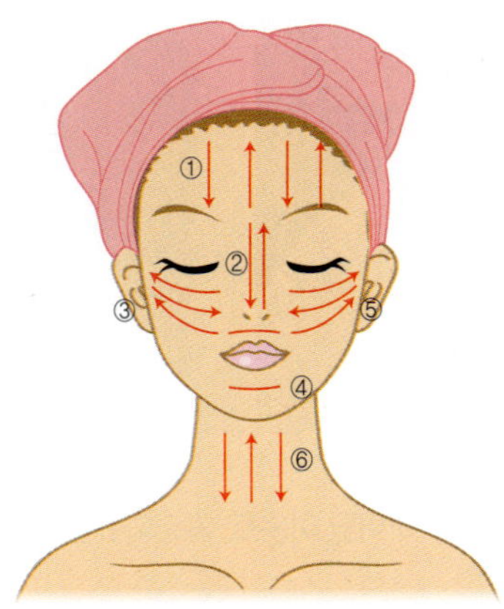

그림 8.3 바이탈 이온트 테크닉 순서

2) 이온자임

이온자임(ionzyme)은 초음파와 이온 영동법의 두 가지 시술이 한 가지 기계에서 가능하도록 제작되었다(그림 8.4). 환자의 얼굴에 흡수시키고자 하는 물질을 바른 후, 거즈를 덮고, 이것에 전극을 연결하여 이온 영동법을 시행한다. 얼굴 전체에 골고루 물질의 흡수가 가능하고 시술자가 크게 힘을 들이지 않고 시술할 수 있으며, 집중적으로 흡수시키고자 하는 곳은 추가적으로 초음파를 이용할 수 있는 장점이 있다. 시술하는 피부과적 적응증은 바이탈 이온트와 동일하다.

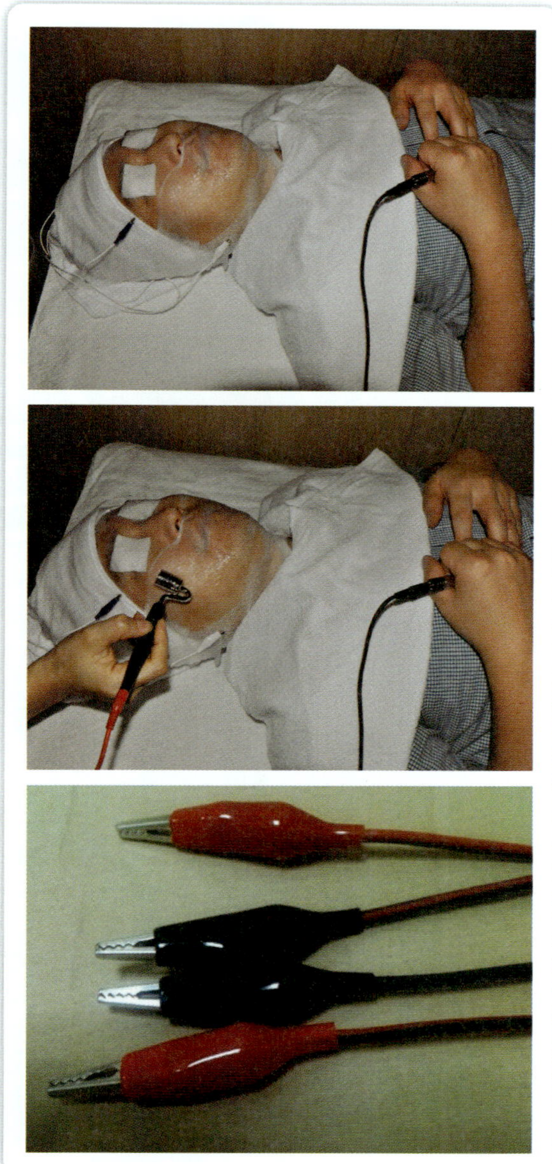

그림 8.4 이온자임. 자료제공: 김윤섭 피부과

2. 초음파 기기관리

1) 초음파 기기

초음파(ultrasound)는 사람이 들을 수 있는 소리의 한계를 넘어선 음파이다. 즉, 사람의 귀로 느낄 수 없는 주파수 영역의 음파를 말하는데, 대개 2MHz 이상이다. 초음파를 이용하여 질병을 치료할 때 주로 1MHz 내외의 초음파를 사용하고, 피부미용을 목적으로 초음파를 사용할 때는 대개 2~3MHz를 사용한다. 피부미용에 사용되는 초음파는 주로 초음파 변환기에 의해 전기에너지로부터 얻어지며, 초음파는 공기에서보다 액체나 고체 내에서 쉽게 전달된다(그림 8.5).

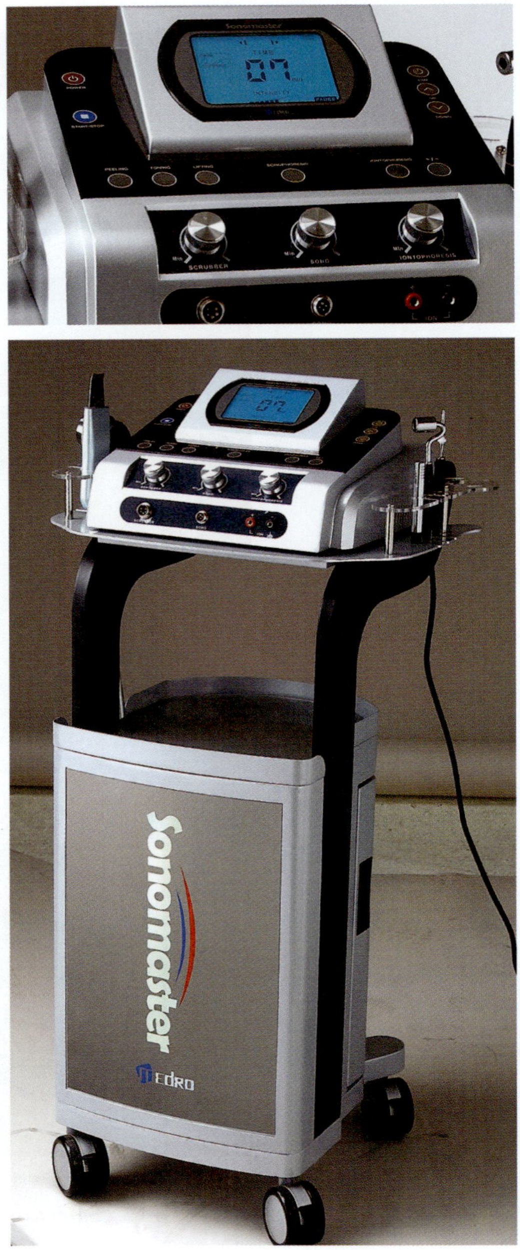

그림 8.5 초음파 복합기. 자료제공: 메드로메디컬비젼

초음파를 진피에 침투시키면 진피의 섬유아세포 활성을 촉진시켜 콜라겐과 엘라스틴의 생성을 증가시키게 되며 이로써 피부에 탄력을 제공한다. 초음파의 진동은 림프액 흐름을 도와주며 세포 신진대사가 활성화된다. 초음파를 사용하여 스킨케어를 실시할 경우, 초음파 변환기를 피부에 대고 움직이면서 초음파를 피부에 투과시키게 되는데, 이때 초음파 변환기와 피부 사이에 공

기가 들어가게 되면 초음파가 피부 속으로 잘 전달되지 않는다. 따라서 초음파를 사용할 때는 피부 표면에 수용성 겔을 바른 후 실시해야 하며, 수용성 겔을 바르지 않으면 초음파의 효과를 기대할 수 없다.

초음파를 사용할 때 주의할 점은 강한 진동수의 초음파를 장시간 사용해서는 안 된다는 것이다. 초음파를 한 번에 과도하게 사용하게 되면, 피부에 오히려 피로가 초래되는 역효과를 일으킬 수 있기 때문이다. 또한 피부의 돌출된 부분 또는 불규칙한 부위에는 주의해서 사용해야 한다.

2) 초음파 기기의 미용효과

(1) 세정효과(필링효과)

초음파의 세정효과는 초음파 전극과 피부 사이에 물을 개재시킨 상태에서 높은 진동을 일으키면 물 분자에 그 진동이 전달되는 것이다. 이때 물 분자는 분자 사이의 수소결합이 진동에 의해 절단되어 단분자 상태로 되며 결과적으로 물 흡수가 용이해진다. 피부로 흡수된 물 분자는 다시 내부 노폐물과 충돌하여 노폐물 분해를 촉진시켜 외부로 쉽게 배출되게 한다. 이러한 원리를 이용하여 모공 속 깊이 가득 찬 노폐물들을 분해시켜 주므로 손쉽게 딥 클렌징을 할 수 있는데, 이러한 방법이 초음파 필링이다(그림 8.6, 그림 8.7).

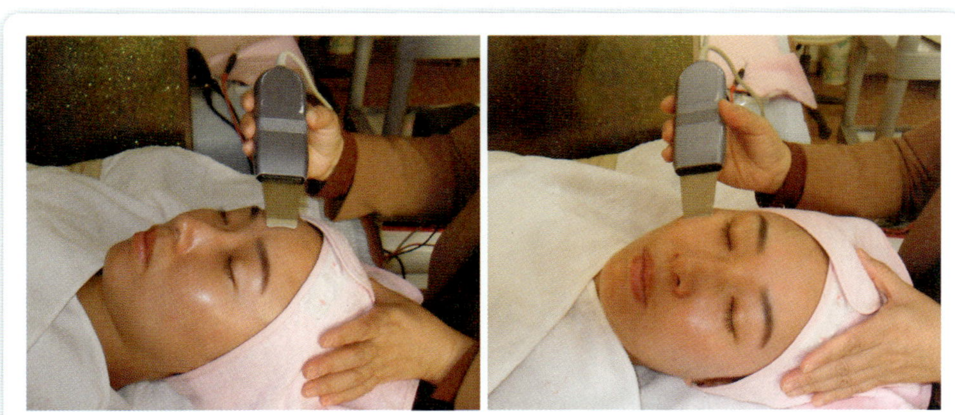

그림 8.6 초음파 필링

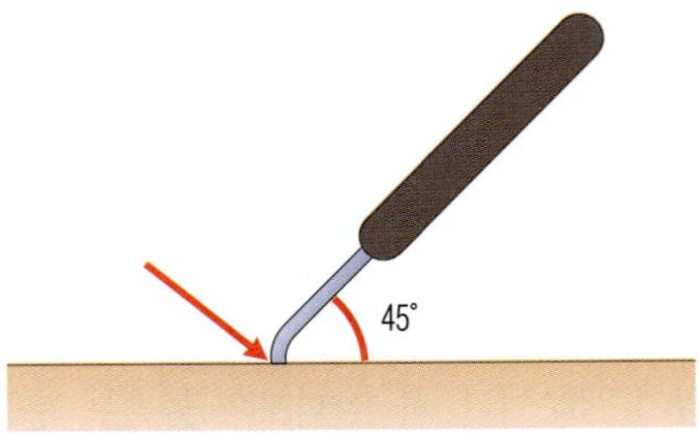

피부표면과 프로브의 납작한 끝면이 45° 각도를
유지하도록 사용한다.

그림 8.7 초음파 필링 시 프로브 사용방법

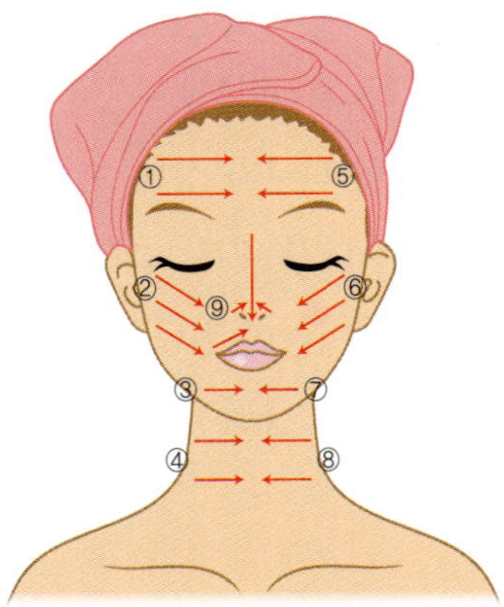

(우측) ① 이마 → ② 볼 → ③ 턱, 인중 → ④ 목 →
(좌측) ⑤ 이마 → ⑥ 볼 → ⑦ 턱, 인중 → ⑧ 목 → ⑨ 콧등, 코 양옆 순서로 반복

그림 8.8 초음파 필링 테크닉

(2) 마사지효과

초음파는 1초에 수만 번의 미세한 진동이 피부에 작용하여, 세포내 마사지가 일어나면 미세세포구조가 이완되고 부종이 감소하며, 조직 내로 물질을 전달하는 초음파 영동 등의 효과가 나타난다. 영양물질의 흡수를 돕고 피부에 탄력을 준다. 피부가 예민한 상태이거나 전류에 민감한 피부 또는 미용치료 후 보습관리 시 적용한다.

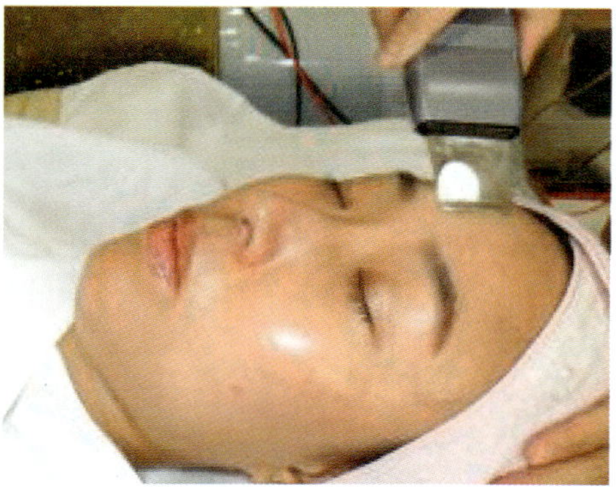

그림 8.9 초음파 토닝

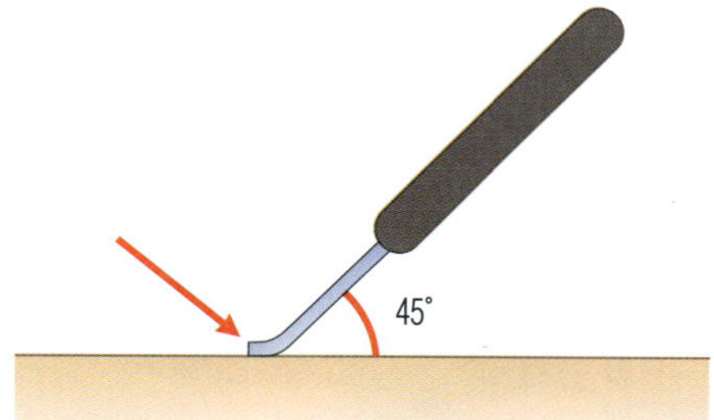

피부표면과 프로브의 납작한 끝면이 45° 각도를 유지하도록 사용한다.

그림 8.10 초음파 토닝 시 프로브 사용방법

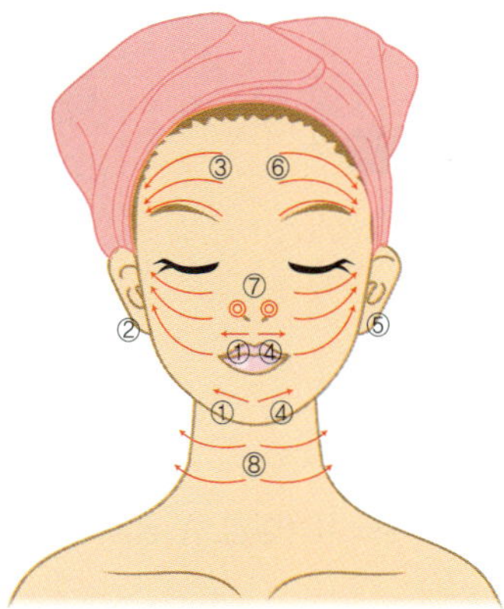

(우측) ① 턱, 인중 → ② 볼 → ③ 이마 →
(좌측) ④ 턱, 인중 → ⑤ 볼 → ⑥ 이마 → ⑦ 콧망울 → ⑧ 목 순서로 반복

그림 8.11 초음파 토닝 테크닉

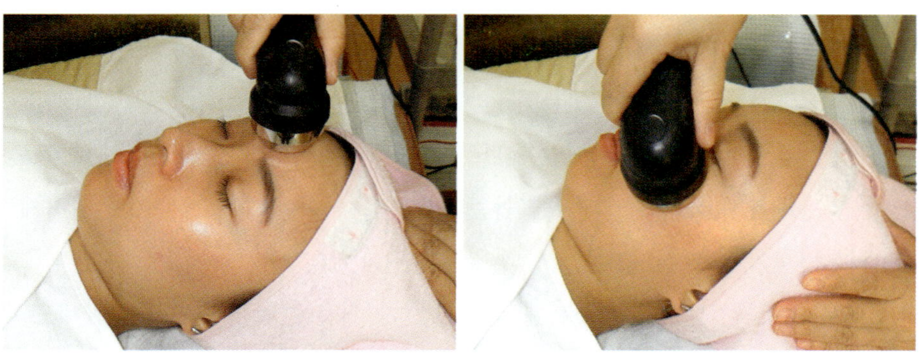

그림 8.12 초음파 영동법

그림 8.13 초음파 도자 사용방법

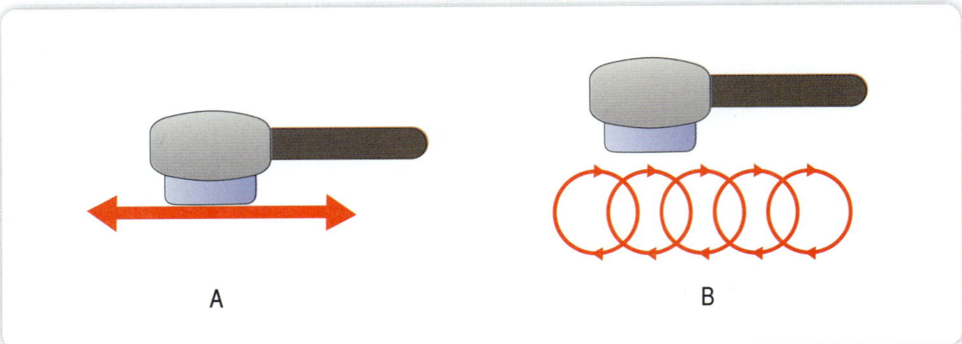

그림 8.14 초음파 헤드 사용방법. A: 평행 이동법, B: 원형 이동법

(3) 생화학적 효과

초음파는 세포의 DNA 합성을 원활하게 하므로 세포재생효과가 있다. 또한 진피 내의 섬유아세포를 활성화시켜주므로 콜라겐과 엘라스틴의 생합성을 촉진시켜준다. 따라서 악건성피부나 진피 수분부족 건성피부에 보습효과를 증가시켜 준다.

(4) 온열효과

초음파 진동에 의해 발생되는 열은 피부에 작용하여 혈관 기능을 정상화하고 림프순환을 순조롭게 하여 물질대사를 돕는다. 혈액순환이나 림프 배출이 원활하게 되지 않으면 피부가 거칠어지는 현상의 원인이 된다.

초음파는 물질대사를 순조롭게 하여 표피 기저층에 있는 기저세포의 세포분열이 정상화되므로 피부 기능을 개선할 수 있다.

3. 냉각 전기 영동법

냉각 전기 영동법(frozen electrophoresis)은 화학적 · 물리적 원리(chemical-physical principles) 기술이 결합되어, 피부를 구성하는 여러 피부층(표피 및 진피)을 효율적으로 투과하여 피부세포 조직에 유용한 영양물질을 공급하는 방법이다. 냉각 전기 영동법이라고 하는 쿨링 테라피는 피부의 진정과 수분침투뿐만 아니라, 니들(needle)을 사용하지 않고도 영양물질 침투를 극대화시키는 시스템이다. 또한 이온화와 물리적 침투를 병행하여 영양물질의 흡수가 극대화된다.

따라서 영양물질과 약물의 효과를 직접적으로 볼 수 있고, 냉동요법이므로 열적 자극 후 모든 후 처치(post care)에 매우 효과가 높다. 기미피부, 민감성피부, 건성피부, 노화피부, 주름피부, 여드름피부, 레이저 시술 후 등에 적용한다(그림 8.15).

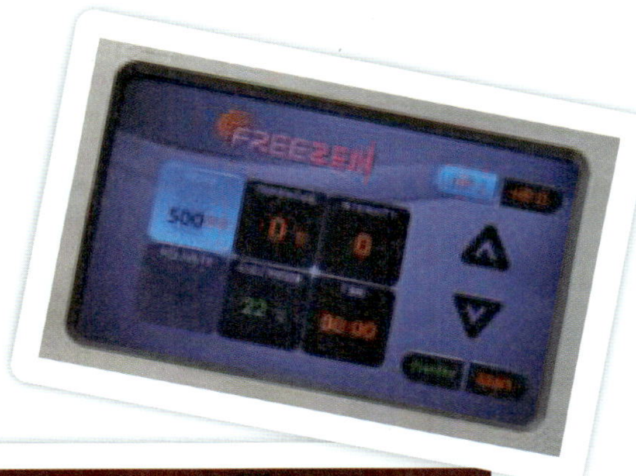

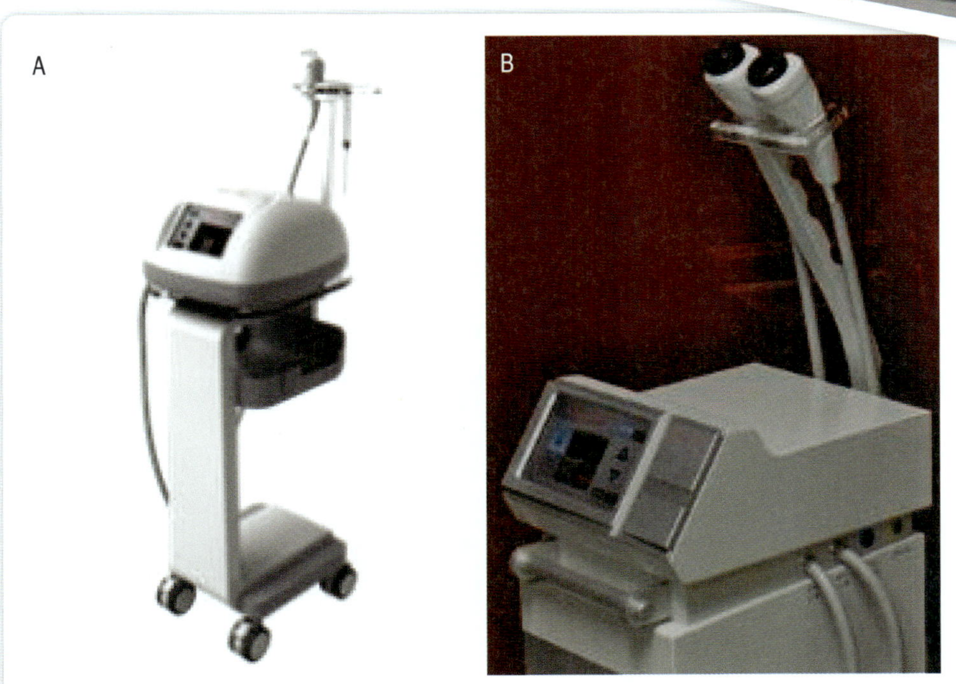

그림 8.15 냉각 전기 영동기. A: 프리젠 1(Freezen I), B: 프리젠 2(Freezen II). 자료제공: 메드로메디컬비전

■ 시술 시 주의사항

사람마다 전류가 통하는 저항(임피던스)값이 다르므로, 환자의 반응을 관찰하면서 기준값에서 조금씩 올려가며 파워를 세팅한다(약간의 전류 느낌만으로도 충분하다). 미간, 턱 부위(치아부분), 코 주위는 볼보다 에너지를 낮추어 시술해야 한다. 환자가 전류의 강한 느낌 및 불쾌감을 호소하지 않는 범위 내에서 시술한다.

4. 산소 기기

산소 기기는 높은 압력의 산소를 이용하여 원하는 물질을 피부 속으로 흡수시키는 기기이다. 산소 압력을 이용하는 방법으로 고분자, 저분자, 수용성, 지용성 등 여러 종류의 물질을 물리적인 방법을 이용하여 피부 내에 흡수시킨다. 산소 기기는 높은 압력의 산소를 이용하여 원하는 물질을 피부에 흡수시키는 방법 이외에도 스프레이나 마스크를 이용하는 방법도 있다. 모든 피부에 적용이 가능하다.

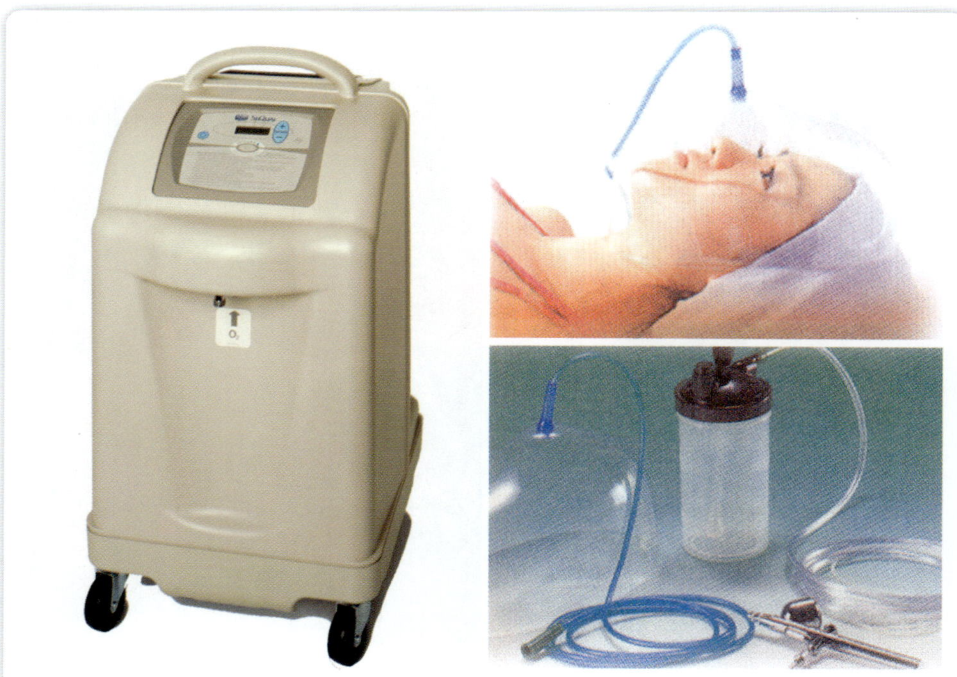

그림 8.16 산소 기기. 자료제공: 메드로메디컬비젼

1) 산소 스프레이

산소 스프레이(oxygen spray)는 스프레이 건을 이용하여 얼굴이나 특정 부위에 산소와 영양물질을 분사시키면 증발에 따른 쿨링 효과와 영양물질 흡수에 의해 피부를 진정시키고, 자극으로부터 완화시켜주는 효과가 있다.

2) 산소 마스크

산소 마스크(oxygen mask)는 필링이나 레이저 시술 후, 얼굴 피부표면에 산소를 직접 공급하여 재생효과에 도움을 준다.

5. 일렉트릭 필링

일렉트릭 필링(electric peeling)은 피부표면에서 열과 진동 마사지에 의해 전기적 자극이 피부 진피층까지 전달되는 원리를 이용하여 콜라겐과 엘라스틴의 생성력을 활성화시켜주어 신장력이 증가되는 결과로 조직 구조가 튼튼하게 재형성되는 것을 유도한다. 일렉트릭 필링은 조직세포에 에너지를 공급하여 피부노화 증상을 개선시켜주는 작용을 한다.

횟수와 소요시간은 연령에 따라 약간 차이를 둘 수 있고, 일주일에 1~2회 시행하며, 소요시간은 10~15분으로 10회 이상 시술한다. 또한 시술 후 얼굴이 따갑거나 얼얼

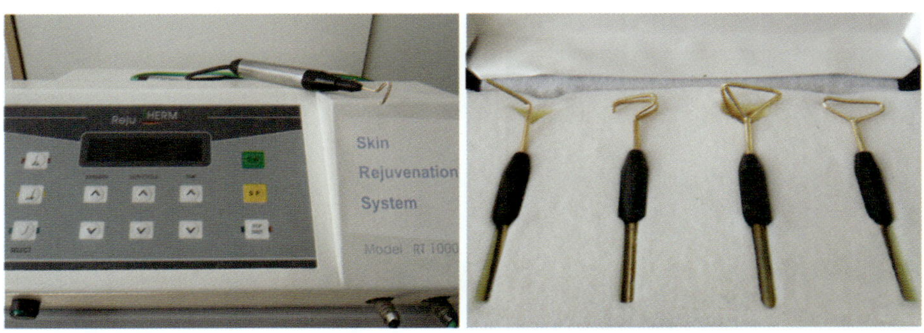

그림 8.17 레주-덤(Reju-Derm). 자료제공: 김윤섭 피부과

하고 피부가 당기는 느낌이 있으며, 피부상태에 따라 각질이 일어날 수도 있다. 일렉트릭 필링은 넓은 모공에 효과가 좋으며 특히 잔주름과 피부탄력 손실에 사용된다. 대표적인 기기로는 실크웨이브(Silkwave)와 탑-덤(Top-derm), 레주-덤(Reju-derm) 등이 있다.

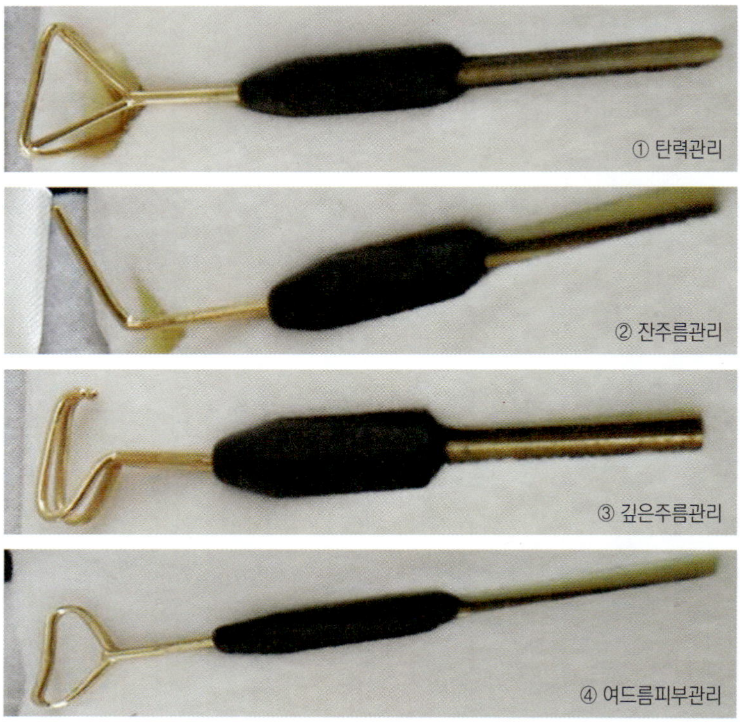

그림 8.18 레주-덤 시술도구

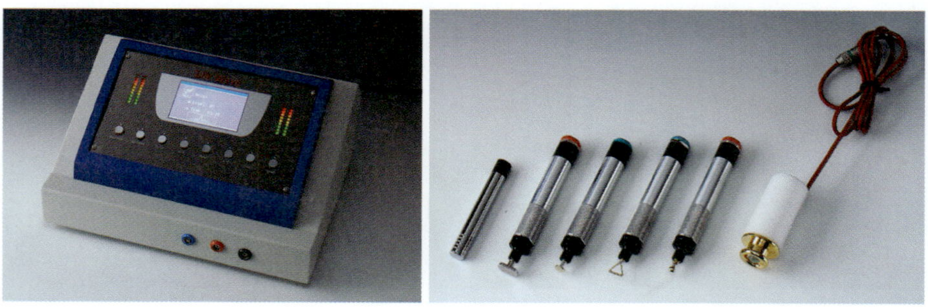

그림 8.19 실크웨이브. 자료제공: 메드로메디컬비전

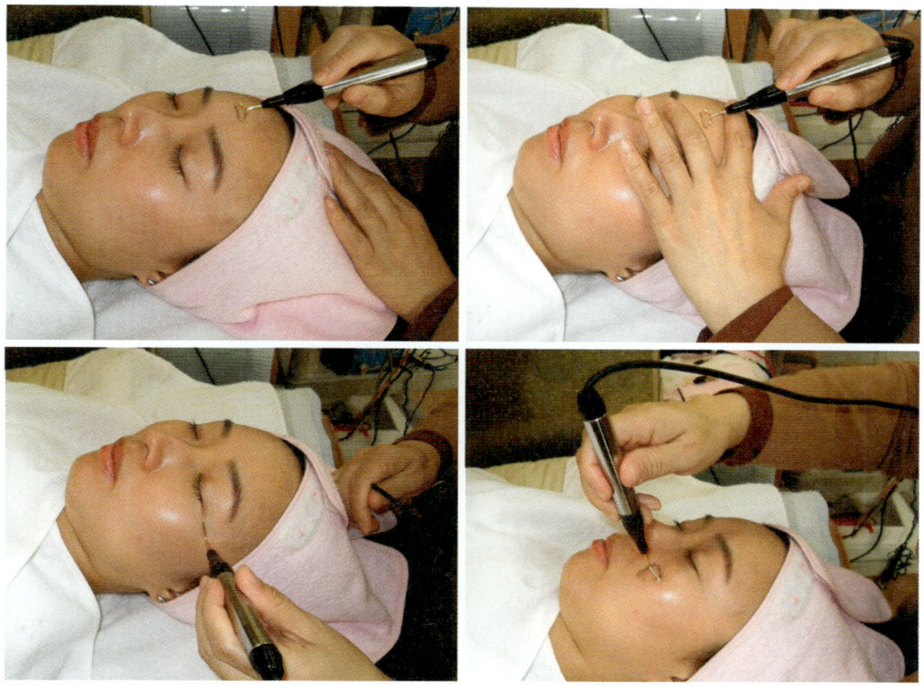

그림 8.20 레주-덤. 자료제공: 김윤섭 피부과

그림 8.21 일렉트릭 필 테크닉

6. 기계적 필링

기계를 이용한 미세박피술은 기존의 기계 박피술(dermabrasion)과는 다르다. 산화 알루미늄 가루, 베이킹 소다, 소금 등의 가루나 물을 분사하여 피부의 각질층을 벗겨내는 방법이다. 종류에는 크리스탈 필링, 다이아몬드 필링, 솔트 필링, 제트 필링 등이 있다.

1) 크리스탈 필링

크리스탈 필링(crystal peeling)은 주로 유럽과 미국에서 사용되어 왔다. 크리스탈 파우더를 피부에 분사하면 분사된 파우더가 피부표면과의 마찰에 의해서 피부를 얇게 벗겨내는 방법이다. 또한 분사된 크리스탈 입자는 다시 흡인되어 기계에 부착된 진공관으로 크리스탈 입자와 탈락된 각질이 모아진다. 크리스탈 필링의 깊이는 기기와 피부 사이에 흐르는 공기의 속도, 분말의 양과 크기, 피부로 지나간 횟수 등에 의해서 달라진다. 지성피부, 노화피부, 거칠어진 피부에 효과가 좋다(그림 8.22, 그림 8.23).

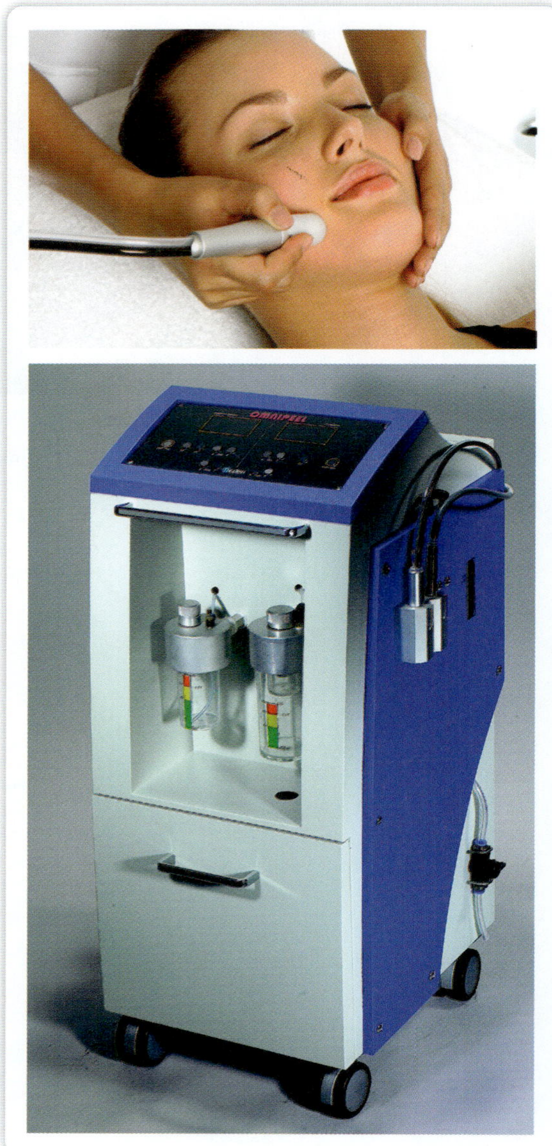

그림 8.22 크리스탈 필 작용원리. 자료제공: 메드로메디컬비젼

2) 다이아몬드 필링

다이아몬드 필링(diamond peeling)은 다이아몬드로 만들어진 연마 기구를 이용하여 피부를 얇게 벗겨내는 방법이다. 대표적인 기기로는 실크필이 있으며, 크리스탈 필링과 적응증은 동일하다(그림 8.24).

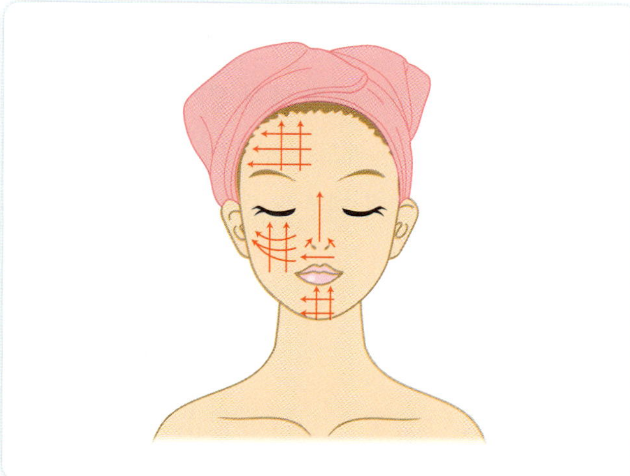

그림 8.23 크리스탈 필, 다이아몬드 필 테크닉

그림 8.24 실크필(Silkpeel). 자료제공: 메드로메디컬비전

3) 솔트 필링

크리스탈 필링이 산화 알루미늄 가루를 이용하여 피부 각질층을 벗겨내는 방법이라면, 솔트 필링(salt peeling)은 고운 소금가루를 이용하여 피부 각질층을 벗겨내는 방법이다. 솔트 필링은 2단계로 구성되는데, 첫 단계는 초음파를 이용하여 비타민 A와 C를 피부에 흡수시키고 이후 고운 소금가루를 이용하여 피부 각질을 제거한다. 적응증은 모든 피부 타입에 가능하다.

4) 제트 필링

제트 필링(jet peeling)은 고압 산소를 이용한 액체(생리식염수) 분사를 통해 피부 표면의 각질을 탈락시키는 방법이다. 또한 제트 필링은 필링효과 외에도 분사되는 액체에 여러 종류의 비타민과 영양성분을 넣어 피부를 통해 흡수시키는 효과도 있다. 적응증은 모든 피부 타입에 가능하다.

CHAPTER

9

메디컬 스킨케어 관련 미용치료

1. 여드름 치료
2. 여드름흉터 및 모공 치료
3. 기미 치료
4. 주름 치료
5. 색소질환 치료
6. 혈관 치료
7. 기타 피부질환 치료

1. 여드름 치료

여드름 치료법은 매우 다양하며, 계속해서 새로운 방법이 소개되고 있다. 또한 여드름에는 여러 가지 치료제제가 있다. 따라서 여드름 치료는 한 가지 방법보다는 여러 방법을 병행하는 것이 훨씬 더 효과적이다.

여드름 치료에는 크게 4단계의 원칙이 있다. 첫째, 피지분비량을 줄여준다. 둘째, 모낭의 과각화 현상을 억제시켜준다. 셋째, 모낭 내의 세균을 줄여준다. 넷째, 여드름의 염증을 막아준다. 이러한 원칙을 기본으로 하는 여드름 치료법으로는 국소요법과 전신요법, 외과적 치료, 광치료 등이 있다.

표 9.1 여드름치료 4단계

1단계	피지분비를 감소시킴
2단계	과각화 현상을 억제
3단계	P. acnes균을 감소시킴
4단계	염증치료

표 9.2 여드름치료의 종류

- 국소요법(바르는 약)
- 전신요법(먹는 약)
- 외과적 치료(여드름 압출, 병변 내 주사)
- 광치료

1) 국소요법(바르는 약)

여드름이 생긴 부위에 바르는 외용약으로서 보통 크림이나 액상이다. 이러한 약물은 대부분 피부를 건조하게 하여 각질이 일어나게 한다.

표 9.3 바르는 약의 종류

작용	종류
각질용해를 돕는 약물	레티노이드, 아다팔렌, 아젤릭산
항균과 항염증 약물	벤조일페록사이드, 아젤릭산
항생제	에리스로마이신, 클린다마이신, 테트라사이클린

바르는 외용약은 세균단백질을 산화시켜 작용하는 항균약물과 모낭의 세균에 직접 작용하는 항염증약물, 모낭 내 세포재생속도를 조절해 모낭 내 세포의 탈락을 돕는 약물 등이 있다.

2) 전신요법(먹는 약)

먹는 약으로는 여드름 발생에 관여하는 원인균에 대한 항균작용과 전반적인 염증반응을 억제하는 항생제가 있다. 이는 피지선의 크기를 감소시키고 피지선의 활성을 저하시켜 피지분비를 감소시키며, 정상적인 각질 형성과 모낭벽 각질형성세포의 교체 속도를 정상화시키는 약이다. 먹는 약은 심한 염증성 여드름치료에 사용하는 방법이다(그림 9.1).

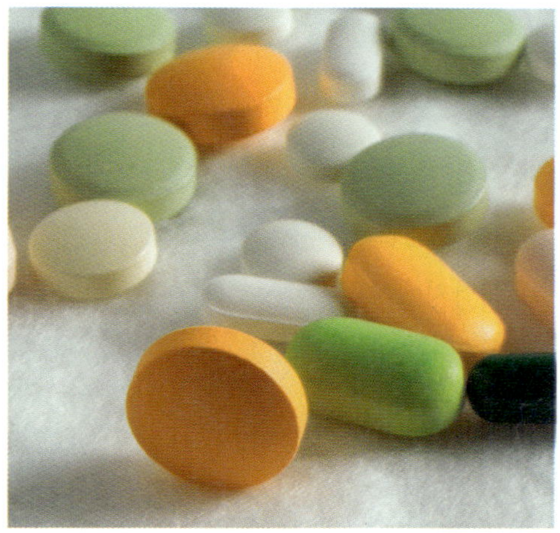

그림 9.1 먹는 약

표 9.4 먹는 약의 종류

작용	종류
피지생성을 억제시키는 약물	이소트레티노인(상품명으로는 로아큐탄), 호르몬제제(에스트로겐)
항생제	에리스로마이신, 클린다마이신, 박트림, 테트라사이클린(테트라사이클린 계통: 옥시테트라사이클린, 독시사이클린, 미노사이클린)

3) 외과적 치료

여드름의 외과적 치료는 면포를 제거하는 것이다. 면포 중 폐쇄성 면포는 레이저로 구멍을 내어 짜내고, 낭포나 결절의 여드름 병변에는 부신피질호르몬을 병변 내에 주사하는 것이다.

4) 광치료

광치료(photo therapy)로 여드름 병변에 빛을 조사하면 병변이 좋아지는데, 여드름 균이 대사과정에서 포르피린을 생성하고, 생성된 포르피린이 빛에너지를 흡수하여 화학반응을 일으키게 된다. 이때 활성산소가 발생하고 여드름 균이 파괴되면서 여드름이 호전된다. 이러한 원리를 이용하여 여드름에 광치료를 하고 있는데, 피부표면에 포르피린과 유사한 물질을 바른 후 광선을 조사하면 여드름 균의 수가 감소되어 치료되는 방법이다.

광원으로는 푸른색, 녹색, 노란색, 붉은색 등의 빛이 있다. 푸른색 빛은 각질을 탈락시키고 여드름 균을 파괴한다. 녹색, 노란색, 붉은색의 빛은 여드름 균을 파괴하고 높은 에너지에서는 열작용도 일으킨다(표 9.6).

대표적인 장비로는 힐라이트(healite), 클리어라이트(clearLight), 옴니룩스(omnilux Blue), 누보(novuvo) 등이 있고 그 외 LED와 IPL 또는 색소레이저 등을 사용한다(표 9.5).

표 9.5 광치료 기기의 종류

- 힐라이트(Healite®)
- 클리어라이트(ClearLight®)
- 옴니룩스(Omnilux Blue®)
- 누보(Novuvo®)
- LED
- APL

표 9.6 광원의 종류 및 효과

광원	효과
푸른색	각질 탈락, 여드름 균 파괴
녹색, 노란색, 붉은색	여드름 균 파괴, 높은 에너지에서는 열작용

5) PDT 치료

광역학 요법(photodynamic therapy, PDT)이라고도 하며, 광감작물질과 광선이 상호작용을 하여 여드름을 치료하는 방법이다. 광선에 반응하는 물질인 광과민제를 피부표면에 바르면 피지선에 흡수되고, 이때 특정 파장의 광선을 조사하면 피지선과 여드름 균이 파괴된다. 여드름을 발생시키는 피지선 자체를 치료하므로 현재 발생한 여드름의 감소뿐 아니라, 치료 후의 여드름 발생도 줄여준다. 즉, 1~3회 시술로 6~12개월간은 재발하지 않는 지속성이 있는 것으로 알려져 있다.

힐라이트 II

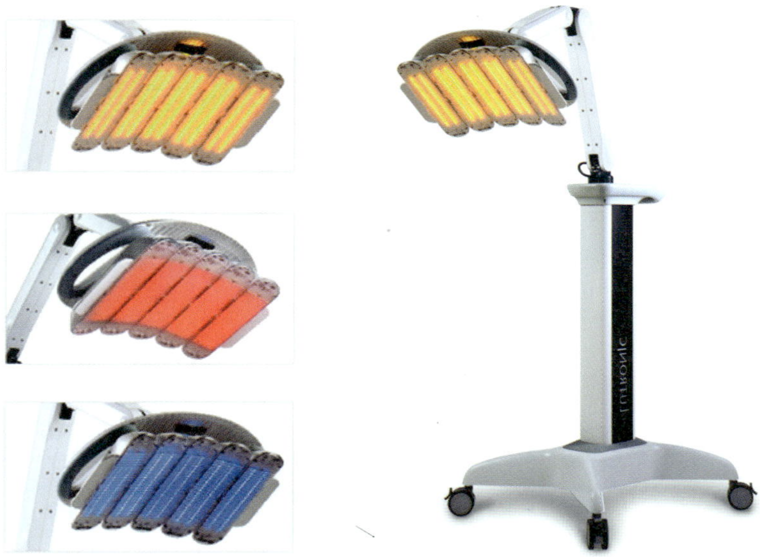

자료제공: 루트로닉

APL

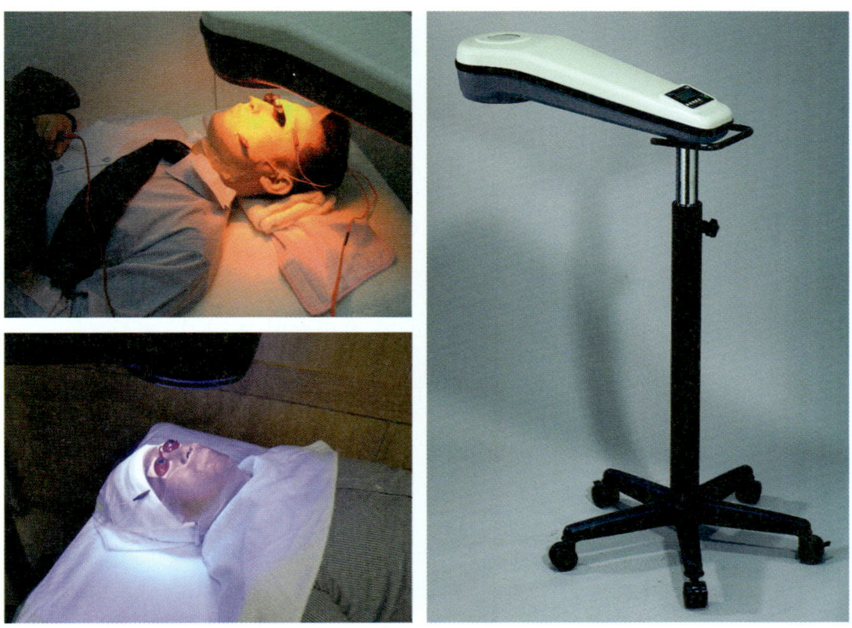

자료제공: 김윤섭 피부과 　　자료제공: 메드로메디컬비젼

그림 9.2 광치료

2. 여드름흉터 및 모공 치료

1) 여드름흉터 치료

여드름흉터는 여드름이 심하게 곪은 상태에서 혼자서 손톱으로 함부로 짜거나 심하게 곪은 염증이 안에서 터져 정상조직이 녹아 없어져서 생긴다. 또한 여드름흉터는 넓고 얕은 흉터와 좁고 깊은 흉터 등이 혼재되어 있어서 한 가지 방법보다는 여러 가지 치료법을 병행하는 것이 효과를 보다 증진시키고 치료기간을 단축시킬 수 있다(그림 9.3).

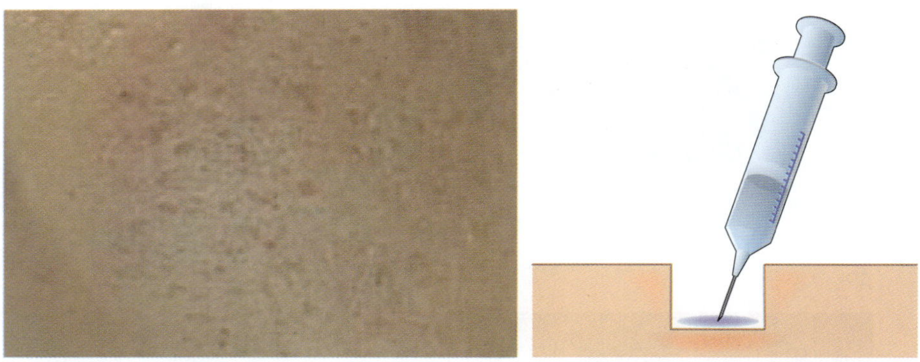

그림 9.3 여드름흉터. 자료제공: 김윤섭 피부과

여드름흉터의 종류는 대개 좁고 깊은(icepick) 흉터, 뚜껑마차(boxcar) 흉터, 둥글넓적(rolling) 흉터로 분류할 수 있다(그림 9.4).

여드름흉터 치료방법으로는 레이저 박피술, 프락셔널 레이저, 화학 박피술이 대표적이라 할 수 있다. 그 중 화학 박피술을 이용한 도트(dot) 필링이 일반적으로 가장 널

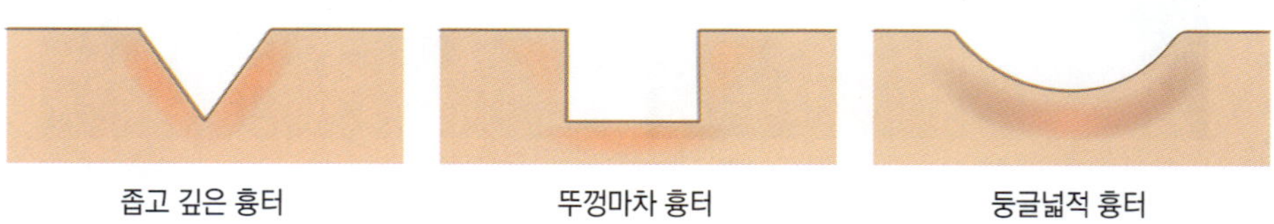

그림 9.4 여드름흉터의 종류

리 사용되고 있다. 고농도의 화학 박피제 TCA를 함몰된 흉터부위에 주입하여 피부 밑바닥에서 조직이 새살로 메워지는 효과를 나타내는 것을 말한다.

표 9.7 흉터 치료의 종류

- 레이저 박피술
- 프락셔널 레이저
- 화학 박피술
- 도트 필링

함몰된 흉터부위에 주입된 화학물질은 진피층에 침투하여 진피 안에 있는 섬유모세포를 자극하여 콜라겐 합성을 증가시킨다. 콜라겐 합성이 증가되면 흉터부위의 진피층이 두꺼워져서 함몰된 부위가 메워지는 것이다.

여드름흉터 부위에 TCA를 주입하면 딱지가 생기게 되고, 이 딱지는 1주일 정도 지나면 떨어진다. 이 치료의 장점은 시술이 간편하고 치료 후에도 일상생활이 가능하다는 것이다. 또한 누구에게나 모두 비슷하게 매우 좋은 효과를 보이며 치료횟수가 많을수록 더욱 높은 치료효과를 보인다.

2) 모공치료

단번의 모공치료로 모공이 줄어들지는 않는다. 즉, 넓어진 모공을 축소한다는 것은 매우 어려운 일이다. 모공 축소가 어려운 것은 모공 확장이 피부표면에서만 국한된 것이 아니며 피부 깊은 곳까지 연결되어 있기 때문이다. 따라서 피부표면만 치료해서는 안되고, 모공 깊은 부위까지 효과를 주어야 하며, 반복적인 시술을 받아야 된다(그림 9.5).

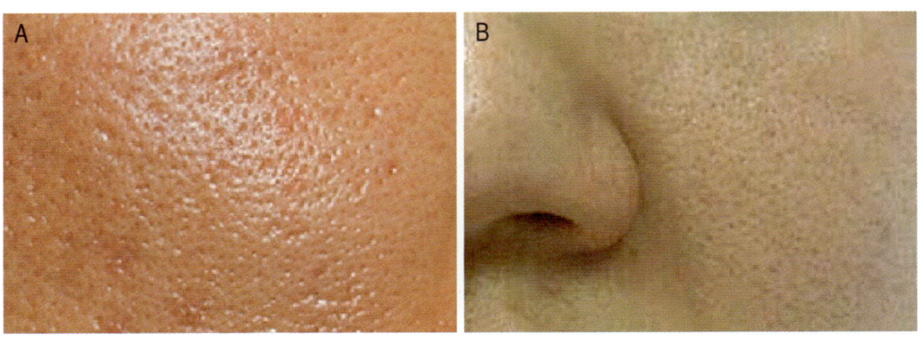

그림 9.5 모공. A: 넓은 모공, B: 늘어진 모공

모공을 치료하는 방법으로는 화학 박피술, 레이저 박피술, 프락셔널 레이저, PCS(pore constricting system), ESS(electrical stimulation of skin), 고바야시 절연침 등이 있다.

표 9.8 모공치료의 종류
• 화학박피술
• 레이저 박피술
• 프락셔널 레이저
• PCS(Pore constricting system)
• ESS(electrical stimulation of skin)
• 고바야시 절연침

레이저 박피술은 피부표면을 깎아내서 모공을 축소시킨다. 일반적으로 프락셔널 레이저가 넓은 모공 치료에 가장 많이 사용되고 있으며, 치료효과도 높은 편이다.

모공치료는 대개 1회 시술로도 효과를 볼 수 있지만, 환자의 만족도에 따라 여러 차례 시술이 필요한 경우도 있다. PCS와 ESS는 모두 미세전류를 이용하여 넓어진 모공을 치료하는데, PCS와 ESS는 전류가 흐르는 가느다란 바늘을 모공에 삽입하여 치료하는 방법이다. 이 바늘을 넓어진 모공 하나하나에 삽입함으로써 인위적으로 모공벽에 손상을 입힌 후 재생되는 과정을 통해 모공을 축소시킨다. PCS는 고주파전류를 이용하고, ESS는 직류 전류를 사용한다. 시술 시 약간의 통증은 있지만 피부 손상을 최소화하고 일상생활을 하는 데 지장을 받지 않는다는 장점이 있다. 고바야시 절연침은 모공 속에 절연침을 넣은 후 전기적으로 피지선과 주변조직을 파괴해 모공을 줄이는 방법이다. 피지분비를 줄이는 데 효과는 있으나, 모공을 줄이는 효과는 적은 것으로 알려져 있다.

3. 기미 치료

기미 치료의 대표적인 방법으로는 레이저토닝과 소프트필 레이저, 화학 박피술, 그 밖의 약물치료 등이 있다. 이중 가장 많이 사용하는 것은 레이저토닝 치료법이다.

표 9.9 기미 치료의 종류
• 레이저토닝
• 소프트필 레이저
• 화학 박피술
• 약물치료

레이저토닝은 매우 짧은 펄스기간과 비교적 낮은 에너지 밀도를 이용한 큐-스위치 엔디야그 레이저로 기미 치료를 하는 방법을 말한다. 멜라닌세포 손상 없이 멜라닌만 선택적으로 파괴하는 신개념 레이저 치료법이다. 즉, 표피멜라닌세포와 진피멜라닌탐식세포의 파괴나 활성화 없이 멜라닌을 제거하는 방식으로 기미 치료에 좋은 효과를 보이고 있다.

1주 간격으로 평균 8~10주의 치료가 필요하며, 재발을 예방하기 위해 메디컬 스킨케어와 미백제 그리고 자외선 차단제의 사용이 필수로 요구된다(그림 9.6).

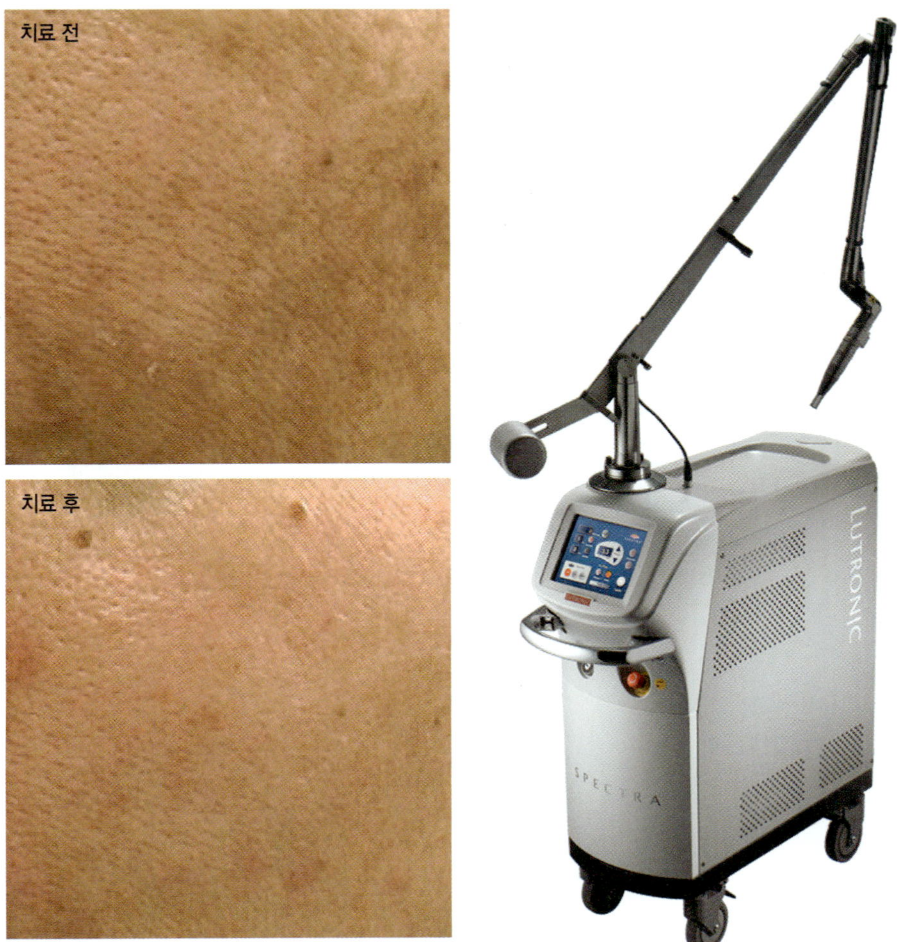

자료제공: 김윤섭 피부과　　자료제공: 루트로닉

그림 9.6 기미 치료

4. 주름 치료

노화로 인한 주름 치료에는 잔주름을 치료하는 방법과 굵은 주름을 치료하는 방법이 있다. 잔주름은 표피와 진피 유두층의 변형에 의해서 나타나며, 콜라겐과 엘라스틴의 감소와 변성도 피부 건조와 관련이 있다. 특히 햇빛에 의한 광노화와 밀접한 연관이 있다.

굵은 주름은 얼굴 근육의 움직임, 중력, 햇빛 등 여러 원인이 복합적으로 작용하여 생기지만 특히 중요한 것은 얼굴 표정근이다. 얼굴 표정근은 피부에 직접 붙어 있어 수축시킬 수 있으나, 표정근 상부의 피부는 수축이 안 되어 얼굴 주름을 만든다. 젊은 사람의 경우 탄력섬유의 기능이 정상적이어서 근육이 이완되면 피부의 주름이 사라지게 되지만, 나이가 들면 탄력섬유의 양이 감소하게 되고 변성이 되어 표정근이 이완되어도 주름은 계속 남아 있게 된다.

잔주름을 치료하는 방법으로는 레이저 박피술, 화학 박피술, 비박피성 레이저치료, 고주파치료, 약물치료 등이 있다. 굵은 주름의 치료에는 보톡스와 필러, 레이저 박피술, 화학 박피술 등이 있다.

표 9.10 주름치료의 종류

구분	종류
잔주름	레이저 박피술, 화학 박피술, 비박피성 레이저치료, 고주파치료, 약물치료
굵은 주름	보톡스, 필러, 레이저 박피술, 화학 박피술

5. 색소질환 치료

1) 점

점(pigmented nevus)은 점세포로 이루어진 양성종양으로 점세포가 모여 있는 위치에 따라 표피점, 진피점, 복합점으로 구분한다(그림 9.7). 점세포는 기본적으로 멜라닌세포와 같다고 밝혀졌다. 일반인들이 말하는 넓은 의미의 점은 까만점 외에도 붉은점, 푸

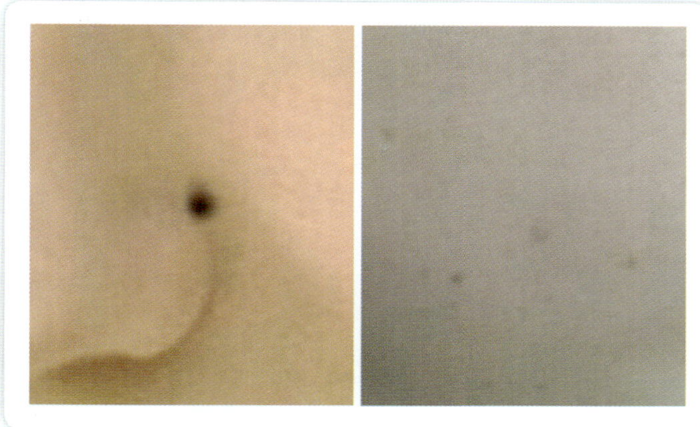

그림 9.7 점

큰점, 갈색점, 흰점을 뜻하며 의학적으로는 '색소성 모반(점)'이라고 한다. 현미경으로 관찰하면, 점세포가 표피 또는 진피에 증식되어 있다. 또한 어른의 점은 주로 진피형이며 아이들은 주로 표피형이므로 점의 진화는 점세포가 표피에서 진피로 떨어져 내려오는 과정에 의해서 일어난다. 탄산가스 레이저나 큐-스위치 엔디야그 레이저, 어비움야그 레이저로 치료한다.

2) 주근깨

주근깨(freckle)는 햇빛 노출부위에 작은 반점들이 생기는 색소성 피부질환으로 햇빛 노출 시 색깔이 짙어지는 특징을 가지고 있다(그림 9.8). 주근깨는 특수한 경우를 제외하고 햇빛이나 비의 노출부위에는 발생하지 않는다. 주로 5세 때부터 발생이 가능하다.

주근깨는 금발과 푸른 눈을 가진 백인에게 가장 빈번하게 발생하며 황인에서도 피부색이 흰 사람에게 잘 생긴다. 주로 여름에는 멜라닌의 수와 크기, 색깔이 증가하였다가 겨울에 감소한다. 즉, 주근깨 발생 및 악화에 가장 중요한 인자는 햇빛의 자외선이지만, 정확한 발생 원인은 현재까지 밝혀져 있지 않고 있다.

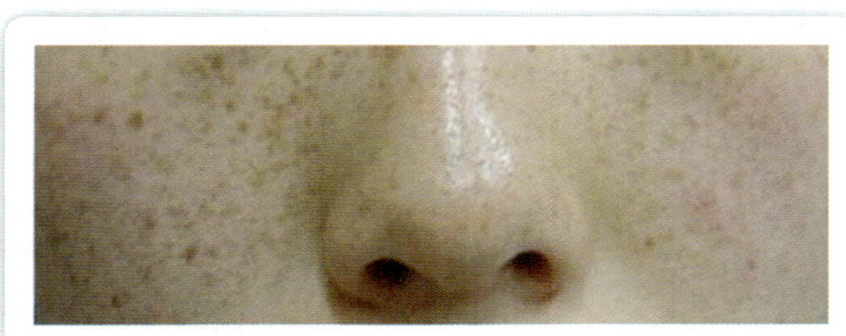

그림 9.8 주근깨

치료는 색소레이저인 큐-스위치 엔디야그 레이저,

큐-스위치 알렉산드라이트 레이저, 큐-스위치 루비레이저, IPL 등이 있다. 최근에는 롱펄스 레이저를 많이 사용하는데, 이는 딱지가 적게 생기는 장점이 있다.

3) 검버섯(일광흑자)

검버섯(일광흑자, solar lentigo)은 햇빛에 오랫동안 노출된 사람의 노출 부위에 불규칙한 모양과 균일한 검은색을 보이는 색소성 반점들이 산재하여 생긴다(그림 9.9). 잘 생기는 부위는 얼굴과 손등이다. 병변은 주로 50대 이후에 생기므로 노인성 흑자라고도 한다. 멜라닌세포 수가는 증가되며, 기저세포층과 인접한 각질형성세포의 색소침착도 증가되어 있다.

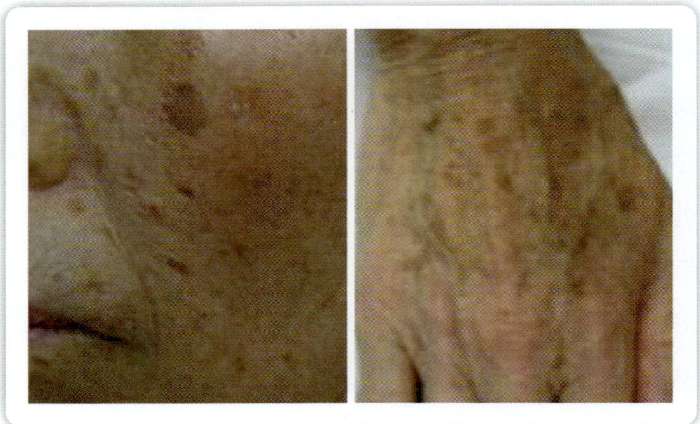

그림 9.9 검버섯

치료는 색소레이저인 큐-스위치 엔디야그 레이저, 큐-스위치 알렉산드라이트 레이저, 큐-스위치 루비레이저가 있다.

4) 오타반점

오타반점(ota nevus)은 안면의 3차신경 분포를 따라 반점이 형성되며, 여성에서 자주 발견되는 질환이다. 선천성이지만 유아기나 사춘기 이후에도 나타날 수 있다. 진피 내에 멜라닌세포가 많이 발견되며, 이로 인하여 육안적으로는 검은색 또는 청색 반점으로 보이게 된다. 한국에도 많은 환자들이 발견되고 있다.

치료는 색소레이저인 큐-스위치 엔디야그 레이저, 큐-스위치 알렉산드라이트 레이저가 현재 많이 사용되고 있다.

6. 혈관 치료

1) 안면홍조

안면홍조(facial flushing)는 체질적으로 발생하는 경우가 많아 개인차가 있다. 때로는 여성호르몬 불균형으로 인한 안면홍조증을 일으키기도 하므로 내분비 검사도 필요하다. 추운 곳에 있다가 더운 곳에 가면 얼굴이 쉽게 붉어지고 오래 지속되는 경우이다.

피부 혈관은 자율신경의 조절을 받아 확장과 수축이 일어난다. 피부가 붉어지는 것은 몸의 어디에나 생길 수 있지만 얼굴, 특히 양 볼이 쉽게 붉어지는 것은 이 부위가 다른 부위보다 혈관 분포가 많고 잘 비추어보이기 때문이다. 안면홍조의 원인은 다양하다. 우선 감정의 변화에 따라 얼굴이 쉽게 붉어질 수 있고 알코올, 폐경, 약물, 내분비 질환이 안면홍조와 연관될 수 있다. 피부질환인 주사의 초기 단계에도 생길 수 있으며, 다이레이저로 치료 가능하다.

2) 모세혈관 확장증

모세혈관 확장증(capillary telangiectasia)은 정상피부에서는 보이지 않는 가는 실핏줄(모세혈관)이 나타나는 질환이다. 정상피부에서는 실핏줄이 피부 진피에 존재하고 있지만, 어떤 다양한 원인에 의해서 표피가 얇아지거나 혈관이 두꺼워지면 피부가 붉어지거나 실핏줄이 보이게 된다.

모세혈관 확장증의 원인은 크게 2가지로 구분한다. 표피가 얇아져서 피부 속 실핏줄이 보이는 경우와 가느다란 혈관이 확장되면서 붉은 핏줄이 보이는 경우이다. 표피가 얇아지는 대표적인 원인은 스테로이드 연고의 남용과 노화이다. 스테로이드 연고를 장기간 바르게 되면 피부가 얇아질 뿐만 아니라 혈관도 늘어나서 실핏줄이 나타난다. 이외에도 여러 요인이 있으며 유전적으로 모세혈관 확장증이 나타나기도 한다. 치료는 대표적인 것이 혈관레이저로 치료하는 것이다. 혈관레이저는 모세혈관 내 적혈구에 빛 에너지를 주어 순간적으로 혈관에 손상을 가하여 모세혈관 확장증을 치료하는 방법이다. 모세혈관 확장증의 치료는 심한 정도, 부위, 개인차 등에 의해 치료기간이 달라질 수 있다. 대표적인 혈관레이저는 브이-빔 레이저와 다이레이저가 있다.

7. 기타 피부질환 치료

1) 한관종

한관종(syringoma)은 작고 노란색 또는 분홍색의 좁쌀 같은 병변으로 크기는 2~3mm 정도이고, 주로 눈 밑에 나타난다. 대부분 서로 분리되어 있으나, 밀집하여 분포하기도 한다.

한관종은 제거하지 않으면 없어지지 않는다. 대개 중년 여성의 눈 주위에 잘 생기고 유전적 경향이 있다. '한관'은 땀샘에서 나오는 관을 의미하는 것으로 에크린한관의 과오종(hamartoma)으로 추측한다. 주로 눈 밑에 많이 생기지만, 윗 눈꺼풀에도 생기고 몸의 다른 부위, 즉 가슴이나 배 또는 성기 부위에도 생길 수 있다.

일반적으로 한관종은 1~2회의 레이저 치료로 제거되지만, 깊이 있는 경우 여러 차례의 치료가 필요하다. 주로 어비움야그 레이저와 탄산가스 레이저로 치료한다.

2) 비립종

비립종(milium)은 진피 내에 표피성분이 과다하게 증식하여 발생하는 주머니이다. 비립종은 직경이 1~4mm 크기의 흰색 병변이 주로 얼굴의 눈 주위에 잘 생긴다. 일반적으로 좁쌀처럼 보이고 특히 중년여성에서 많이 생긴다. 일부는 피부 손상에 의해 이차적으로 발생하지만, 특별한 원인 없이 생길 수도 있다. 대부분 1회 치료로 제거되며, 치료는 탄산가스 레이저로 한다.

3) 모공각화증(닭살)

닭살은 의학적으로 모공각화증(keratosis pilaris)으로 모공이 각화되어 모공을 따라 작은 돌기가 나타나는 것이다. 주로 어깨, 팔, 허벅지에 나타나며, 드물게 엉덩이와 팔꿈치에도 생길 수 있다. 닭살은 완치가 안 되며, 치료를 할 경우 호전된다. 치료는 어비움야그 레이저, 크리스탈 필링, 다이아몬드 필링, 스킨 스케일링 및 약물치료가 있다.

4) 팽창선조(튼살)

튼살(striae distensae)은 의학적으로 팽창선조라는 질환으로 피부에 붉은색이나 흰색 줄이 나타나는 질환이다. 튼살은 다양한 원인에 의해 피부의 진피 성분 중 하나인 탄력섬유가 손상되어 생긴다. 주로 체중이 급격히 늘어나는 사춘기 또는 임신기간에 잘 생기며, 그 외에도 스테로이드 계통의 호르몬제제를 장기간 바르거나 복용한 경우에 생길 수 있다. 치료는 혈관레이저, 프락셔널 레이저, 화학 박피술, 크리스탈 필링, 다이아몬드 필링 등이 있다.

CHAPTER

10

시술 전·중·후 관리

1. 시술 전 관리
2. 시술 중 관리
3. 시술 후 관리

메디컬 스킨케어는 의학적 필링이나 레이저 치료 후에 발생할 수 있는 부작용이나 후유증을 최소화하고, 치료 결과에 대한 환자의 만족도를 높이기 위해서 시행되는 피부관리를 말한다. 또한 메디컬 스킨케어는 의사들이 미용치료 시 더욱더 적극적인 시술을 할 수 있도록 아주 큰 역할을 하였고, 이로 인한 시술 결과도 매우 좋게 나타났다. 따라서 메디컬 스킨케어는 미용치료와 더불어 매우 중요한 영역으로 작용하고 있으며, 이를 시행하는 피부관리사 또한 의료진과 환자 사이에 가교 역할을 하고 있다.

최근에는 미용치료를 위한 새로운 의료장비 개발이 지속적인 진보를 거듭하고 있고, 그에 따른 다양한 치료방법과 치료범위는 점점 더 확대되고 있는 추세이다. 이에 비해서 메디컬 스킨케어 프로그램은 매우 한정적이어서 피부미용인들도 미용치료 방법에 따른 다양하고 세분화된 프로그램을 연구, 개발해야 할 것이다.

미용치료는 시술만 하면 끝나는 것이 아니다. 치료를 위한 시술 전부터 치료 후 관리는 시술만큼이나 매우 중요하다. 환자에게는 자신이 원하는 시술을 받았다는 것보다는 시술 후 기대에 부합할 만한 치료결과가 나타났느냐가 더 중요하기 때문이다. 그러므로 어느 시술을 받았는지에 따라서 시술 후 관리 방법도 달라지게 되며, 시술 후 관리의 적합성 여부에 따라 시술결과에 큰 영향을 미치기도 한다. 또한 시술 후 관리기간이 단기적인지, 장기적인지에 따라 치료 유지에 크게 작용한다.

미용치료를 위해 반드시 해야 할 메디컬 스킨케어 프로그램은 시술 종류에 따라 다르며 시술 전 관리, 시술 중 관리, 시술 후 관리 프로그램으로 분류할 수 있다.

1. 시술 전 관리

시술 전 관리는 치료방법에 따라 레티노이드, 하이드로퀴논, 코직산, 아젤라인산 등을 사용하는 의학적인 처치와 이온 영동법과 초음파 영동법을 이용하는 미용적 관리 방법이 있다. 시술 전 관리의 목적은 피부 컨디셔닝을 정상화시키고, 활성성분 침투를 균일하게 하여, 화학필링이나 레이저필링을 효과적이고 고르게 시술하기 위해서이다. 또한 시술 후 색소침착 위험을 감소시키고, 피부 회복에 도움을 주며, 미용치료 효과를 증대시키기 위함이다. 시술 전 환자가 주의해야 할 사항은 최소 2주 전부터 태닝은 피하고 자외선을 철저히 차단해야 한다. 시술 전 관리가 필요한 경우는 화학 박피술, 레이저

박피술, IPL 등이 대표적이다.

1) 화학 박피술 전 관리

화학 박피술은 피부표면에 부식제인 약품을 발라서 화학적 화상을 입혀 단백질의 응고와 용해로 표피 또는 진피가 벗겨져 나가게 하는 방법이다.

필링의 효과는 기제의 사용에 따라 재생 정도의 차이가 있으며, 시술 전 관리는 어떤 기제로 필링을 시술하느냐에 따라 절대적일 수도 있고, 그렇지 않을 수도 있다. 예를 들어, 페놀(phenol)을 이용한 필링의 경우에는 시술 전 관리는 필요하지 않다. 화학 박피술에 사용되는 기제 중 시술 전 관리가 필요한 것은 TCA(trichloroacetic acid peel, TCA peel)를 이용한 박피술의 경우이다. 시술 전 관리는 비타민 C를 이용한 이온 영동법으로 1주 2회 관리를 필요로 하며, 총 4주 8회를 기본으로 한다. 레이저 박피술도 동일하다(표 10.1).

표 10.1 화학 박피술 시술 전 관리 과정

순서	관리내용	작용 및 효과
클렌징	밀크 타입이나 로션 타입 세안제	메이크업 및 오염물질 제거
딥 클렌징	• 효소 타입으로 딥 클렌징 • 스킨 스크러버 필링	모공 속 노폐물 및 각질제거
미백물질 투입	• 비타민 C (+)4분, (-)6분 • 이온 영동법 시행	면역증진효과, 미백효과
마스크	비타민 E, 레시틴, 알긴 등의 기타 성분을 함유한 마스크를 사용	보습효과
헬륨 - 네온 (He - Ne)	저출력 레이저를 10분 정도 조사	신진대사 촉진, 세포재생효과
마무리	• 비타민 A, C, E, EGF 등을 함유한 세럼이나 크림 • 자외선 차단제	피부미백효과, 항산화 작용
홈 스킨케어 처방	• 비타민 C 세럼이나 크림 • 자외선 차단제	피부미백효과, 항산화 작용

■ 시술 직전 관리

4주 정도 시술 전 관리를 충실히 하였어도 시술 당일의 시술 직전 관리도 대단히 중요하다. 화학 박피술을 하기 위한 전 처치 단계로 세안을 한 후, 피부를 알코올로 소독하고, 아세톤이나 에테르로 유분을 제거하는 방법을 일반적으로 사용하고 있으나, 이는 피부를 과도하게 닦아냄으로 인해 피부가 건조해질 수 있다. 클렌징 단계의 세안을 세심하게 한 후, 딥 클렌징 단계에서 효소를 이용하여 모공 속 노폐물과 각질을 제거한다. 이는 피부 건조를 방지하면서 피부표면과 모공 속을 청결하게 하므로 박피술 직전 관리로 적합하다.

2) IPL 시술 전 관리

IPL은 다양한 파장의 빛을 강한 펄스 형태로 방출시켜, 크세논 섬광램프에서 발생한 빛을 직접 이용한다. IPL은 다파장 광선에 의해 한 번에 여러 가지 발색단에 효과를 가져오며, 광파장대 빛의 목표 물질도 다양하다. IPL의 시술효과는 피부보습과 관련이 있다. 피부의 유분과 수분 정도와 피부색에 따라 색소침착 가능성과 미용치료 효과의 불

표 10.2 IPL 시술 전 관리 과정

순서	관리내용	작용 및 효과
클렌징	피부 타입에 맞는 클렌징 선택 세안	메이크업 및 오염물질 제거
딥 클렌징	스킨 스크러버 필링 5분 정도 시행	모공 속 노폐물 및 각질제거
영양물질 투입	• 태반추출물을 이용하여 (+)4분, (−)6분 • 이온 영동법 시행	미백효과 및 보습효과
마스크	수분 및 보습전용 마스크 사용	보습효과
헬륨 − 네온 (He − Ne)	저출력 레이저를 10분 정도 조사	신진대사 촉진, 세포재생효과
마무리	• 비타민 C, E 등을 함유한 세럼이나 크림 • 자외선 차단제	피부미백효과, 보습효과
홈 스킨케어 처방	• 보습전용 세럼 및 크림 • 자외선 차단제	피부보습 증진

안정성이 나타날 수 있다. 따라서 시술 전 관리를 시행함으로써 이와 같은 문제점을 미연에 방지할 수 있다. 시술 전 관리로는 태반추출물을 투입시켜 미백효과와 보습효과를 동시에 줄 수 있는 이온 영동법이 있다(표 10.2).

2. 시술 중 관리

시술이 진행되고 있는 과정 중에 이루어지는 관리를 말하며, 일반적으로 미용치료 시술의 인터벌(interval)은 3~4주 간격이다. 따라서 다음 시술까지의 중간 사이에 피부관리를 하는 것이다. 시술 중 관리의 목적은 환자 상태를 지속적으로 점검하고, 시술로 인한 피부 각질 들뜸, 건조함, 가려움 등으로 인한 불편함을 해소시키며, 시술 결과에 대한 환자의 불안감을 해소시키는 것이다. 시술 중 관리가 필요한 경우는 레이저 토닝, 소프트필링, 프락셔널 레이저, 도트 필링 등이 대표적이다.

1) 레이저 토닝 중 관리

레이저 토닝이란, 레이저의 매우 짧은 펄스기간과 낮은 에너지 밀도를 이용한 1,064nm 큐-스위치 엔디야그 레이저에 의한 기미 및 색소성 병변을 치료하는 방법을 말한다. 이는 멜라닌세포 손상 없이 멜라닌만 선택적으로 파괴하는 것이다. 즉, 세포내 멜라닌 소체를 표적으로 이것을 작은 조각으로 파괴하여 멜라닌 탐식세포에 의한 제거방식을 사용하는 신개념 레이저 치료법이다. 이러한 방법은 큐-스위치 엔디야그 레이저의 특징인 광열효과를 이용한 것으로 세포 파괴가 일어나지 않는다. 따라서 색소침착이나 피부결이 호전되면서 부작용이 거의 발생하지 않으므로 일상생활에 지장을 적게 준다는 장점이 있다. 또한 주 1회 반복하여 8~10회 정도 치료하며, 기미와 색소성 병변을 치료하는 방법 중 최상의 효과를 나타낸다. 그러나 레이저 토닝을 시술하고 난 후, 피부가 매우 건조해졌다고 호소하는 환자들이 많다. 따라서 피부를 진정시키면서 충분한 보습을 공급할 수 있는 관리를 시행하는 것이 바람직하다(표 10.3).

표 10.3 레이저 토닝 중 관리 과정

순서	관리내용	작용 및 효과
클렌징	피부 타입에 맞는 클렌징 선택 세안	메이크업 및 오염물질 제거
딥 클렌징	생략	
영양물질 투입	• 태반추출물을 이용하여 (+)5분, (-)10분 • 이온 영동법 시행	집중적인 보습효과
마스크	수분 및 보습전용 마스크 사용	보습효과
헬륨 - 네온 (He - Ne)	저출력 레이저를 10분 정도 조사	신진대사 촉진, 세포재생효과
마무리	• 보습성분을 함유한 세럼과 크림 • 자외선 차단제	보습효과
홈 스킨케어 처방	• 보습전용 세럼 및 크림 • 자외선 차단제	보습증진

2) 소프트필링 중 관리

주로 문신을 제거하기 위해 사용하던 1,064nm 큐-스위치 엔디야그 레이저를 이용하여, 피부 각질층을 벗겨내는 방법이 레이저 소프트필링이다. 큐-스위치 엔디야그 레이저의 1,064nm 파장의 레이저 빛은 검은 색소를 표적으로 하기 때문에 피부표면에 카본로션을 바르고 레이저를 조사하면, 피부 손상 없이 피부표면의 노폐물과 각질층의 일부가 카본과 함께 날아가서 피부표면이 매끄럽게 되는 매우 얕은 필링효과를 나타내게 된다. 소프트필링의 효과는 피부결이 매끄러워지고, 칙칙한 피부 톤이 맑아지게 되며, 반복 시술 시 콜라겐 재합성을 촉진하고, 피부 탄력 증가와 미세주름 개선 및 모공 수축 효과가 있다. 소프트필링 시술을 받은 후 2~3일이 지나면 피부가 거칠거칠한 느낌을 받을 수 있다. 이때 각질을 제거하면 안되며, 이는 7~10일 정도 지나면 호전된다. 시술 중 관리는 이러한 반복된 피부 상태를 안정적인 피부로 만들어 주기 위해 필요하다(표 10.4).

표 10.4 소프트필링 중 관리 과정

순서	관리내용	작용 및 효과
클렌징	피부 타입에 맞는 클렌징 선택 세안	메이크업 및 오염물질 제거
딥 클렌징	생략	
영양물질 투입	알로에 겔을 바르고 초음파 영동법을 12분 동안 시행	보습효과
마스크	수분 및 보습전용 마스크 사용	보습효과
헬륨 - 네온 (He - Ne)	저출력 레이저를 10분 정도 조사	신진대사 촉진, 세포재생효과
마무리	• 보습전용 세럼 및 크림 • 자외선 차단제	보습효과
홈 스킨케어 처방	• 보습전용 세럼 및 크림 • 자외선 차단제	보습증진

3) 프락셔널 레이저 중 관리

프락셔널 레이저 시술은 피부 전체에 레이저 빔을 조사하는 것이 아니라, 레이저빔을 미세하게 분할하여 조사되도록 하는 방법으로, 레이저빔의 손상을 받은 피부들 사이에 정상 피부를 남겨둠으로써 상처회복 반응이 빨리 일어나게 하여 빠른 회복을 유도하는 시술이다. 프락셔널 레이저 치료의 적응증으로 여드름 흉터, 넓은 모공 치료, 주름, 피부탄력 증가 등에 효과가 있으며, 특히 넓은 모공과 피부탄력 증가에 효과를 나타낸다. 프락셔널 레이저 시술 후 피부에 나타나는 증상으로는 피부가 붓고 붉어질 수 있으며, 2~3일이 지나면 거칠거칠하게 각질이 일어나고 피부가 구릿빛으로 보일 수도 있다. 이는 일시적인 현상이지만, 환자는 매우 불편감을 느낄 수 있다. 또한 이는 시술 결과에 대한 불안한 심리를 자극할 수도 있다. 따라서 시술 중 관리는 환자에게 안정감을 줄 수 있으므로 매우 중요한 부분이다(표 10.5).

표 10.5 프락셔널 레이저 중 관리 과정

순서	관리내용	작용 및 효과
클렌징	피부 타입에 맞는 클렌징 선택 세안	메이크업 및 오염물질 제거
딥 클렌징	생략	
영양물질 투입	• 녹차추출물을 이용하여 (+)4분, (-)6분 이온 영동법 시행 • 스킨마스타 토닝 단계 5분 시행	보습효과, 진정효과
마스크	수분 및 보습전용 마스크 사용	보습효과
헬륨 - 네온 (He - Ne)	저출력 레이저를 10분 정도 조사	신진대사 촉진, 세포재생효과
마무리	• 보습전용 세럼 및 크림 • 자외선 차단제	보습효과
홈 스킨케어 처방	• 보습전용 세럼 및 크림 • 자외선 차단제	보습증진

4) 도트 필링 중 관리

도트 필링은 함몰된 흉터 부위에 화학 박피제를 넣어 진피의 섬유모세포를 자극하여 교원섬유 합성을 증가시킴으로써 흉터 부위의 진피가 두껍게 되면서 살이 차올라 메워지게 하는 치료법이다. 적응증으로는 여드름 흉터, 수두자국, 마마자국, 위축성 흉터, 넓은 모공이 있다. 이 중 특히 좁고 깊은 여드름 흉터에 치료 효과가 높으며, 대표적으로 가장 많이 시술한다. 도트 필링은 치료 결과가 매우 좋고 부작용이 거의 없으며, 마취 없이 시술이 가능하다는 장점을 가지고 있다. 또한 시술 횟수가 많을수록 치료 결과가 좋은 편이다. 도트 필링 시술 후 2~3일 후에 딱지가 생기고, 7~10일이 지나면 원래대로 돌아온다. 딱지가 떨어진 부위는 붉은색을 띤다(표 10.6).

표 10.6 도트 필링 중 관리 과정

순서	관리내용	작용 및 효과
클렌징	피부 타입에 맞는 클렌징 선택 세안	메이크업 및 오염물질 제거
딥 클렌징	생략	
영양물질 투입	• 알로에 겔 사용 • 스킨마스타 토닝 단계 10분 시행	보습효과, 진정효과
마스크	보습 및 진정 마스크 사용	진정효과
헬륨 – 네온 (He – Ne)	저출력 레이저를 10분 정도 조사	신진대사 촉진, 세포재생효과
마무리	• 민감용 세럼 및 크림 • 자외선 차단제	진정효과
홈 스킨케어 처방	• 민감용 세럼 및 크림 • 자외선 차단제	보습증진

3. 시술 후 관리

시술 후 관리는 시술 후 나타날 수 있는 문제점들을 감소시키기 위해 반드시 필요한 매우 중요한 부분이다. 어떤 유형의 시술을 받았는지와 상관없이 시술 결과를 오래 유지시키기 위해서는 적합한 피부관리를 받아야 한다. 또한 미용치료 과정에 피부관리를 반영한 것이므로, 그 중요성을 환자에게 인식시켜야 한다. 시술 후 관리는 최소 8주 이상을 해야만 안정된 상태가 된다. 시술 후 피부관리의 목적은 발생할 수 있는 부작용이나 후유증을 최소화시키고, 피부의 안전하고 빠른 회복을 도와주어 시술 성공률과 환자의 만족도를 높이기 위해서이다. 시술 후 관리가 필요한 경우는 수술용 레이저 후 레이저 토닝, 소프트필링, 프락셔널 레이저, IPL, 화학 박피술, 도트 필링 등이 대표적이다.

1) 수술용 레이저 후 관리

수술용 레이저 치료는 점, 주근깨, 잡티, 검버섯, 티눈, 사마귀, 비립종, 한관종, 지루각화증, 광선각화증, 쥐젖, 화농성 육아종, 피부종양, 여드름 흉터, 염증성 여드름 절개 및 배액 등의 피부질환을 시술한다. 이 중 점, 주근깨, 검버섯과 같은 색소질환 치료 시, 그 범위가 넓을 경우에는 시술 후 피부관리가 필요하다. 따라서 피부관리의 주안점은 상처회복과 재생이다.

수술용 레이저 치료 후 2~3일 후 딱지가 생기고, 7~10일 정도 지나면 원래 상태가 되는데, 떨어진 딱지 부위 자국은 피부 타입에 따라 회복에 차이를 보인다. 예를 들어, 주근깨는 주로 10~20대에 발생하기 때문에 시술 후 회복이 빠르지만, 노인의 검버섯 치료인 경우에는 회복속도가 느린 편이다. 시술 범위, 깊이, 연령, 피부 타입에 따라 피부 재생기간이 다르므로 이에 적합한 피부관리 프로그램이 중요하며, 세심하게 이루어져야 한다(표 10.7).

표 10.7 수술용 레이저 후 관리 과정

순서	관리내용	작용 및 효과
클렌징	피부 타입에 맞는 클렌징 선택 세안	메이크업 및 오염물질 제거
딥 클렌징	생략	
영양물질 투입	피부유형에 따라 라즈베리추출물, 태반추출물을 이용하여 (+)5분, (-)10분 이온 영동법 시행	보습효과, 진정효과
마스크	재생 및 보습 마스크	재생효과 및 보습효과
헬륨 - 네온 (He - Ne)	저출력 레이저를 10분 정도 조사	신진대사 촉진, 세포재생효과
마무리	• 보습용 세럼 및 크림 • 자외선 차단제	진정효과, 재생효과
홈 스킨케어 처방	• 보습용 세럼 및 크림 • 자외선 차단제	보습증진

2) 레이저토닝 후 관리

레이저토닝은 미백 치료에 획기적인 방법으로 알려져 있다. 지금까지의 치료방법 중 기미 및 색소성 병변을 치료하는 데 가장 효과가 뛰어나며, 부작용이 거의 발생하지 않는다. 하지만 기미 치료의 경우, 질환 자체가 재발할 가능성을 가지고 있기 때문에 치료를 모두 끝낸 후부터가 시작이다. 피부관리의 주안점은 피부의 미백과 보습이다. 일반적으로 주 1회, 총 10회, 최소 3개월 이상의 피부관리를 해야만 기미 재발에 안전할 수 있다(표 10.8).

표 10.8 레이저토닝 후 관리 과정

순서	관리내용	작용 및 효과
클렌징	피부 타입에 맞는 클렌징 선택 세안	메이크업 및 오염물질 제거
딥 클렌징	생략	
영양물질 투입	• 비타민 C를 이용하여 (+)4분, (−)4분 • 태반추출물 (−)7분 • 이온 영동법 시행	보습효과, 미백효과
마스크	미백 및 보습 마스크 사용	미백효과 및 보습효과
헬륨 − 네온 (He − Ne)	저출력 레이저를 10분 정도 조사	신진대사 촉진, 세포재생효과
마무리	• 미백용 세럼 및 크림 • 자외선 차단제	미백효과, 재생효과
홈 스킨케어 처방	• 미백용 세럼 및 크림 • 자외선 차단제	미백효과

3) 소프트필링 후 관리

소프트필링은 일종의 레이저필링으로 피부 각질층을 살짝 벗겨내는 것이다. 주로 칙칙한 피부와 미세주름, 조기노화피부에서 높은 치료효과를 보인다. 좋은 결과를 보기 위해서는 여러 차례의 반복 시술이 필요하며, 치료 횟수가 많을수록 피부의 톤과 미세주름, 피부 탄력이 증가하는 다양한 치료 효과를 볼 수 있다. 이를 위해서는 2주 간격으로 5~10회 정도의 시술을 필요로 한다. 소프트필링이 끝난 후에도 피부재생은 6개월 동안 지속적으로 계속 일어난다.

5~10회의 치료를 모두 끝낸 후, 피부관리는 1주 간격으로 10회 정도 실시하는 것이 바람직하다. 피부관리의 주안점은 피부보습에 초점을 두는 것이다. 이것은 피부건조를 예방하고 세포재생 촉진을 도와준다(표 10.9).

표 10.9 소프트필링 후 관리 과정

순서	관리내용	작용 및 효과
클렌징	피부 타입에 맞는 클렌징 선택 세안	메이크업 및 오염물질 제거
딥 클렌징	생략	
영양물질 투입	• 라즈베리추출물을 이용하여 (+)4분, (-)4분 이온 영동법 시행 • 초음파 영동법 10분 동안 시행	미백효과 및 보습효과
마스크	미백 및 보습전용 마스크	미백효과 및 보습효과
헬륨 - 네온 (He - Ne)	저출력 레이저를 10분 정도 조사	신진대사 촉진, 세포재생효과
마무리	• 보습용 세럼 및 크림 • 자외선 차단제	보습효과
홈 스킨케어 처방	• 보습용 세럼 및 크림 • 자외선 차단제	보습효과

4) 프락셔널 레이저 후 관리

프락셔널 레이저는 주로 여드름 흉터, 넓은 모공, 잔주름, 피부탄력 증가 등의 치료에 사용된다. 프락셔널 레이저는 시술 후 일시적으로 피부가 붓고, 붉어질 수 있으며, 각질이 생겨 1주일 동안은 피부가 거칠거칠하다. 이러한 증상들은 레이저가 투과된 부위에 생긴다. 따라서 3~5회 정도의 치료를 받을 경우, 이 같은 현상은 매회 반복되는 것이다. 피부관리의 주안점은 보습관리와 미백관리에 초점을 두는 것이다. 프락셔널 레이저 치료를 받는 경우 40대 미만에서는 보습관리에 중점을 두고, 40대 이후에서는 미백관리에 중점을 둔다(표 10.10, 표 10.11).

표 10.10 프랙셔널 레이저 후 관리 과정(40대 미만)

순서	관리내용	작용 및 효과
클렌징	피부 타입에 맞는 클렌징 선택 세안	메이크업 및 오염물질 제거
딥 클렌징	생략	
영양물질 투입	• 녹차추출물을 이용하여 (+)4분, (-)4분 이온 영동법 시행 • 스킨마스타 토닝단계 5분 동안 시행	미백효과 및 보습효과
마스크	미백 및 보습전용 마스크	미백효과 및 보습효과
헬륨 - 네온 (He - Ne)	저출력 레이저를 10분 정도 조사	신진대사 촉진, 세포재생효과
마무리	• 보습용 세럼 및 크림 • 자외선 차단제	보습효과
홈 스킨케어 처방	• 보습용 세럼 및 크림 • 자외선 차단제	보습효과

표 10.11 프랙셔널 레이저 후 관리 과정(40대 이상)

순서	관리내용	작용 및 효과
클렌징	피부 타입에 맞는 클렌징 선택 세안	메이크업 및 오염물질 제거
딥 클렌징	생략	
영양물질 투입	• 태반추출물을 이용하여 (+)4분, (-)6분 이온 영동법 시행 • 초음파 영동법 10분 동안 시행	미백효과 및 보습효과
마스크	미백 및 보습전용 마스크	미백효과 및 보습효과
헬륨 - 네온 (He - Ne)	저출력 레이저를 10분 정도 조사	신진대사 촉진, 세포재생효과
마무리	• 보습용 세럼 및 크림 • 자외선 차단제	보습효과
홈 스킨케어 처방	• 보습용 세럼 및 크림 • 자외선 차단제	보습효과

5) IPL 치료 후 관리

IPL 치료는 다양한 파장의 빛을 이용하여 혈관성 병변, 색소성 질환, 제모 등의 여러 질환을 치료한다. IPL은 특히 주근깨와 잡티에 효과가 높으며, 색소성 병변을 치료했을 경우, 시술 후 피부관리가 필요하다. IPL 치료는 3~4주 간격으로 3~5회 정도 치료를 하는 것이 일반적이다. 최근에는 IPL과 레이저토닝을 병행하여 치료하는 경우도 많다. 시술 후 관리는 3~5회 치료가 모두 끝난 후, 1주 간격으로 10회 정도 피부관리를 시행한다. 피부관리의 주안점은 피부 보습과 미백관리이다. IPL은 치료 중이나 치료 후에 색소침착이 발생할 가능성이 높다. 따라서 기본적으로 집중적인 보습관리가 시행되어야 한다(표 10.12).

표 10.12 IPL 치료 후 관리 과정

순서	관리내용	작용 및 효과
클렌징	피부 타입에 맞는 클렌징 선택 세안	메이크업 및 오염물질 제거
딥 클렌징	생략(치료 후 4주 동안)	
영양물질 투입	• 비타민 C를 이용하여 (+)4분, (-)6분 이온 영동법 시행 • 스킨마스타 토닝단계 5분 동안 시행	미백효과 및 보습효과
마스크	미백 및 보습전용 마스크	미백효과 및 보습효과
헬륨 - 네온 (He - Ne)	저출력 레이저를 10분 정도 조사	신진대사 촉진, 세포재생효과
마무리	• 보습용 세럼 및 크림 • 자외선 차단제	보습효과
홈 스킨케어 처방	• 보습용 세럼 및 크림 • 자외선 차단제	보습효과

6) 화학 박피술 후 관리

화학 박피술에 사용되는 기제는 여러 가지가 있으며, 화학박피의 방법과 깊이에 따라, 치료목적에 따라 시술 후 관리가 달라질 수 있다. 아래는 화학 박피제 중 TCA를 사용하여 중간 박피를 시술하였을 경우의 피부관리이다. 화학 박피술은 특히 치료의 끝이 아니라 새로운 치료의 시작이라고 볼 수 있다. 이는 시술 후 관리가 치료만큼이나 중요하기 때문이다. 피부관리의 주안점은 집중적인 피부보습이다. 환자는 가정에서의 자가관리 개념으로 보습제와 자외선 차단제를 철저히 바르는 것을 최소 3개월간은 집중해서 해야 한다. 자외선 차단제는 2~3시간 간격으로 덧바르는 것을 꼭 명심하도록 환자에게 인식시켜야 한다(표 10.13).

표 10.13 화학 박피술 후 관리

순서	관리내용	작용 및 효과
클렌징	피부 타입에 맞는 클렌징 선택 세안	메이크업 및 오염물질 제거
딥 클렌징	생략	
영양물질 투입	• 태반추출물을 이용하여 (+)4분, (−)6분 이온 영동법 시행 • 초음파 영동법 10분 동안 시행	미백효과 및 보습효과
마스크	미백 및 보습전용 마스크	미백효과 및 보습효과
헬륨 − 네온 (He − Ne)	저출력 레이저를 10분 정도 조사	신진대사 촉진, 세포재생효과
마무리	• 보습용 세럼 및 크림 • 자외선 차단제	보습효과
홈 스킨케어 처방	• 보습용 세럼 및 크림 • 자외선 차단제	보습효과

7) 도트 필링 후 관리

도트 필링은 화학 박피제인 TCA를 이용하여 주로 여드름 흉터를 치료한다. 대개 5회 이상 시술하며, 치료부위에 살이 차오르게 된다. 차오른 부위는 영구적으로 남아 있게 된다. 5회 이상 치료가 모두 끝나면, 그 부위는 심하게 붉음증이 생긴다. 이때 관리에 소홀할 경우 색소침착이 올 수 있다. 피부관리의 주안점은 붉음증이 빨리 가라앉고, 세포재생을 돕고 색소침착이 나타나지 않도록 관리하는 것에 둔다(표 10.14).

표 10.14 도트 필링 후 관리

순서	관리내용	작용 및 효과
클렌징	피부 타입에 맞는 클렌징 선택 세안	메이크업 및 오염물질 제거
딥 클렌징	생략	
영양물질 투입	• 비타민 C를 이용하여 (+)4분, (−)6분 이온 영동법 시행 • 스킨마스타 토닝단계 5분 동안 시행	미백효과 및 보습효과
마스크	미백 및 보습전용 마스크	미백효과 및 보습효과
헬륨 − 네온 (He − Ne)	저출력 레이저를 10분 정도 조사	신진대사 촉진, 세포재생효과
마무리	• 보습용 세럼 및 크림 • 자외선 차단제	보습효과
홈 스킨케어 처방	• 보습용 세럼 및 크림 • 자외선 차단제	보습효과

CHAPTER 11

미용치료의 이해

1. 박피술의 이해
2. 레이저 치료의 이해
3. IPL 치료의 이해
4. 고강도 집속초음파 치료
5. RF 치료의 이해
6. 주사 치료의 이해
7. 탈모 치료의 이해
8. 지방흡입술의 이해

1. 박피술의 이해

피부 박피술(peeling)은 특수한 기구나 약물을 이용하여 피부를 인위적으로 벗겨내는 시술을 말한다. 피부 박피술은 벗겨내는 깊이에 따라서 얕은 박피, 중간 박피, 깊은 박피로 나눌 수 있다. 또한 사용되는 기구나 약물에 따라서 기계 박피술, 레이저 박피술, 화학 박피술로 구분한다(표 11.1).

표 11.1 박피술의 종류

- 기계 박피술(mechanical peeling)
- 레이저 박피술(laser peeling)
- 화학 박피술(chemical peeling)

그림 11.1 피부 박피술

1) 박피술의 방법과 종류

(1) 기계 박피술

기계 박피술(dermabrasion)은 기계로 된 그라인더(grinder)를 돌려서 피부를 물리적으로 깎아 벗겨내는 방식으로 표피가 재생되도록 하는 방법이다. 기계 박피술은 과거에 사용하였으나 레이저의 개발로 인하여 사용되지 않고 있다.

(2) 레이저 박피술

레이저 박피술(laser resurfacing, laser peeling)은 탄산가스 레이저(CO_2 laser)나

어비움야그 레이저(Er:YAG Laser)를 이용한 피부 재생술이다.

레이저 박피술은 피부에 최소한의 열 손상을 주면서 정확하게 원하는 깊이만큼 출혈 없이 피부를 깎아내는 방법이다. 즉, 레이저 빛을 피부조직에 조사하면 순간적으로 피부가 기화되어 피부 탈락을 유발시키는 시술이며, 탄산가스 레이저나 어비움야그 레이저를 이용한 피부 재생술이라 부른다. 탄산가스 레이저를 이용한 박피술은 피부에 열 손상이 증가하기 때문에 흉터 등의 부작용이 발생하여 박피술로 제한적으로 사용되어 왔다.

최근에는 어비움야그 레이저가 레이저 박피에 많이 이용되고, 이는 박피 깊이가 얕고 열 손상이 적어 박피 부위의 홍반 등을 피할 수 있어 효과적인 레이저 박피술로 많이 사용되고 있다. 레이저 박피의 가장 큰 장점으로 화학 박피나 기계적 박피에 비해 깊이 조절이 가능하며, 출혈이 없어 박피의 깊이를 더 정확하게 시술할 수 있다.

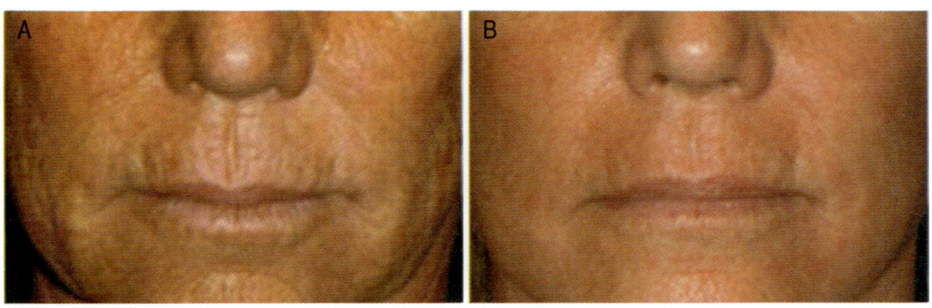

그림 11.2 **주름치료.** A: 치료 전, B: 치료 후. 자료제공: 김윤섭 피부과

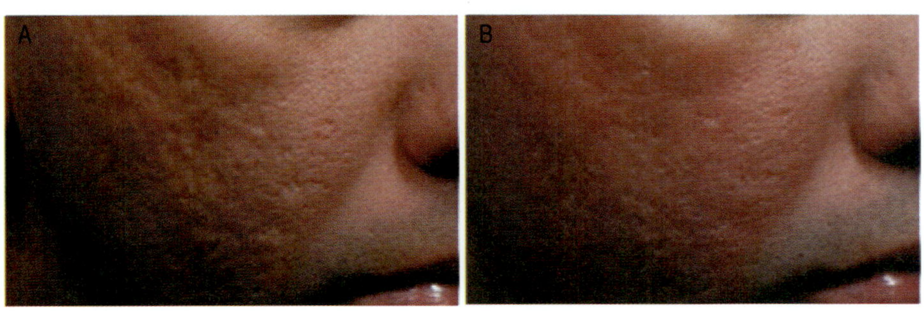

그림 11.3 **여드름흉터.** A: 치료 전, B: 치료 후. 자료제공: 김윤섭 피부과

표 11.2 레이저 박피술 치료 과정

① 클렌징 단계	메이크업 및 오염물질 제거
② 딥 클렌징 단계	스킨마스타 필링 단계로 각질제거
③ 마취 단계	박피 깊이에 따라 수면마취 및 연고마취
④ 치료 단계	레이저 박피 시술
⑤ 치료 직후 단계	항생제를 바름

① 레이저 소프트 필

레이저 소프트 필(laser soft peel, spectra peel)은 주로 문신제거에 사용하던 1064nm 큐-스위치 엔디야그 레이저(Q-Switched Nd:YAG Laser)를 이용하여, 피부의 각질층을 벗겨내는 방법이다.

큐-스위치 엔디야그 레이저는 1064nm 파장의 레이저 빛이 검은 색소를 타깃으로 하기 때문에, 피부표면에 카본(carbon based photoenhancer lotion)을 바르고 레이저를 조사하면 레이저 빔은 피부 바깥쪽의 카본을 공격하게 된다. 이로써 피부 손상 없이 카본과 함께 표피 각질층 일부가 탈락되어 매우 얇은 필링 효과를 나타내게 된다. 또한 필링과 피부재생 효과를 동시에 볼 수 있는 방법이다.

소프트 필(soft peel, spectra peel)은 피부결이 매끄러워지고, 피부 톤이 맑아지며, 반복시술 시 피부 탄력이 증가되어 모공 수축효과도 나타난다.

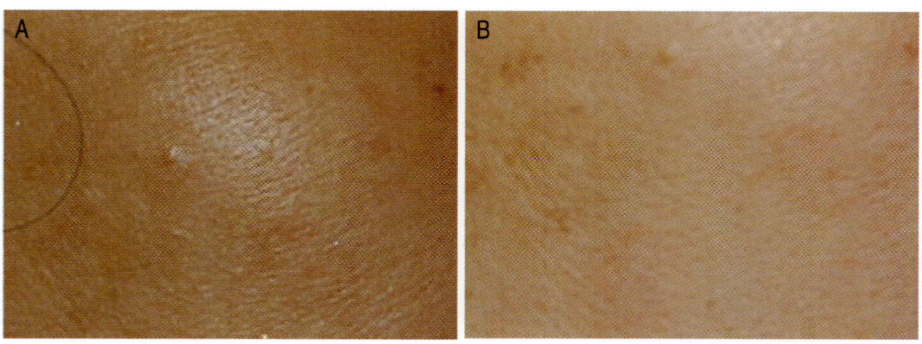

그림 11.4 피부 톤 치료. A: 치료 전, B: 치료 후. 자료제공: 김윤섭 피부과

표 11.3 레이저 소프트 필 치료 과정

① 클렌징 단계	메이크업 및 오염물질 제거
② 딥 클렌징 단계	스킨마스타 필링 단계로 각질제거
③ 마취 단계	마취 연고를 바르고 30~40분 정도 마취
④ 약물 도포 단계	치료 직전 카본로션 도포
⑤ 치료 단계	레이저 소프트 필 시술
⑥ 치료 직후 단계	카본로션의 잔여물을 닦아내고 진정마스크를 함
⑦ 재생 단계	헬륨 - 네온 10분간 조사
⑧ 마무리 단계	보습제와 자외선 차단제를 바르고 마무리

(3) 화학 박피술

화학 박피술(chemical peeling)은 피부표면에 부식제 약품을 발라서 화학적 화상을 입혀 단백질의 응고 또는 용해로 표피 및 진피를 벗겨내는 방법이다. 화학 박피의 적응증으로는 칙칙한 피부와 여드름피부, 모공각화증, PIH, 잡티, 주근깨, 여드름흉터에 효과가 좋다(표 11.4). 필링이 성공적으로 이루어지면, 잔주름이 감소하고 탄력이 증가하며, 여드름이 호전되고 잡티나 기미 색소도 옅어진다. 또한 칙칙한 피부색이 개선되고 피부결이 부드럽고 매끄러워지는 등 많은 문제가 해결된다.

표 11.4 화학 박피술의 적응증

- 칙칙한 피부
- 여드름 피부
- 모공각화증
- PIH
- 잡티
- 주근깨
- 여드름흉터

박피의 깊이는 약물의 선택과 전 처치의 상태에 따라 다르며, 농도, pH, 바르는 방법, 바르는 횟수에 따라서 약물의 침투 깊이와 벗겨지는 깊이가 달라진다.

화학 박피의 금기증으로는 이소트레티노인을 복용한 경우, 단순포진, 바이러스 질환, 면역결핍 상태, 켈로이드 체질, 과도한 기대를 하는 경우, 임산부, 흡연자, 경구피임약 복용자 등은 피하는 것이 좋다(표 11.5).

표 11.5 화학 박피술의 금기증

- 이소트레인인을 복용한 경우
- 단순포진
- 바이러스 질환
- 면역결핍 상태
- 켈로이드 체질
- 임산부
- 흡연자
- 경구피임약 복용자
- 과도한 기대를 하는 경우

① 제스너 필

1940년대 제스너(Max Jessner)에 의해서 제조된 제스너 용액을 이용한 박피술로 제스너 필(Jessner's Peel)이라고 한다.

제스너 용액은 표피의 각질을 용해시켜 박피효과를 나타내는 약물로 레소시놀(resorcinol), 살리실산(salicylic acid), 젖산(lactic acid)을 에탄올에 녹여서 만든 것이다. 박피제 단독으로 사용할 경우 가능한 부작용을 최소화하고 각각의 효과를 높이기 위해 약제를 혼합한 것으로, 오랫동안 사용되어 온 안전한 박피 방법이다.

제스너 용액은 일반적으로 한번만 도포하는 것이 아니라 여러 차례 반복 도포한다. 시술 2~3분 후에 에탄올이 증발하면 피부표면에 옅은 홍반과 함께 흰 분말처럼 나타나는데 이것은 제스너 용액의 성분 중 살리실산 침전물에 의한 것이며 쉽게 닦인다. 제스너 용액에 의한 박피는 여드름치료에 많이 사용되는 얕은 박피로서 여드름치료는 물론 피부결이 매끄러워지고 피부톤이 맑아지는 효과도 볼 수 있다.

표 11.6 제스너 필 치료 과정

① 클렌징 단계	메이크업 및 오염물질 제거
② 딥 클렌징 단계	스킨마스타 필링 단계로 각질제거
③ 치료 단계	제스너 필 시술
④ 치료 직후 단계	쿨링 마스크
⑤ 재생 단계	헬륨 - 네온 10분간 조사
⑥ 마무리 단계	보습제와 자외선 차단제를 바르고 마무리

② TCA 박피술

TCA는 오랫동안 피부과에서 사용해 오던 것으로 현재 TCA가 화학 박피제들 가운데 황금기준(gold standard)이 되었다. TCA는 인체에 적용 시 발암성이 없고 화학 박피제로 피부에 도포 시 단백질의 응고작용에 의해 효과를 나타내며, 체내로 흡수되지 않아 독성이 없다.

TCA 박피(trichloroacetic acid peel, TCA peel)는 모든 피부 타입에 적용할 수 있고 박피의 깊이를 조절할 수 있어 다양한 적응증에 사용하는 박피제이다. TCA 박피는 단백질 응고작용에 의해서 표피 및 진피세포를 괴사시킨다. 괴사된 세포들은 건강한 새로운 세포들로 대체된다.

피부괴사의 깊이는 TCA 농도에 비례하며 10~15% TCA는 표피 일부만 벗겨내고, 20~30%는 표피층과 진피 유두층을 괴사시키며, 35% 이상은 진피상부까지 괴사시킨다.

TCA 박피 후 나타나는 피부의 조직학적 변화로는 첫째 표피 기저층의 멜라닌색소의 양이 감소하고 표피 두께가 두꺼워지며, 둘째 진피 유두층이 두꺼워지고 바탕질과 신생콜라겐과 엘라스틴섬유가 증가하는 것이다. 이와 같은 진피 변화는 영구적으로 지속되며 이러한 피부 변화 때문에 여러 색소질환과 여드름 흉터치료 등에 사용된다.

TCA가 피부에 닿으면 하얗게 변하는데 이를 프로스팅(frosting)이라 하며, 이것으로써 필링이 완성되었음을 알 수 있다. 피부에 TCA를 바르면 피부단백질이 산을 중화하고 TCA 침투를 막는 작용을 함으로써 신체가 방어를 하게 된다. 또한 표피

표 11.7 TCA 박피술 치료과정

단계	내용
① 클렌징 단계	메이크업 및 오염물질 제거
② 딥 클렌징 단계	스킨마스타 필링 단계로 각질제거
③ 치료 단계	TCA 박피 시술
④ 치료 직후 단계	쿨링 마스크
⑤ 재생 단계	헬륨 – 네온 10분간 조사
⑥ 마무리 단계	보습제와 자외선 차단제를 바르고 마무리

케라틴이 응고되어 변성하며 이때 나타나는 현상이 프로스트(frost)이다. 프로스팅은 각질층이 얇거나 없는 부위에서 더욱 빨리 나타나며 이것은 지속적인 현상은 아니며, 응고 단백질이 시간이 지남에 따라 분해되면 사라지게 된다.

TCA 박피는 얕은층, 중간층, 깊은층 박피를 목적으로 모두 적용할 수 있으며, 보편적으로 중간층 박피를 가장 많이 시술한다.

표 11.8 TCA 박피술 후 주의사항

① 시술 당일~시술 3일째	• 시술 후 얼굴이 부을 수 있음 • 평상시와 같은 일상생활이 가능 • 세안도 가능하고 가벼운 샤워도 가능 • 화장도 가능
② 시술 4일째	• 검은 딱지가 조금씩 떨어짐 • 세안은 가급적 문지르지 말고 가볍게 하며, 수건을 두드려서 물기 제거 • 목욕이나 사우나는 가급적 피하고, 심한 운동도 피하는 것이 좋음
③ 시술 5일째	• 딱지가 좀 더 떨어지면서 피부의 건조함을 느낌 • 이때부터 보습제와 자외선 차단제를 바름 • 딱지가 인위적으로 떨어지지 않도록 조심스럽게 세안함
④ 시술 6일째	• 딱지가 상당히 많이 떨어져 나감 • 딱지가 떨어져 나간 부위에 보습제를 충분히 바름 • 세안도 부드럽고 가볍게 함
⑤ 시술 7~10일째	• 딱지가 거의 다 떨어지고 헤어라인 부분만 약간 남아있음 • 이때부터 메디컬 스킨케어를 철저하게 시행

③ 페놀 박피술

페놀 박피술(phenol peeling)의 페놀은 항상 피부의 심부 망상진피(lower reticutar dermis)에까지 침투하는 깊은층 박피제이다. 그래서 단 1회의 박피만으로도 깊은 주름까지 없앨 수 있으며, 효과 또한 어느 박피제보다도 가장 오래 지속된다. 또한 피부의 전 처치가 필요 없다.

하지만 페놀은 피부에서 흡수되어 간에서 부분적으로 해독되고, 콩팥을 통해서 배출된다. 유독 많은 양을 발랐을 때는 간과 콩팥에 손상을 일으키며 호흡중추와 심장근육을 억제한다.

표 11.9 페놀 박피술 후 주의사항

① 일상생활이 어려움(얼굴에 반창고를 붙이거나 치료를 해야 하므로 외출이 어려움)
② 1주일 동안은 세안이 불가능하고 매일 치료를 받아야 함
③ 목욕이나 사우나는 1주일 동안 하지 않음
④ 최소 1주일 동안 화장이 불가능
⑤ 1주일 정도 지나면 딱지가 대부분 떨어짐 이때부터 시술 후 관리와 자외선 차단제를 바르기를 철저히 함

페놀을 이용한 박피술에는 엑소덤(exoderm)이 있으며, 심부재생술이라고도 불린다. 주로 수두자국, 여드름흉터, 깊은 주름, 기미 등의 치료에 사용된다. 페놀 박피술은 깊은 박피술로 1주일 정도 입원 치료가 필요하며, 매일 치료를 받아야 한다. 페놀 박피 후에 특수한 반창고를 붙이는데 대개 다음날 제거하지만, 1주일 정도 매일 치료를 받아야 한다.

2) 박피 깊이에 따른 분류

(1) 얕은 박피

얕은 박피(superficial peeling)는 피부 표피층까지 피부를 벗겨내는 시술로 표피의 전층을 벗겨내는 박피이다. 박피제로는 쿰스 용액이나 글리콜산, 저농도 TCA를 사용한다. 얕은 박피는 주로 여드름이나 칙칙한 피부치료, 기미치료 등에 적용한다.

(2) 중간 박피

중간 박피(medium peeling)는 피부 중간층인 진피 상부까지 박피를 시행하는 것으로서 고농도 TCA나 글리콜산을 이용한 화학 박피술이나 레이저 박피술이 있다. 중간 박피는 주로 여드름 흉터치료나 넓은 모공치료 등에 적용한다.

(3) 깊은 박피

깊은 박피(deep peeling)는 피부 중간층인 진피 하부까지 박피를 시행하는 것으로 기계 박피술, 레이저 박피술, 화학 박피술이 있다. 주로 여드름 흉터치료나 주름치료, 피부노화에 사용된다.

2. 레이저 치료의 이해

1) 레이저의 어원

레이저는 전기 등의 여러 가지 자극으로 인해 어떤 원자가 흥분되면 원래 상태로 돌아가려는 과정에서 빛을 내는 원리를 이용한 것이다.

레이저가 처음 개발된 것은 1960년 메이먼(T. H. Maiman)이 루비를 이용하여 만들어낸 루비레이저가 최초이다. 그 이후에 헬륨, 네온 가스를 이용하는 레이저, 이산화탄소 레이저 등 여러 종류의 레이저들이 개발되었다. 이러한 레이저들이 의학 분야에 사용되기 시작한 것은 1970년대 들어서부터이다.

레이저(LASER)란?

= **L**ight **A**mplification by **S**timulated **E**mission of **R**adiation

L	Light	빛의
A	Amplification	증폭
S	Stimulated	유도
E	Emission	방출
R	Radiation	광선

→ '**광선의 유도 방출에 의한 빛의 증폭**'이라는 영문표기의 약자

'레이저'는 L A S E R, 즉 '광선의 유도 방출에 의한 빛의 증폭'이라는 영어의 머리글자를 따서 만든 용어이다.

레이저 광선이 눈으로 보는 일반적인 광선과 다른 점은 레이저 광선은 한 가지 주파수만을 가진 매우 순수한 단색광선이면서 빛이 퍼지지 않고 직진하는 성질을 가지고 있다는 점이다. 이러한 유도 방출된 빛은 똑같은 파장과 방향, 위상을 가지는 광자들로 구성되어 있으므로, 모이면 아주 강력한 힘을 가지게 된다. 따라서 멀리 떨어져 있는 달을 향해 쏘아도 빛이 거의 흩어지지 않고 전달되므로 통신에도 응용될 수 있다.

2) 레이저 광선의 기본성질

태양이나 전등 또는 형광등에서 나오는 자연광에는 파장이나 방향, 위상, 편광 등 다양한 빛이 섞여 있다. 이와 반대로 레이저 광선은 다음과 같은 4가지의 성질(특성)을 갖고 있는 순수한 동질의 광선이다.

(1) 단색성(monochromatic)

파장이 동일하므로 색깔이 단색이다. 이 성질로 인해 발색단에 선택적으로 작용한다(그림 11.5).

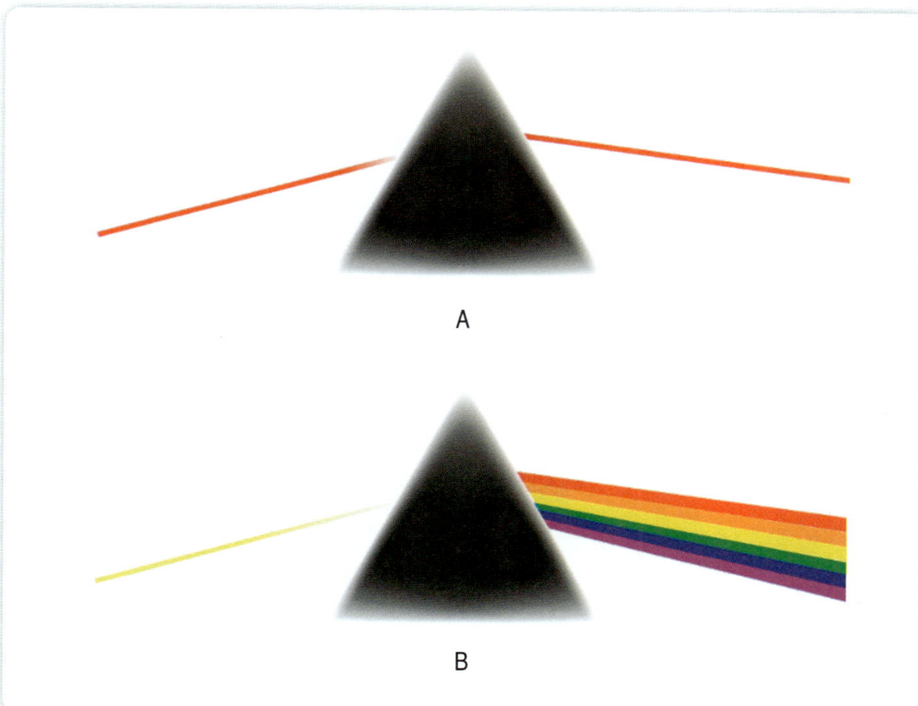

그림 11.5 단색성. A: 레이저광, B: 자연광

(2) 결집성(응집성, coherence)

파장의 위상(phase)이 공간적으로나 시간적으로 정확히 똑같아서 서로 간섭함이 없이 결속되어 있는 빛이다. 그래서 멀리 비추어도 아주 조금밖에 분산되지 않는다(그림 11.6).

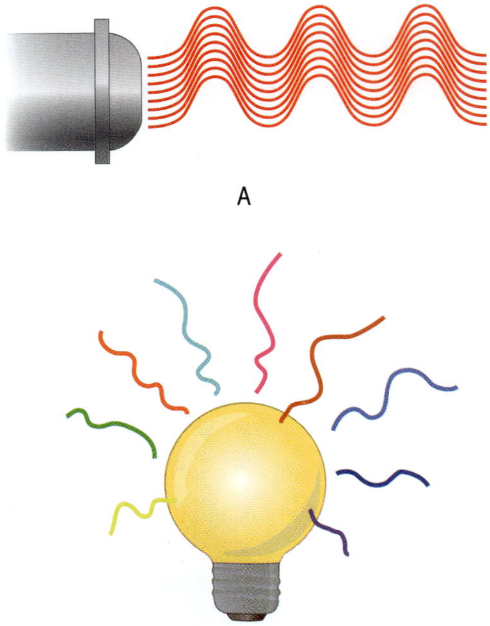

그림 11.6 결집성(응집성). A: 레이저광, B: 자연광

(3) 평행성(collimation)

광자(photon)가 서로 간섭하지 않고 모두가 일정한 방향성을 가지고 평행하게 진행된다(그림 11.7).

(4) 강성(intensity)

광자의 평행성에 의해 나타나는 특성으로 매우 밝은 강력한 빛을 낸다. 그러므로 빛이라기보다는 '빛 화살'이라 부르는 것이 적절해 보인다. 이러한 순수한 단색광선은 피부를 향해 쏠 경우에는 피부의 일정 깊이를 투과하면서 피부 내에서 각 레이저 광선의 주파수에 따른 독특한 반응을 일으키게 된다(그림 11.8).

이러한 의학적인 치료효과를 이용하여 피부의 주근깨나 기미 또는 붉은점, 푸른점, 갈색반점을 제거하거나 문신을 제거하는 등 다양한 영역에서 레이저를 사용한다.

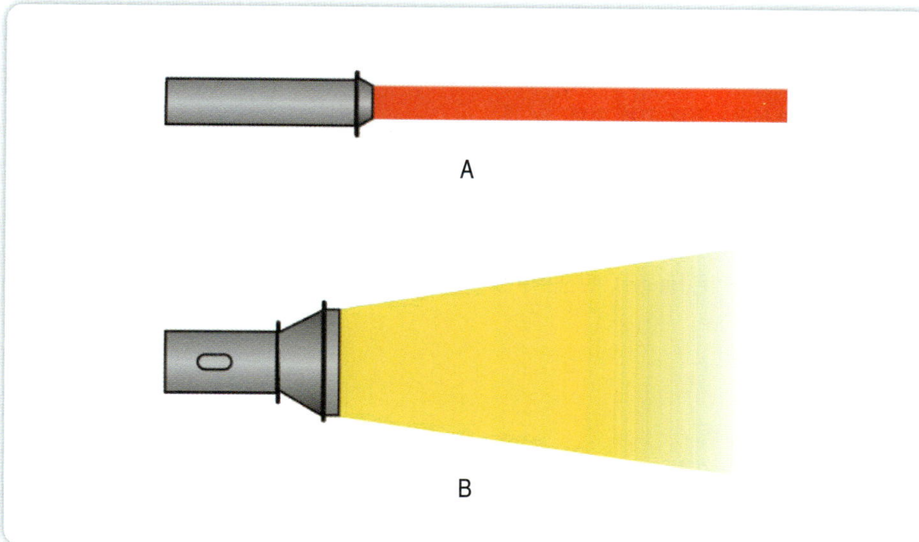

그림 11.7 평행성. A: 레이저광, B: 자연광

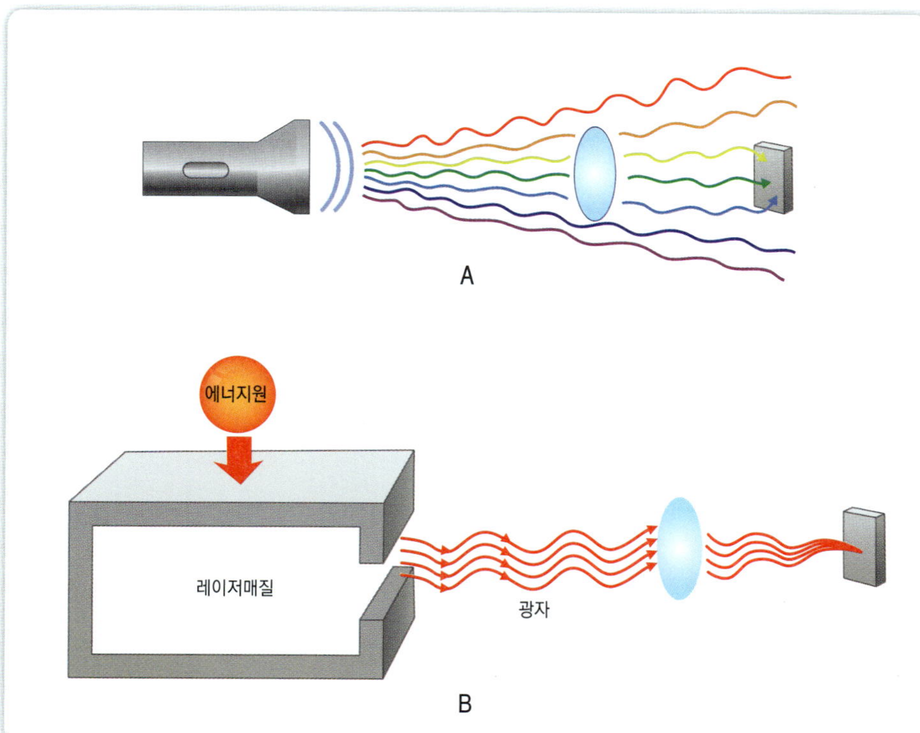

그림 11.8 강성. A: 자연광, B: 레이저광

표 11.10 레이저 장비의 기본 구조

1. 발생장치 매질 – 기체, 고체, 액체
   펌프 – 전류램프 레이저, 안내광선
2. 부대장치 전압증폭, 냉각, 레이저 전달
   - 레이저 매질: 펌프의 자극에 의해 광자를 방출할 수 있는 물질들을 사용
   - 기체: 헬륨–네온(He–Ne), 탄산가스(CO_2)
   - 액체: 색소(Dye)
   - 고체: 루비
   - Nd: YAG
   - 알렉산드라이트
   - 펌프: 매질의 원자나 분자가 흥분상태가 되도록 에너지를 공급해 주는 장치 전류(기체 매질에서), 크립톤 또는 세논 램프(고체 매질에서) 또는 다른 레이저(액체 매질에서) 등을 사용

3) 의료용 레이저의 분류

레이저는 사용하는 매질에 따라 레이저의 이름이 붙여지고, 각 레이저는 자외선대, 가시광선대, 적외선대 등에 속하는 고유파장을 갖고 있다.

레이저치료에서 가장 중요한 매개변수는 파장이다. 레이저의 파장이 다르면 물리학적 및 생물학적 특성도 전혀 다르다. 파장이 다른 레이저들이 저마다 생체조직에 미치는 영향이 서로 다른 이유는, 파장에 따라 조직에서 흡수되고 산란되는 비율이 달라서 조직 침투력이 다르기 때문이다.

의료용 레이저는 용도에 따라 수술용 레이저(surgical laser), 혈관성 병변 치료용 레이저(vascular lesion laser), 색소치료용 레이저(pigmented lesion laser)로 분류할 수 있다(표 11.11).

표 11.11 의료용 레이저의 분류

- 수술용 레이저(surgical laser)
- 혈관성 병변 치료용 레이저(vascular lesion laser)
- 색소치료용 레이저(pigmented lesion laser)

(1) 수술용 레이저

수술용 레이저는 수술칼 대신 쓰이는데, 절개용이나 전기소작 대신 지혈 목적으로 사용하며, 조직을 태우거나, 자르거나, 피부표면을 살짝 깎아 내어 치료하는 것이다. 현재 가장 많이 보급된 레이저로는 탄산가스 레이저(CO_2 Laser)와 야그레이저(YAG laser)가 대표적이다.

탄산가스 레이저는 의료분야에서 가장 많이 이용되고 있는 레이저로 10,600nm인 적외선 스펙트럼의 중간 정도에 속하는 비가시광선이다.

탄산가스 레이저는 색 의존성이 없어서 발색단에 선택적으로 흡수되지 않는다. 따라서 조직에 있는 색소나 혈관분포 상태와는 아무런 상관이 없으며, 파괴하지도 못한다. 주로 조직의 수분에 흡수되어 효력을 나타낸다.

피부는 70%가 수분이다. 물이 레이저를 흡수하는 성질에 따라 파장이 2,940nm인 어비움야그 레이저(Er:YAG Laser)를 가장 잘 흡수하고, 그 다음으로 흡수하는 파장이 10,600nm인 탄산가스 레이저를 잘 흡수한다. 탄산가스 레이저는 물에 90% 정도가 흡수되고, 10% 정도가 반사되거나 산란, 투과된다. 표피의 90%가 수분이므로 온도가 100℃에 이르면 순식간에 기화하여 증발한다. 이렇게 탄산가스 레이저는 조직을 절개하거나 증발시키는 목적으로 사용되는 레이저이다.

어비움야그 레이저는 탄산가스 레이저보다 약 10배 정도 물에 잘 흡수되는데 물에 96% 정도가 흡수되고 4% 정도만 투과된다. 피부를 기화시키는데 탄산가스 레이저에 비해 어비움야그 레이저가 낮은 에너지 밀도로 훨씬 더 피부를 기화시킨다. 또 탄산가스 레이저보다 주변 조직에 열 손상을 적게 일으키고 시술 시 통증이 적으며, 홍반이 덜 생긴다.

어비움야그 레이저는 표피에 발생한 병변 제거에 용이하며, 손상이 적어 치료 후 홍반이 빨리 없어지므로 일상생활에 지장이 적다. 반면에 탄산가스 레이저는 모반 제거시 조직이 타서(Char) 검게 보여 모반의 색소와 구분이 잘 안 될 수 있지만, 깊이 있는 병변의 치료효과가 뛰어나다. 탄산가스 레이저나 어비움야그 레이저로 치료할 수 있는 피부질환으로는 점, 검버섯, 주근깨, 티눈, 사마귀, 비립종, 한관종, 지루각화증, 광선각화증, 쥐젖, 화농성 육아종, 피부종양, 여드름흉터, 외상성 흉터, 염증성 여드름의 절개 및 배액에 이용된다. 질환에 따라 탄산가스 레이저와 어비움야그 레이저를 효과적으로 사용한다. 또 탄산가스 레이저나 어비움야그 레이저는 레이저 박피술로 사용된다.

표 11.12 수술용 레이저

질환	레이저 기종	레이저 파장
점, 검버섯, 주근깨, 티눈, 사마귀, 비립종, 한관종, 지루각화증, 광선각화증, 쥐젖, 화농성 육아종, 피부종양, 여드름흉터, 외상성 흉터, 염증성 여드름의 절개 및 배액	• 탄산가스 레이저 • 어비움야그 레이저	• 10,600nm • 2,940nm

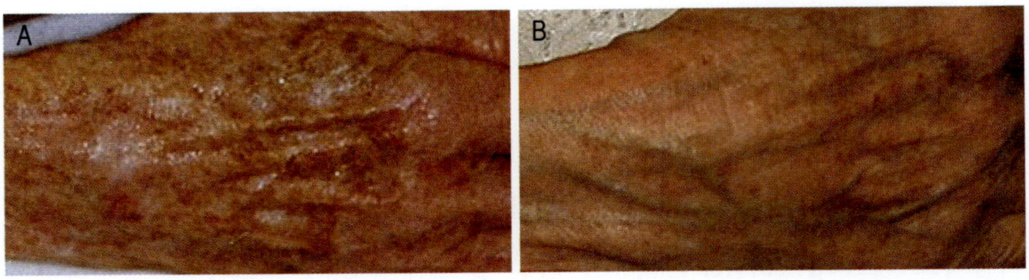

그림 11.9 검버섯 치료. A: 치료 전, B: 치료 후. 자료제공: 김윤섭 피부과

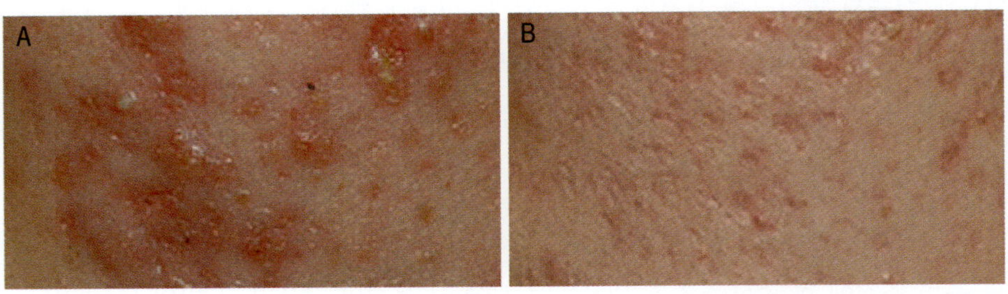

그림 11.10 여드름 배액. A: 치료 전, B: 치료 후. 자료제공: 김윤섭 피부과

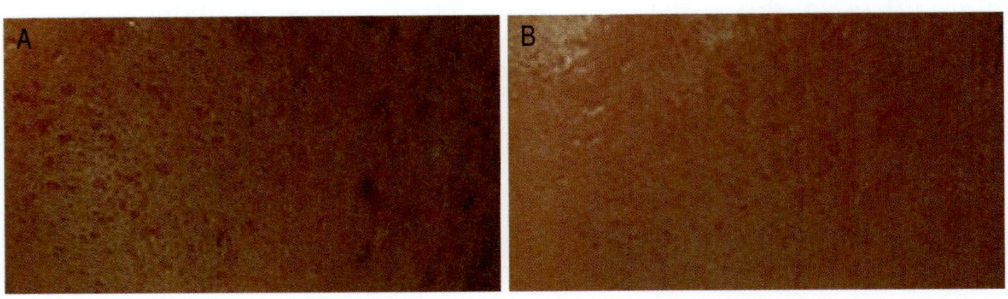

그림 11.11 여드름흉터. A: 치료 전, B: 치료 후. 자료제공: 김윤섭 피부과

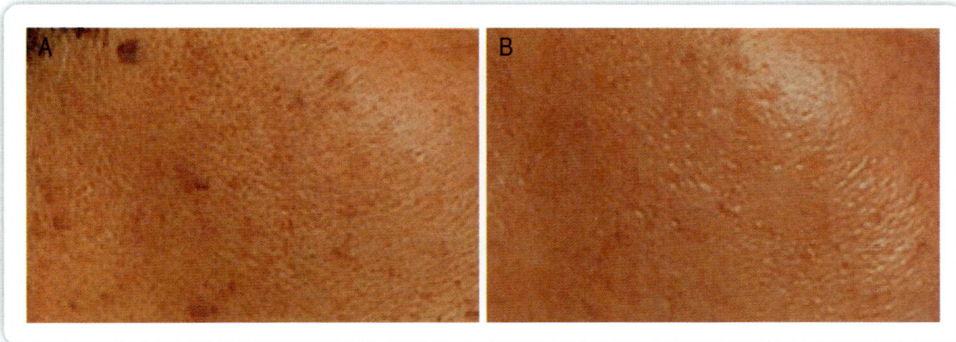

그림 11.12 지루각화증. A: 치료 전, B: 치료 후. 자료제공: 김윤섭 피부과

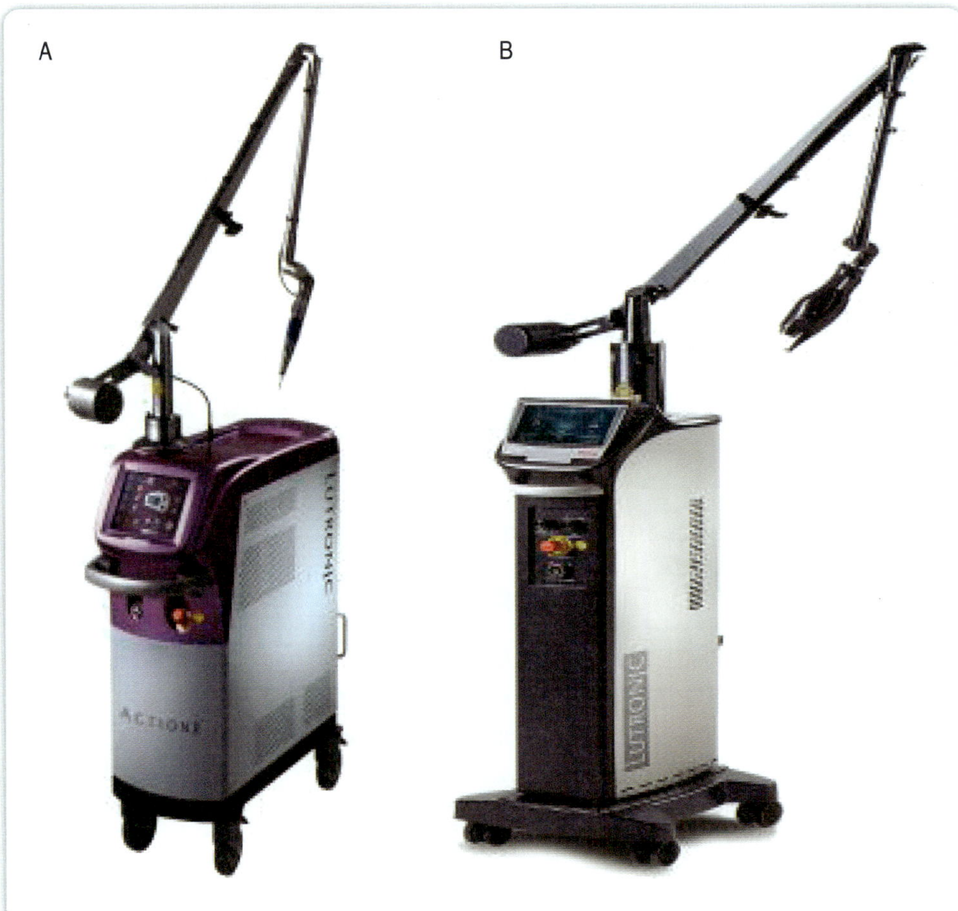

그림 11.13 어비움야그 레이저(A)와 탄산가스 레이저(B). 자료제공: 루트로닉사

(2) 혈관성 병변 치료용 레이저

얼굴의 혈관성 병변에는 선천성인 포도주색 반점과 혈관종, 후천성인 모세혈관 확장증, 주사(딸기코)의 광범위 홍반 등이 있다. 이러한 혈관성 병변 치료용 레이저에는 여러 가지 종류가 사용되고 있으며, 피부혈관에 있는 주된 발색단은 혈색소(hemoglobin)와 산화혈색소(oxyhemoglobin)이다. 이는 붉은색에 관여하는 병변을 치료하는 것이다.

혈관 내에 고농도로 들어 있는 산화혈색소는 녹색광선인 418nm의 파장을 가장 잘 흡수하고, 그 다음으로는 황색광선인 577nm와 542nm의 파장을 잘 흡수한다. 혈관성 병변은 일반적으로 600nm 이하의 파장을 이용한다. 흡수되는 곳의 깊이는 파장으로 결정된다. 이러한 파장의 레이

그림 11.14 모세혈관 확장증

표 11.13 혈관성 병변에 적용되는 레이저

질환	레이저 기종	레이저 파장
얕은 혈관성 병변	• 플래시램프다이 레이저(Flashlamp Dye Laser) • 펌프펄스다이 레이저(Pumped Pulsed Dye Laser) • 카퍼베이퍼헥산 레이저(Copper Vapor Hexane Laser) • VLS 레이저(VLS Laser) • 브이-빔 레이저(V-beam Laser)	• 585nm
깊은 혈관성 병변	• 아르곤 레이저(Argon Laser) • KTP 레이저(KTP Laser) • 엔디야그 레이저(Nd: YAG Laser) • 아틀라스 혈관레이저(Atlas Laser)	• 1,488/514nm • 532nm • 1,064nm • 532nm

저를 이용하여 모세혈관확장증과 혈관종을 치료한다.

혈관성 병변의 치료는 한 번 치료해서 완치되기는 어렵고 대개는 4~6주 간격으로 적어도 5회 이상 치료해야 한다.

표 11.14 혈관레이저의 치료 과정

① 클렌징 단계	메이크업 및 오염물질 제거
② 마취 단계	마취 연고를 바르고 30~40분 정도 마취
③ 치료 단계	혈관레이저 시술
④ 치료 직후 단계	쿨링 마스크
⑤ 마무리 단계	보습제와 자외선 차단제를 바르고 마무리

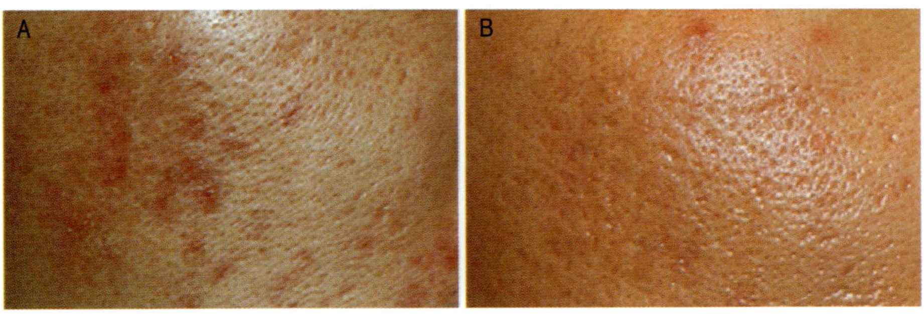

그림 11.15 붉은 여드름 자국 치료(1). A: 치료 전, B: 치료 후. 자료제공: 김윤섭 피부과

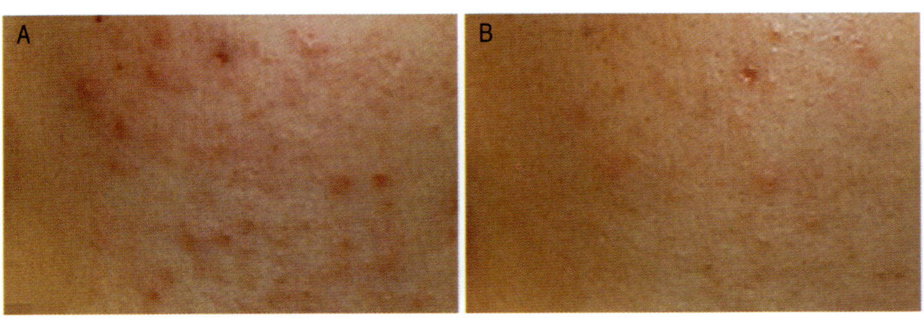

그림 11.16 붉은 여드름 자국 치료(2). A: 치료 전, B: 치료 후. 자료제공: 김윤섭 피부과

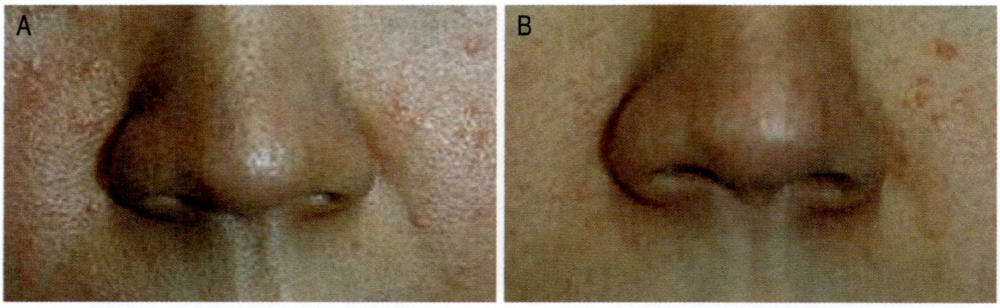

그림 11.17 여드름 주사(Rosacea) 치료. A: 치료 전, B: 치료 후. 자료제공: 김윤섭 피부과

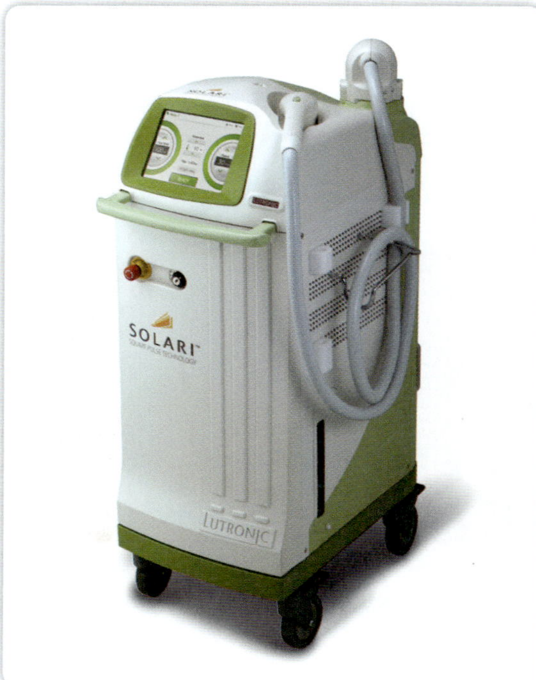

그림 11.18 다이오드레이저. 자료제공: 루트로닉사

표 11.15 혈관레이저 시술 후 주의사항
① 일상생활이 가능하다. 멍이 드는 경우도 있다.
② 시술 당일부터 세안과 화장이 가능하다.
③ 가벼운 샤워는 가능하나, 목욕이나 사우나는 가급적 피한다.
④ 가벼운 운동은 가능하나 심한 운동은 삼가한다.
⑤ 치료기간 동안 자외선은 피하는 것이 좋다.

(3) 색소치료용 레이저

피부의 색소질환은 일반적으로 양성질환이기 때문에 그냥 놓아두어도 별 문제는 없지만 미용적인 문제 때문에 치료를 필요로 한다. 색소치료용 레이저(pigmented lesion laser)는 푸른색, 검은색, 갈색 등 피부의 색소침착 질환을 치료하는 것을 말한다. 표재성 색소침착은 주로 갈색으로 나타나고, 심재성 색소침착은 푸른색이나 검은색으로 나타난다.

혈관성 병변치료와 색소치료의 공통적인 특징은 피부를 무차별적으로 태우는 것이 아니라 피부 내의 특정 색소에만 반응을 보이는 파장을 사용한다는 점이며, 그 원리는 '선택적 광열 분해 반응'이다. 현재 레이저로 치료가 가능한 멜라닌색소질환에는 여러 가지가 있다. 이들 질환이 조직에 들어있는 깊이에 따라 다음과 같이 분류할 수 있다.

색소질환 치료의 주된 표적인 멜라닌은 351~1,064nm 범위의 넓은 스펙트럼을 흡수한다. 그러므로 이 범위에 속하는 파장의 레이저는 다양한 깊이에 들어 있는 색소가 표적이 되는 것이다. 표피층에 있는 색소질환에는 파장이 짧은 532nm의 레이저를 사용하고, 진피층에 있는 색소질환에는 파장이 긴 1,064nm의 레이저를 사용한다. 파장이 긴 레이저가 더 깊이 투과하기 때문이다. 이 외에도 문신을 제거하는 데 사용한다. 예전에는 문신의 재료가 단순한 청색 또는 흑청색이었는데 요즘은 색깔이 다양해져서 갖가지 파장의 레이저를 병행한다. 치료 간격은 대개 4~6주 간격으로 한다.

문신을 레이저로 처음 치료하면 점출혈(petechiae)이 나타날 수 있는데, 이러한 현상은 문신 색소가 파괴되면서 나타나는 현상으로 흉터를 남기지 않으며, 상처가 치유되는 데도 지장이 없다. 치료 직후 치료부위가 하얗게 변했다가 홍반이 나타나며, 이 홍반은 1~2주 후에 없어진다. 치료 간격은 대개 4주 간격으로 한다.

표 11.16 조직 깊이에 따른 분류

분류	질환
표피에 있는 멜라닌색소질환	검버섯, 잡티, 주근깨, 밀크커피색 반점, 베이커 모반
진피에 있는 멜라닌색소질환	오타모반, 이토모반, 청색모반, 몽고반점
표피와 진피에 있는 멜라닌색소질환	기미, 염증성 색소침착

표 11.17 색소질환에 적용되는 레이저

질환	레이저 기종	레이저 파장
문신제거 색소질환	• 큐-스위치 루비레이저(Q-Switched Ruby Laser) • 큐-스위치 야그레이저(Q-Switched YAG Laser) • 큐-스위치 알렉산드라이트 레이저(Q-Switched Alexandrite Laser)	• 694nm • 1,064nm/532nm • 755nm

표 11.18 색소레이저 치료 과정

① 클렌징 단계	메이크업 및 오염물질 제거
② 마취 단계	마취 연고를 바르고 30~40분 정도 마취
③ 치료 단계	색소레이저 시술
④ 치료 직후 단계	쿨링 마스크
⑤ 재생 단계	헬륨-네온 10분간 조사
⑥ 마무리 단계	보습제와 자외선 차단제를 바르고 마무리

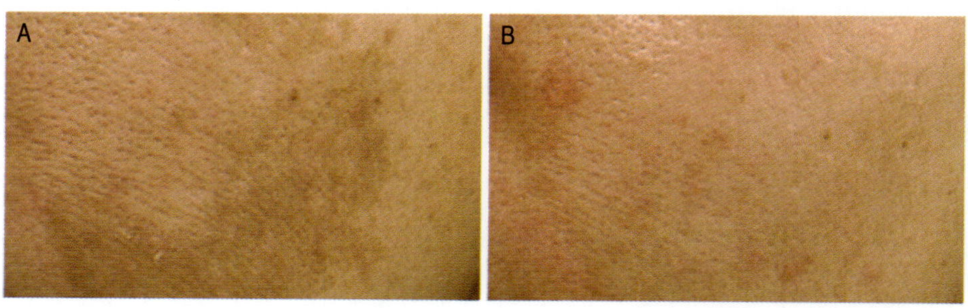

그림 11.19 **기미 치료.** **A:** 치료 전, **B:** 치료 후. 자료제공: 김윤섭 피부과

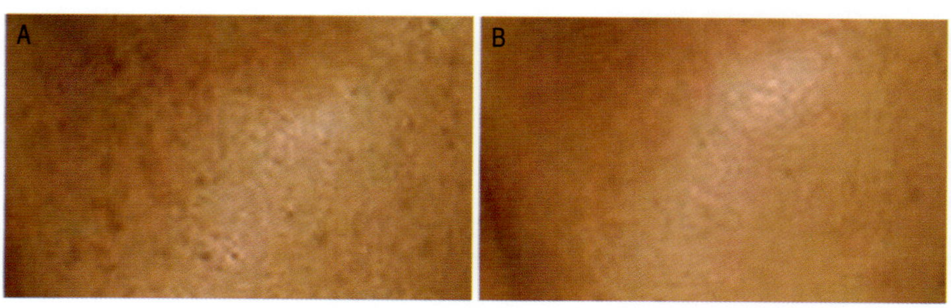

그림 11.20 **색소침착 치료.** **A:** 치료 전, **B:** 치료 후. 자료제공: 김윤섭 피부과

표 11.19 색소레이저 시술 후 주의사항

① 시술 당일부터 3일째까지는 세안과 화장이 가능하다.
② 시술 2~3일이 지나면 딱지가 생긴다. 딱지를 인위적으로 떼면 안 된다.
③ 딱지가 생기면 세안은 문지르지 말고 가볍게 두드리듯 한다.
④ 화장은 되도록 안하는 것이 좋으나, 상황에 따라 가볍게 한다.
⑤ 가벼운 샤워는 가능하나, 목욕이나 사우나는 피하는 것이 좋다.
⑥ 가벼운 운동은 가능하나, 심한 운동은 1주일 정도 하지 않는 것이 좋다.
⑦ 5~7일 정도 되면 딱지가 거의 떨어진다. 딱지가 떨어진 후 자외선 차단제를 철저히 바른다.

4) 기타 레이저

(1) 제모레이저

털을 제거하는 데 이용하는 제모레이저(laser hair removal)의 핵심 원리는 털의 주 발색단인 멜라닌이 선택적으로 잘 흡수하는 파장의 레이저빔을 이용하는 것이다. 즉, 피부에 직접적인 손상을 적게 주면서 털뿌리 주위의 멜라닌세포만을 선택적으로 파괴하는 레이저를 이용하는 것이다. 털의 발색단인 멜라닌은 700~1,100nm 범위 내의 파장을 잘 흡수한다. 털에 레이저빔을 조사하면, 주로 확산에 의해 열이 털에 퍼진다. 털의 성장 중심에 들어있는 피부 깊은 곳에 손상을 주려면 파장이 긴 레이저가 필요하다. 또 털에 레이저를 조사하게 되면 멜라닌 합성이 활발한 성장기(anagen) 상태에 있는 털의 털집이 영향을 가장 많이 받게 되므로 성장기 상태에 있는 털이 많을수록 효과가 좋다.

휴지기(telogen) 상태에 있는 털의 털집은 레이저로 파괴되지 않아서 시술 후 일정기간이 지나면 다시 자라게 된다. 그러므로 레이저로 털을 제거할 경우 1회 치료로는 부족하므로 반복치료를 해야 한다. 대체적으로 3~6회 정도 시술이 필요하다.

털이 굵고 억세고 검을수록 치료효과가 좋으며, 여성들의 코밑에 있는 솜털과 팔에 있는 가느다란 털을 없애기가 가장 어렵다. 그리고 피부표면에 털이 있는 채로 레이저를 조사하면 털이 레이저 에너지를 강하게 흡수하여 피부가 화상을 입을 수 있으므로 털이 굵고 억센 곳은 시술하기 직전에 반드시 면도를 해야 한다. 그러나 털이 가늘고 적은 곳은 면도를 한 후 1주일 정도 지나 털이 조금 자란 후에 시술한다. 보통 마취할 필요는 없으나 윗입술, 이마, 겨드랑이, 비키니선, 정강이, 발목 근처는 통증에 예민하므로 EMLA 크림을 바르고 30~40분 정도 경과한 후에 시술한다.

시술 직후에는 털 주위의 피부가 붉어지고 조금 부어오르는데 이것은 털집이 효과적으로 손상되었음을 간접적으로 증명해 주는 것이다. 대부분의 환자에서 1회 시술 후에 일시적으로 털이 없어진 것을 보게 되는데 1회 시술 후 1개월째는 털이 약

표 11.20 털 제거에 적용되는 레이저

질환	레이저 기종	레이저 파장
제모	• 큐-스위치 루비레이저(Q-Switched Ruby Laser) • 큐-스위치 야그레이저(Q-Switched YAG Laser) • 큐-스위치 알렉산드라이트 레이저(Q-Switched Alexandrite Laser)	• 694nm • 1,064nm/532nm • 755nm

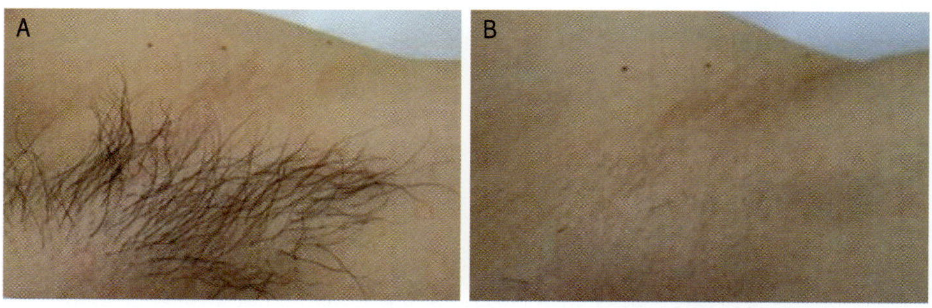

그림 11.21 겨드랑이 털 치료. A: 치료 전, B: 치료 후. 자료제공: 김윤섭 피부과

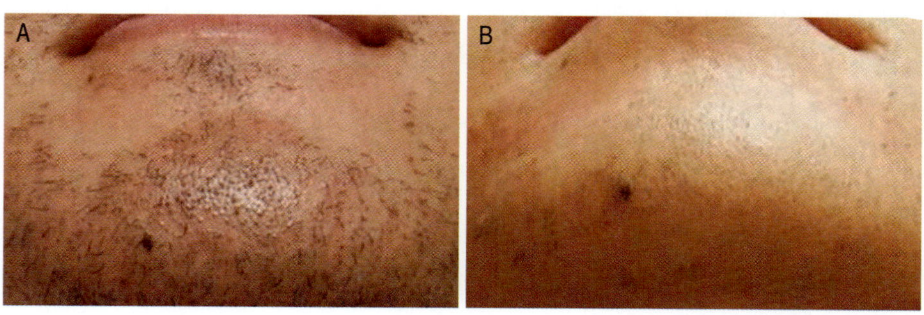

그림 11.22 턱수염 치료. A: 치료 전, B: 치료 후. 자료제공: 김윤섭 피부과

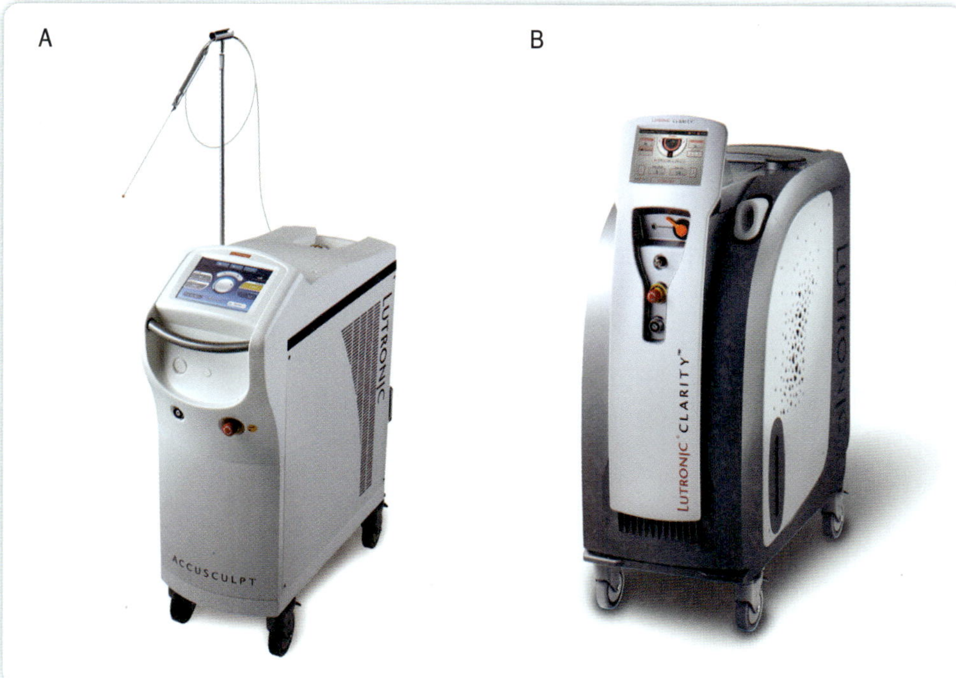

그림 11.23 엔디야그 레이저(A)와 알렉산드라이트 레이저(B). 자료제공: 루트로닉사

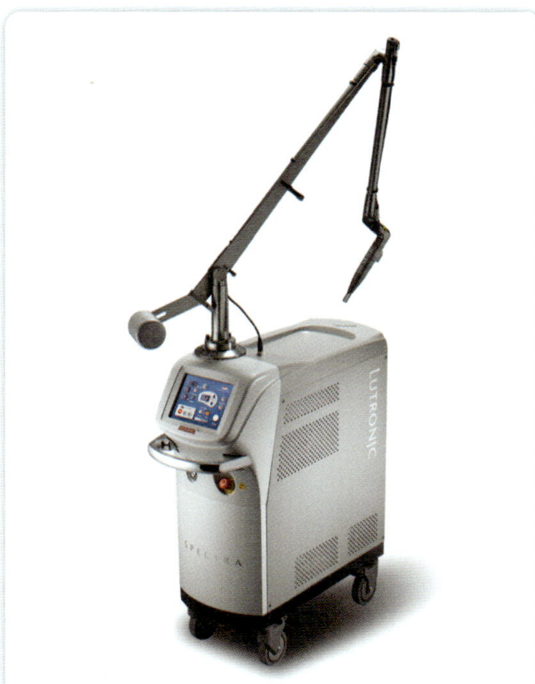

그림 11.24 큐-스위치 엔디야그 레이저. 자료제공: 루트로닉사

30% 감소된 것을 볼 수 있다. 시술 횟수를 거듭할수록 털이 점차 가늘어지고, 숫자가 줄어들며, 색깔이 연해진다. 대부분의 환자는 3회 이상의 시술 후 만족할 만한 결과를 얻는다.

표 11.21 제모레이저 치료 과정

① 소독 단계	시술 부위 소독
② 마취 단계	마취 연고를 바르고 30~40분 정도 마취 시술 5분 전 아이스 팩
③ 치료 단계	제모 레이저 시술
④ 치료 직후 단계	쿨링 마스크

(2) 분획레이저

프락셔널 레이저(fractional laser)는 레이저빔을 마이크로 단위로 미세하게 나누고, 빔 사이에 정상조직을 남겨두어 재생을 빨리하는 데 목적을 둔다. 작은 빔의 빛은 피부에 에너지를 발사하게 되고, 피부표면에 미세열 치료구역(microscopic treatment zones, MTZ)이라 불리는 영역을 만들고 분할 손상을 만들어 피부 재생을 유도하여 효과가 증대되는 치료이다. 즉, 레이저에 의해 발생한 조직 기둥을 만들어, 레이저 빛에 노출된 피부는 정상인 주변 조직이 있으므로 상처 치유 세포들을 공급하여 보다 빨리 치유가 되는 것이다.

프락셔널 레이저는 기존의 피부를 벗겨내는 형태(ablative type)의 레이저와 벗겨내지 않은 형태(non-ablative type)의 레이저의 단점을 보완하여 개발되었으며, 실제로 치료 효과를 높이는 새로운 기술이다. 이처럼 좋은 결과를 얻기 위해서 여러 차례의 치료를 시행해야 하며, 어떤 경우에는 5~6회 치료를 요하기도 한다. 치료는 2~4주 간격으로 시행하며, 콜라겐의 재생성은 수개월이 소요될 수 있다. 프락셔널 레이저 치료는 다양한 질환에서 사용할 수 있으며, 기기는 파장이나 흡수하는 발색단에 따라 질환마다 효과를 나타낼 수 있다.

프락셔널 레이저 치료의 적응증으로는 여드름흉터, 넓은 모공치료, 주름, 피부 탄력 증가 등에 사용된다. 프락셔널 레이저 치료 후에는 일시적으로 피부가 붓고 붉어질 수 있는데 이런 증상은 평균 2~3일 정도 지나면 좋아지며, 약간 붉음증은 1주 이상 지속될 수도 있다. 그리고 치료를 받은 후 2일 정도 지나면, 피부에 미세한 각질이 생겨 피부가 구릿빛으로 마치 선탠을 한 것처럼 보일 수 있고, 이 각질들은 얼굴에서는 1주 정도, 다른 신체부위는 2주 이상 지속될 수 있다.

이 각질은 레이저가 투과된 부위에 생기는 것으로 자연스럽게 탈락되도록 하는 것이 바람직하며 인위적인 각질제거는 하지 말아야 한다. 물론 각질이 심한 경우에는 보습제를 사용하면 건조함이 완화된다. 프락셔널 레이저는 피부의 각질층을 남겨두기 때문에 치료 후 바로 화장이 가능하며 일상생활에 지장을 주지 않는다.

시술 후에 메디컬 스킨케어 기본 프로그램 중 보습관리를 받거나 보습제를 사용하여 피부를 촉촉하게 만들어 주면 회복이 빠르고, 이차적인 색소침착을 예방하기 위해 자외선 차단제는 필수이므로 반드시 사용하도록 권고한다.

프락셔널 레이저 재치료는 2주 후부터 가능하지만, 대개 일반적으로 3~4주 간격으로 시술하고, 평균 3~5회 정도가 권장된다.

표 11.22 프락셔널 레이저 시술의 장점

① 시술 후 회복이 빠르다.
② 피부노화 개선과 흉터치료에 효과적이다.
③ 표피와 진피에 동시에 작용한다.
④ 일상생활이 가능하다.
⑤ 상처회복이 빨라 부작용이 적다.
⑥ 다른 치료와 병행시술이 가능하다.

표 11.23 프락셔널 레이저 시술 후 주의사항

① 시술 당일부터 세안과 일상생활이 가능하다.
② 시술 후 일시적으로 피부가 붓고 붉어질 수 있다.
③ 붓기와 붉은 피부는 평균 2~ 3일 정도 지나면 사라진다. 약간 붉음증은 1주일 이상 지속될 수도 있다.
④ 시술 후 2일 정도 지나면 피부에 미세한 각질이 일어난다. 각질제거는 하지 않는다.
⑤ 피부색이 약간 거무스름하게 보일 수 있다.
⑥ 심하게 건조할 경우 보습제를 바른다.
⑦ 자외선 차단제를 철저히 바른다.

표 11.24 프락셔널 레이저의 종류

질환	레이저 기종	레이저 파장
어비움글라스 계열 (erbium Glass)	• 프락셀(Fraxel 750) • 프락셀제나(Fraxel 1500, Fraxel Restore) • 스타룩스 1,540(starlux 1,540) • 어펌(Affirm) • 모자이크(Mosaic) • 셀라스(Sellas)	• 1,500nm
탄산가스 레이저 계열 (CO_2 Laser)	• 뉴울트라펄스 앙코르(New Ultrapulse Encore) • 프락셀 리페어(Fraxel Repair) • 엑셀로2(Exelo2) • 에코2(eCO2) • 메드아트(MedArt FRX) • 슬림에볼루션(Slim Evolution) • 씨오스캔(CO scan)	• 10,600nm
어비움-야그 계열 (erbium YAG)	• 프로프락셔널(profractional) • 픽셀 2,940(ER Pixel, 2,940nm) • 매트릭셀(MatriXell)	• 2,940nm
기타	• 베리라이트(VariLite) • 픽셀 1320(ER Pixel, 1,320nm) • 룩스 아이알(Lux IR Fractional) • 매트릭스 IR(Matrix IR)	• 532nm • 940nm

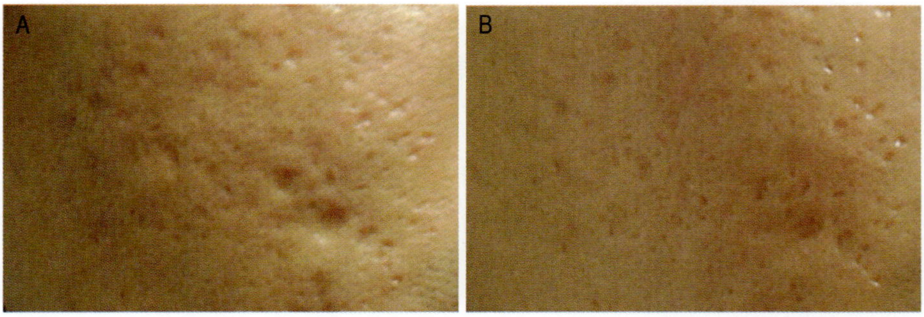

그림 11.25 여드름흉터 치료. A: 치료 전, B: 치료 후. 자료제공: 김윤섭 피부과

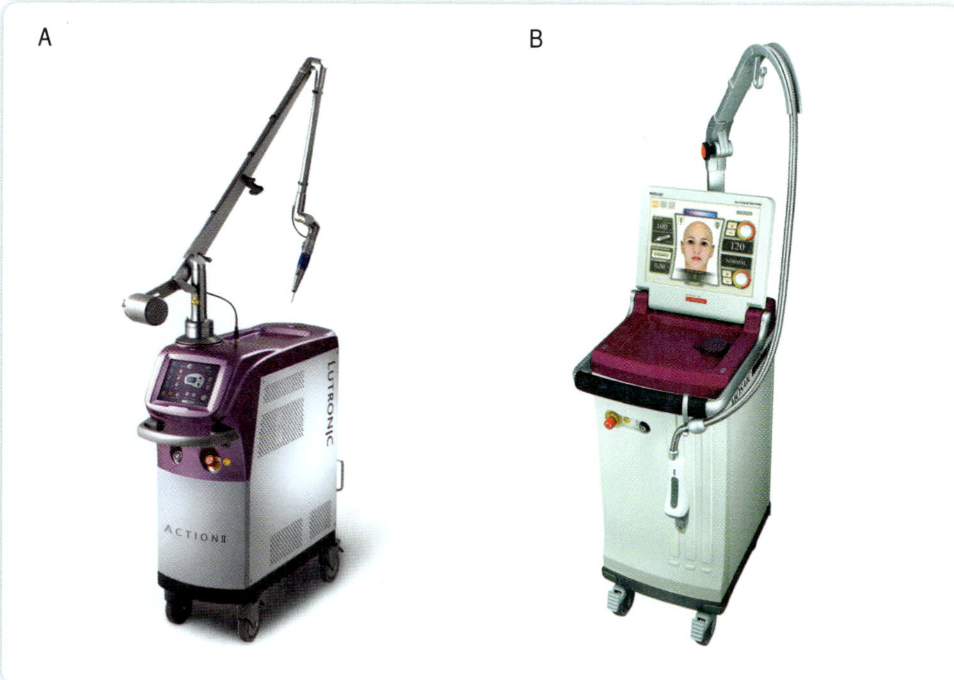

그림 11.26 어비움야그 레이저(A)와 어비움 글래스 레이저(B). 자료제공: 루트로닉사

(3) 저출력 레이저

헬륨-네온 레이저(He-Ne Laser)는 633nm 파장으로 생체조직의 신진대사에 영향을 주며, 압박궤양(pressure ulcer)에서 콜라겐 생성과 치료에 탁월한 효능을 보여준다. 또한 미세혈류를 자극하고 국소 영양상태를 증가시켜 통증, 염증, 부종을 감소시키고, 세포 증식을 자극하여 세포 재생을 촉진한다. 그러므로 상처 치유에 효과가 높다. 헬륨-네온 레이저의 적응증으로는 급성창상, 만성창상, 수술 후 창상, 상처회복 치료에 사용된다. 저출력 레이저에는 헬륨-네온 레이저, 다이오드 레이저(diode laser), 젠틀웨이브(gentle waves) 등이 있다.

표 11.25 저출력 레이저의 종류

- 헬륨-네온 레이저(He-Ne Laser)
- 다이오드 레이저(Diode Laser)
- 젠틀 웨이브(Gentle Waves)
- APL

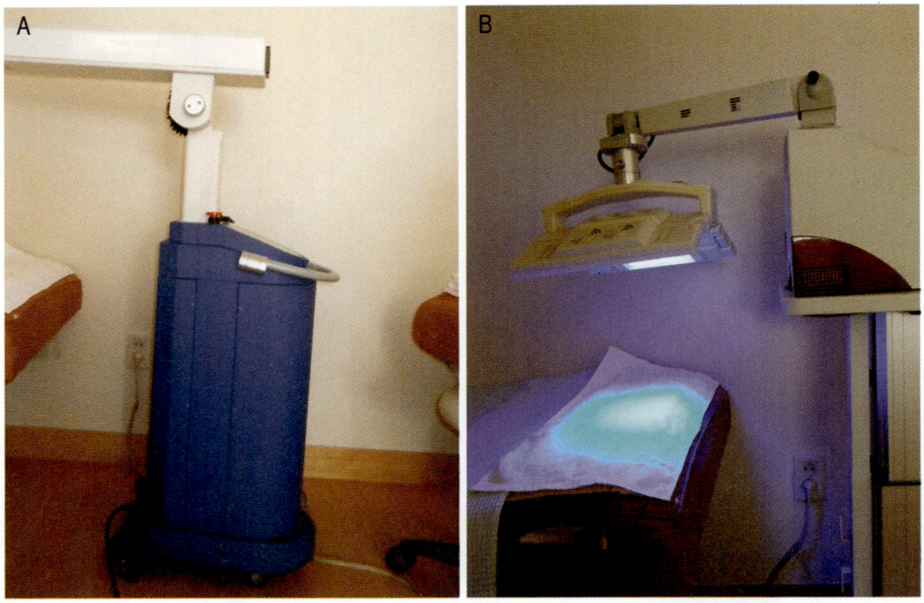

그림 11.27 헬륨-네온 레이저(A)와 다이오드 레이저(B). 자료제공: 김윤섭 피부과

그림 11.28 힐라이트 II. 자료제공: 루트로닉사

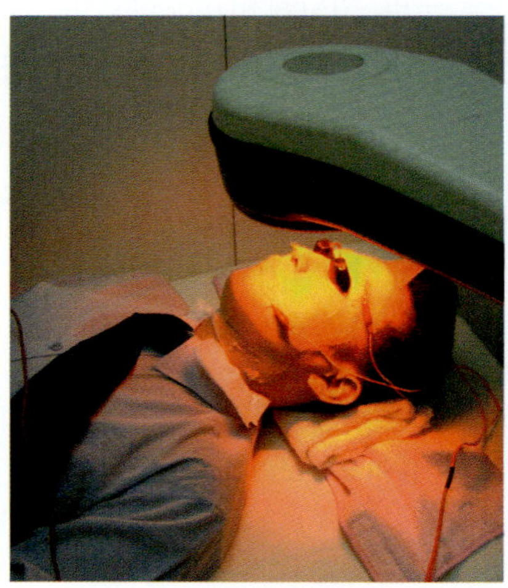

그림 11.29 APL. 자료제공: 루트로닉사

3. IPL 치료의 이해

IPL은 'intense pulsed light'의 약자이며, 단일파장의 광선을 방출하는 레이저와는 다르다. IPL은 560~950nm 파장대의 광선이 방출된다. 즉, 레이저는 특정 매질에서 나오는 특정 파장의 빛을 이용하는데, 이에 비해서 IPL은 다양한 파장의 빛을 강한 펄스 형태로 방출시켜서 임상적으로 사용한다. 또한 IPL은 레이저 빔처럼 매질이 있는 것이 아니라 크세논 섬광램프에서 발생한 빛을 직접 이용한다.

IPL은 레이저와 비슷하게 특정한 발색단이 빛을 흡수하면서 열이 발생하고, 이 열로 인하여 발색단을 파괴하는 '선택광선 열융해(selective photothermolysis)' 원리에 그 기반을 두고 있다. 그렇지만 레이저는 단 하나의 파장만이 나오므로 그 파장을 많이 흡수하는 발색단을 표적으로 하지만, IPL은 다파장 광선에 의해 한 번에 여러 가지 발색단에 효과를 가져올 수 있다.

IPL에서 방출하는 광파장대 빛의 목표 물질은 헤모글로빈, 멜라닌, 콜라겐 등 매우 다양하다. 그러므로 산화 헤모글로빈을 발색단으로 하는 경우에는 모세혈관 확장증, 홍반, 주사, 혈관종의 개선을, 멜라닌을 발색단으로 하는 경우에는 주근깨, 잡티 및 표재성 색소질환의 개선 및 제모를, 콜라겐을 발색단으로 하는 경우에는 잔주름제거, 모공축소, 피부결 변화 등을 목적으로 사용될 수 있다.

IPL을 시술하기 위한 시술 전 준비로 얼굴 클렌징을 청결하게 해야 한다. 이는 피부 표면의 노폐물이나 메이크업 잔여물들이 남아 있는 경우, 에너지를 흡수하거나 에너지 흡수를 방해할 수 있기 때문이다. 즉, 메이크업 잔여물들의 색소성분이 에너지를 흡수하여 화상과 같은 문제를 야기시키지 않아야 하기 때문이다. 또 터번으로 환자의 머리카락을 잘 감싸서 얼굴 위로 흘러나오지 않도록 해야 한다. 만약 머리카락이 흘러나오는 경우 머리카락이 타는 경우가 있어 불쾌한 냄새를 유발하기 때문이다. 눈썹문신이나 속눈썹 연장술을 한 경우 태우지 않도록 해야 하므로, 눈썹문신의 경우 종이 반창고 등으로 적절히 가려주는 것이 안전하다.

표 11.26 IPL의 종류

- 루메니스 원(Lumenis One)
- 퀀툼(Quantum)
- 바스큘라이트(Vasculight)
- I2PL
- 렉서티(Laxity)

IPL 시술 후에는 자외선을 피하

는 것이 좋다. 잡티나 주근깨 등의 색소성 병변은 IPL 시술 후 색소가 짙어졌다가 2~3일 후에는 옅은 딱지가 된다.

이 딱지는 보통 1주일 후면 떨어지게 되는데, 세안할 때 너무 세게 문지르거나 일부러 잡아떼지 못하게 하여 저절로 자연스럽게 떨어질 수 있도록 환자에게 교육해야 한다. 딱지가 떨어진 후에는 자외선 차단제를 철저히 바르도록 하며, 피부가 건조해질 수 있으므로 가능하면 메디컬 스킨케어 기본 프로그램을 받을 수 있도록 조언한다. 치료 후 2주까지는 음주, 혈액응고에 장애를 주는 약 등의 복용은 피하고, 심한 운동이나 사우나도 삼가도록 한다.

IPL 재치료는 대개 3~4주 간격으로 하고 충분한 효과를 얻기 위해서는 3~5회 정도 치료를 하는 것이 일반적이다. 또 치료가 끝난 후에도 정기적으로 시술을 받으면 피부노화를 개선시키고 치료 효과를 오래 유지시킬 수 있다.

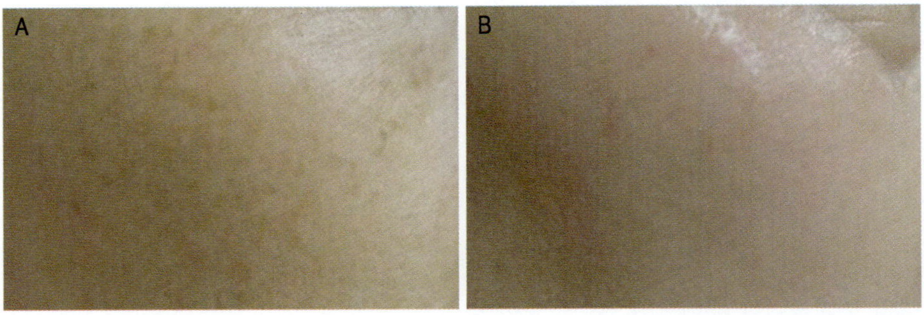

그림 11.30 잡티 치료. A: 치료 전, B: 치료 후. 자료제공: 김윤섭 피부과

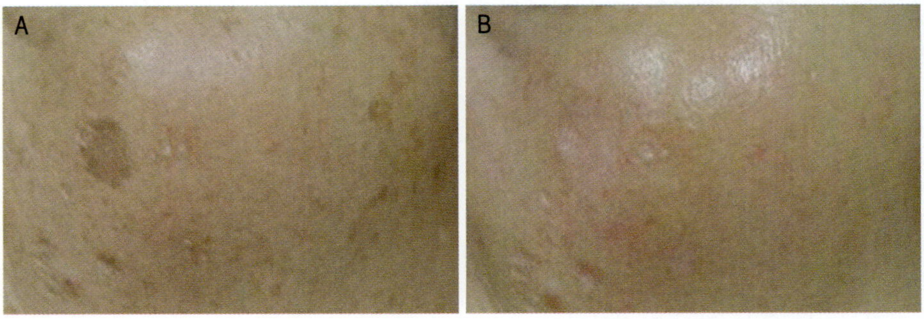

그림 11.31 검버섯 치료. A: 치료 전, B: 치료 후. 자료제공: 김윤섭 피부과

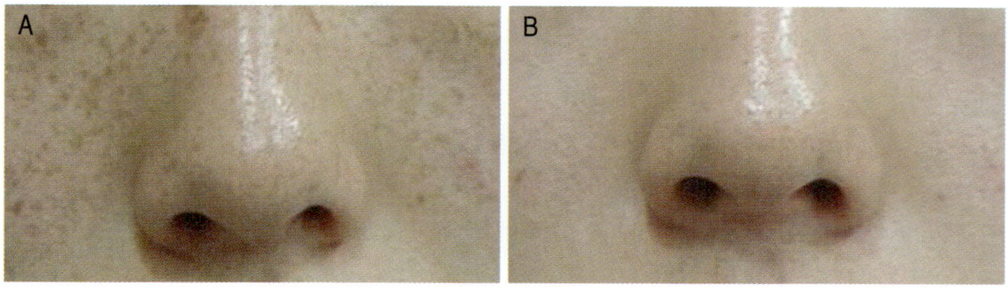

그림 11.32 주근깨 치료. A: 치료 전, B: 치료 후. 자료제공: 김윤섭 피부과

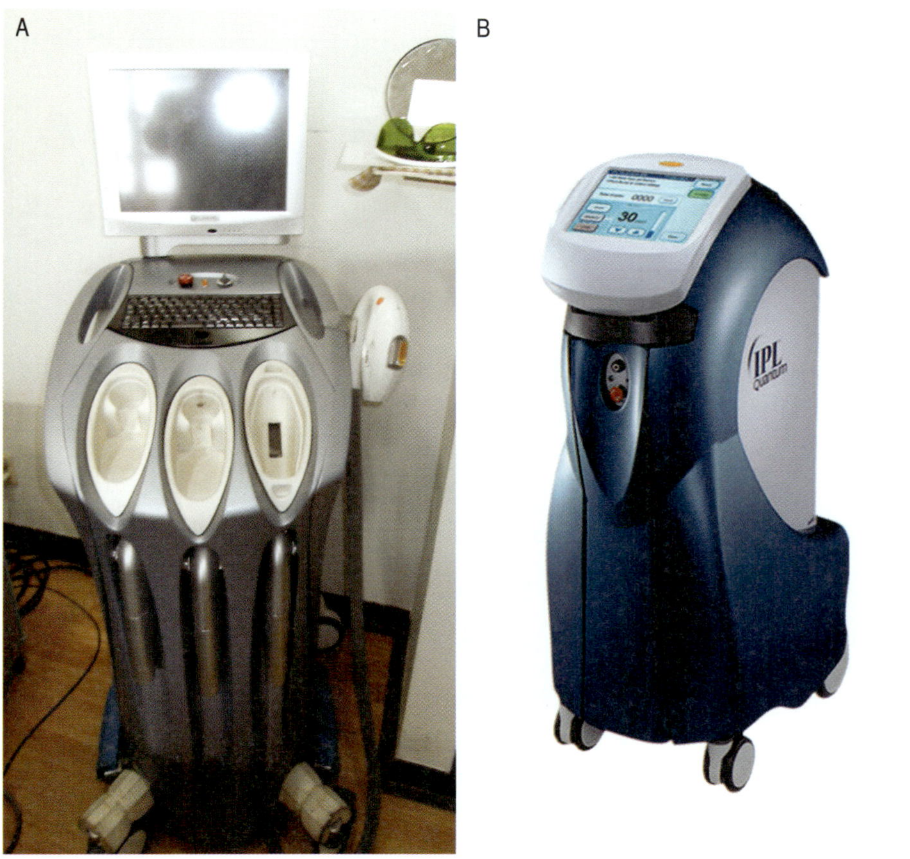

그림 11.33 루메니스 원 IPL(A)와 퀀툼 IPL(B). 자료제공: 김윤섭 피부과

표 11.27 IPL 시술 후 주의사항

① 세안은 시술 당일부터 가능하다.
② 시술 후 2~3일이 지나면 딱지가 생긴다. 세안은 문지르지 말고 딱지가 떨어지지 않게 가볍게 두드리듯 하고 물을 튕기는 방법으로 한다.
③ 화장은 물집이 생기지 않았다면 시술 다음날부터 가능하나 세안할 때 딱지가 떨어지지 않도록 주의한다.
④ 가벼운 화장과 일상생활은 가능하다.
⑤ 딱지가 떨어진 후부터 자외선 차단제를 2~3시간 간격으로 덧바른다.
⑥ 시술 후 보습제를 자주 바른다.
⑦ 시술 후 7~10일 동안 붓기가 있을 수 있다. 심한 경우 처음 이틀 동안은 눈이 부어서 눈을 뜨기가 힘든 경우도 있지만 이는 정상적인 반응이다.

4. 고강도 집속초음파 치료

1) 울쎄라

울쎄라(ulthera)는 고강도 집속초음파(high intensity focused ultrasound, HIFU) 기기를 의미한다.

울쎄라는 강한 초음파 에너지를 집중시켜 피부 진피층, 피하지방층, 근섬유막에 열응고점(TCZ)을 형성하여 조직을 응고 · 변성시킨다. 시간이 지남에 따라 응고점 부위에서 새로운 콜라겐이 생성되어 손상된 조직을 대체하면서 리프팅 및 타이트닝의 시술효과가 나타난다. 사람의 얼굴 피부는 늘어진 섬유막과 근막으로 인해 아래로 쳐지게 되는데 이러한 문제를 개선하는 시술이 울쎄라이다.

울쎄라의 치료원리는 열 응고점이다. 진피층부터 근섬유막(SMAS)층까지 다양한 크기와 깊이의 응고점을 형성한다. 진피층의 응고점은 피부 탄력효과를 나타내고, 근섬유막층의 응고점은 늘어진 부위를 끌어올리는 리프팅효과를 나타낸다. 치료 효과는 시술 3개월 후부터 나타난다. 즉시 효과는 시술 1~2주 내에 나타나는데, 콜라겐 섬유의 수축에 의한 당김 현상이며, 지연효과는 시술 3개월이 지나서 나타난다.

시술 후 시간이 지나면서 턱선이 선명해지고 리프팅 효과에 의해 얼굴의 크기가 작아진다. 울쎄라 시술은 통증을 유발하며 부작용으로는 시술 부위에 경미한 홍반이나 부종 그리고 구진이 발생하는 경우가 있다.

5. RF 치료의 이해

고주파는 radiofrequency (RF) 또는 'radio waves of high frequency'로 일반적으로 높은 주파수의 전자파를 의미한다. 즉, 고주파의 전자파를 피부 치료에 이용하는 것을 고주파치료라 한다. 고주파치료의 원리는 고주파 전류를 인체조직에 가하면 진동 폭이 매우 짧기 때문에 이온 운동이 거의 일어나지 않으며, 전류의 경로 안에서 열에너지로 전환되어 심부열을 발생시키는 현상을 이용하는 것이다.

생체 열에너지로 전환된 고주파에너지는 조직 온도를 상승시켜 세포 기능을 증진시키고 혈류량을 증가시키며, 섬유모세포를 자극하여 피부에서 새로운 콜라겐과 엘라스틴이 생성되어 피부 탄력이 증가되고 주름이 개선되는 효과가 있다. 고주파치료기기는 단극성(monopolar) 기기와 양극성(bipolar) 기기로 나눌 수 있다. 단극성 고주파기기의 대표적인 것으로는 써마지(thermage)가 있다.

고주파치료는 주름이나 피부탄력 감소, 피부톤을 개선하는 데 효과적이다. 고주파치료를 상담할 때에는 환자에게 내과적인 질병이나 수술 여부, 지속적으로 복용하는 약물에 대하여 물어보아야 한다. 특히 인공심장박동기를 착용하고 있는지와 몸에 금속물질이 있는지 여부를 꼭 물어보아야 한다. 또한 치과 치료를 받았는지, 구강 내 금속물질 유무도 물어본다. 이는 고주파의 전기적인 성질에 영향을 줄 수 있기 때문이다. 고주파치료 후에는 일시적으로 피부가 붉어질 수 있지만 대개는 수시간 내지

표 11.28 RF기기의 종류

단극성 고주파(monopolar)	써마지(thermage)
양극성 고주파(bipolar)	폴라리스(polaris), 이레이저(eLaser), 이라이트(eLight), 이맥스(eMax), 타이탄(Taitan), 인피니(Infini), 인트라셀(Intracel), 아르넵(Arneb), 이너스(Inus)

24시간 내에 없어진다.

고주파치료 후에는 피부가 약간 건조해질 수 있다. 메디컬 스킨케어 프로그램 중 보습관리를 받도록 하여 피부를 촉촉하게 만들어 주는 것이 필요하고, 보습제와 자외선 차단제를 사용하도록 한다. 고주파치료는 피부 표면에 작용하는 것이 아니라 진피층에 작용하기 때문에 치료 후에는 일상생활이 가능하다.

고주파치료의 재치료와 치료 횟수는 기기의 종류에 따라서 다

표 11.29 RF 치료의 효과

- 피부 탄력증가
- 주름 개선
- 피부톤 개선
- 리프팅 효과
- 여드름 개선

표 11.30 RF 시술 전 고려해야 할 사항

① 수술 여부를 확인한다.
② 질병으로 인하여 장기적으로 복용하고 있는 약물이 있는지 확인한다.
③ 인공심장박동기의 착용 여부, 몸에 금속물질이 있는지, 치과 치료를 받았는지, 구강 내 금속물질의 유무도 확인한다.

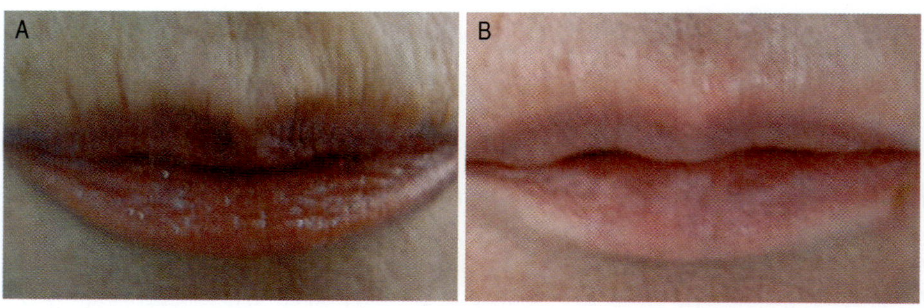

그림 11.34 입가주름 치료. A: 치료 전, B: 치료 후. 자료제공: 김윤섭 피부과

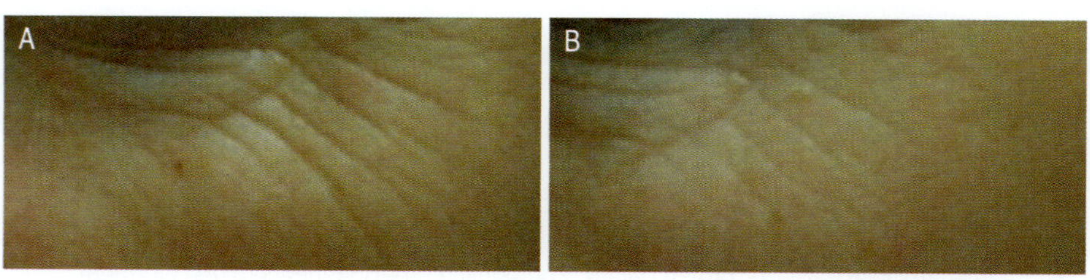

그림 11.35 눈가주름 치료. A: 치료 전, B: 치료 후. 자료제공: 김윤섭 피부과

르며, 써마지의 경우는 1회 치료하는 것이 일반적이지만, 3~6개월 후 재치료를 하기도 한다. 폴라리스나 이맥스와 같은 기기는 대개 3~4주 간격으로 치료하고, 충분한 효과를 얻기 위해서는 일반적으로 3~5회 정도 치료를 한다. 또 치료가 끝난 후에도 정기적으로 시술을 받으면 피부노화를 개선하고 치료효과가 오래 지속되는 장점이 있다.

표 11.31 고주파 시술 후 주의사항

① 치료 후 세안이나 화장, 샤워 등 모든 일상생활이 가능하다.
② 치료 후 일시적으로 피부가 붉어질 수 있다. 대개 수시간 내에 사라진다.
③ 드물게는 치료 후에 물집이나 수포가 생길 수 있다. 이런 경우 흉터로 이어질 수 있기 때문에 빨리 내원하여 치료를 받는다.
④ 치료 후에 피부가 약간 건조해질 수 있다.
⑤ 보습관리를 받거나 보습제를 사용하여 피부 수분을 증가시킨다.
⑥ 자외선 차단제는 평상시처럼 사용한다.

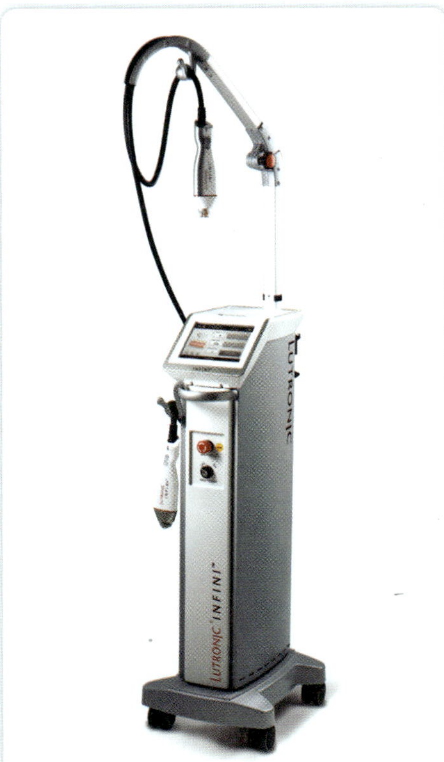

그림 11.36 인피니 레이저. 자료제공: 루트로닉사

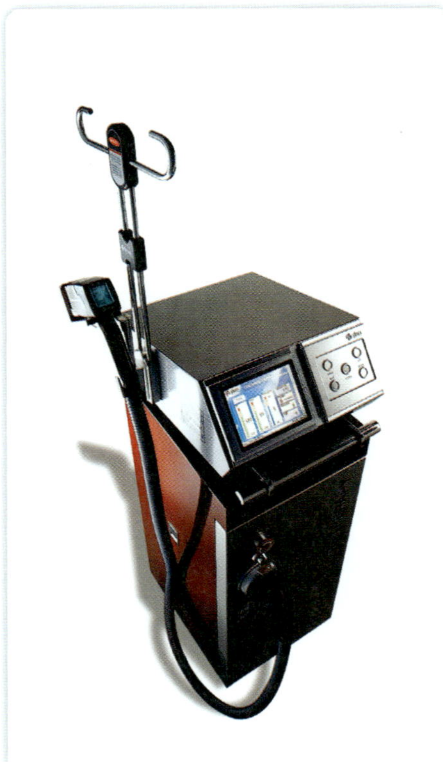

그림 11.37 아르넵 레이저. 자료제공: 메드로메디컬비젼

1) 써마지

써마지(thermage)는 강력한 고주파 에너지를 이용하는 기기를 의미한다. 써마지 기기는 모노폴라 고주파로 대형 치료 전극을 이용하기 때문에 피부 깊은층까지 많은 양의 열 에너지를 전달한다. 표피의 손상을 막기 위해 냉각시스템이 장착되어 있다.

고주파 에너지가 피부 속에서 열에너지로 변환되어 피부 진피층과 피하 섬유층을 변성시킨다. 열변성, 응고, 수축의 과정이 발생하면서 피부의 변화가 나타난다.

이로 인해 손상된 콜라겐은 건강한 새로운 콜라겐으로 대체되어 잔주름이 완화되고 피부의 탄력이 개선된다. 써마지는 시술 직후부터 6개월까지 지속적인 콜라겐 신생의 과정이 세포 단위에서 발생한다. 써마지의 부작용으로는 약간의 홍반과 붓기가 발생하지만 곧 사진다. 간혹 드물게 물집이 생길 수 있다.

6. 주사 치료의 이해

1) 보톡스

보톡스(botox)는 미국의 알러간이라는 제약회사에서 '보툴리눔 독소 A'를 제품화한 것으로, 보툴리눔 독소의 여러 가지 제품 중에 처음으로 국내에 도입되어 사람들에게 주름치료의 대명사처럼 알려졌다. 보툴리눔 독소는 혐기성그람음성 균인 'Clostridium botulinum'에서 분비되는 물질로 현재까지 A, B, C, D, E, F, G의 7가지 혈청형이 알려져 있다. 이중 보툴리눔 독소 A가 가장 강력하고 가장 널리 이용되고 있으며, 최근에는 보툴리눔 독소 A와 다소 차이가 있는 보툴리눔 독소 B가 상품화되어 사용되고 있다.

보툴리눔 독소는 신경독소의 일종으로, 근육에 작용하여 신경말단을 자극하는 화학물질인 아세틸콜린의 분비를 억제하여 근육운동을 일시적으로 마비시키는 역할을 한다. 그 결과 얼굴 근육을 사용할 수 없고, 해당 부위의 주름이 완벽하게 펴진다. 가장 일반적으로 이마 주름과 눈가(눈꼬리) 주름을 감소시키는 데 사용한다. 처음에는 주로 안과에서 눈꺼풀 경련이나 사시를 치료하기 위해 1973년부터 보톡스를 상용했으나, 약 15년 전에 미용 목적으로 보툴리눔 독소를 처음 사용하면서 미용치료의 새로운 길이

그림 11.38 보톡스 시술

열렸다.

보톡스 적응증으로 이마주름, 미간주름, 눈가주름, 콧등주름, 입가주름 등의 표정주름에 사용하며, 대개 주사를 맞은 다음날부터 근육마비가 오는 것을 느낄 수 있고, 3일 정도 되면 효과가 명확해진다. 마비작용이 최고조에 달하는 시기는 시술 후 1~2주이며, 이 시기를 정점으로 해서 점점 약효가 사라지는데 효과의 지속시간은 3~6개월 정도 된다.

최근에는 미용적 적용영역이 넓어져서 손과 발, 겨드랑이 다한증, 사각턱 교정 등에 이용되고 있다. 현재 국내에서 사용하고 있는 보툴리늄 독소 A는 보톡스(미국), 디스포트(영국), BTXA(중국), 메디톡신(한국) 등의 4가지 제품이 있으며, 보툴리늄 독소 B는 마이블록(미국)이 있다.

2) 필러

필러(filler)는 주름골에 피부조직 성분을 주입하여 볼륨을 채워 주름을 없앤다는 의미로 사용되고 있다. 필러는 피부 연조직의 결손부위 또는 미용적으로 부피를 증가할 필요가 있는 부위에 주입하여 '채우는(filling) 물질'로 주름이나 흉터 치료를 위해 사용한다. 즉, 주름이 생기면 그곳의 연조직을 보충하여 메워주고, 연조직의 손실부분이 생기면 채워서 정상적인 볼륨을 만들어준다. 또 특정 부위를 좀 더 키우고 싶다면 그곳 역시 필러로 채워서 확대시키는 것이 가능하다.

그림 11.39 필러 시술

필러는 비영구, 반영구, 영구적 효과로 분류한다. 비영구적 필러는 조직 내에 머무는 기간이 1년 미만이고, 반영구적 필러는 1~2년 정도이며, 영구적 필러는 2년 이상 유지된다. 그러나 학술적으로는 무한히 영구적인 것은 아니다. 영구와 비영구의 차이를 떠나 필러는 원료로도 구분하기도 하는데 이러한 원료에는 인체와 동물, 합성물질이 있다.

표 11.32 필러의 유지기간에 따른 분류

비영구적 필러	6~12개월 효과 유지
반영구적 필러	1~2년 효과 유지
영구적 필러	2~3년 효과 유지

필러의 적응증으로 잔주름, 굵은 주름, 윤곽술, 흉터치료, 다크서클 교정, 손등이나 가슴확대 등에 사용될 수 있다.

표 11.33 성분에 따른 필러의 분류 및 종류

성분	제품명
히알루론산	레스틸렌, 레스틸렌터치, 레스틸렌펄레인, 레스틸렌서큐브 히알폼, 히알폼화인라인, 히알폼플러스 쥬비덤, 쥬비덤18, 쥬비덤24, 쥬비덤30, 로필란 매트리듀어, 메트리겔, 테오시알, 테오시알 27G, 테오시알 30G
콜라겐	자이덤, 자이덤1, 자이덤2, 자이플라스트, 에볼런스
혼합제제	레비덤 인트라, 매트리덱스
PAAm, PMMA, PLA	아쿠아미드, 에볼루션, 아테콜, 메타그릴, 스컬트라
기타	래디어스, 지방이식

7. 탈모 치료의 이해

모발은 나이, 계절, 인종, 생리적 요인, 스트레스, 질환 등의 여러 요인의 영향을 받으며, 하루에 보통 50~100개 정도의 정상적인 '퇴행기 탈모'가 일어난다. 성장속도는 더울 때 가장 빠르며, 추울 때 가장 늦다. 그리고 탈모는 봄과 여름보다 가을과 겨울에 더 많이 일어난다.

모발 성장은 보통 15~30세 사이에 가장 활발하며, 40~50세에 점진적으로 퇴보한다. 50세 이상이 되면 노화에 의한 자연스런 탈모가 일어나기 시작하여, 70세 이후부터 탈모가 빨라진다. 정상적인 탈모는 하루에 80개 내외로 빠지는데 이는 의식하지 못하는 순간에도 빠지는 경우이며, 머리카락 수가 50개 이상이면 탈모일 가능성이 높다.

1) 남성형 탈모증

남성형 탈모증은 통상 대머리라고 하며, 보통 20대 후반 혹은 30대부터 시작된다. 대머리 환자에서는 앞머리(전두부)에서 정수리(두정부)까지의 정상적인 굵은 머리카락 대신 가늘고 탈색된 솜털을 볼 수 있다. 즉, 남성호르몬의 영향에 의해서 이러한 변화가 일어나며, 대머리 부위에서는 털 생장기가 짧아서 가늘고 짧은 모발만 볼 수 있다. 대머리의 형태는 통상적으로 앞머리가 M자형으로 빠지거나, 정수리에서 탈모가 발생하는 형으로 시작된다. 그리고 뒷머리(후두부)나 옆머리(양측 측두부)의 머리카락은 남성호르몬의 영향을 받지 않아 남아 있는 것으로 알려져 있다. 흔히 대머리는 남자에게만 발생한다고 생각하는데, 그것은 잘못된 생각이다. 여성에서도 대머리가 발생할 수 있는데 남성만큼 심하지 않으며, 정수리 부분의 모발이 숱이 적어 앙상하게 보이는 것이 특징이다.

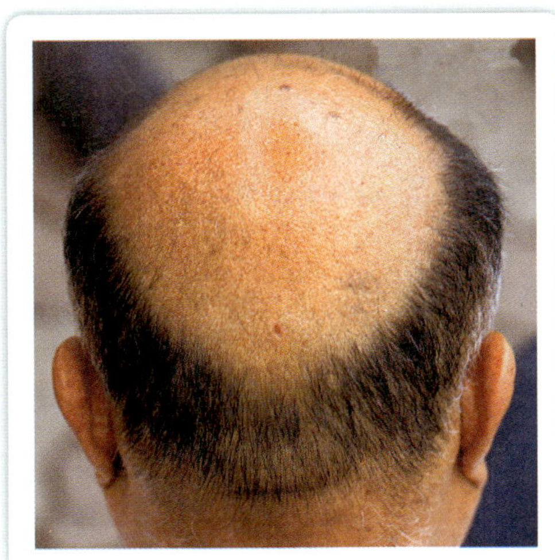

그림 11.40 남성형 탈모증

남성형 탈모증의 정도는 민족과 인종에 따라 다르며, 그 빈도는 백인, 흑인, 황인의 순으로 나타난다. 우리나라의 경우 장년기 남성의 약 20% 정도는 남성형 탈모증이 있다.

남성형 탈모증은 그 자체만으로는 건강상 전혀 지장이 없으나, 용모 변화로 인한 미관상의 문제로 많은 사람이 고민하고 치료받기를 원한다.

■ 남성형 탈모증의 징조

- 하루에 머리카락이 100개 이상 빠질 때
- 두피가 가려워지고 비듬이 심하게 생기며, 이러한 증상이 빠르면 6개월, 길게는 2년 정도 지속되다가 탈모가 시작된다.
- 머리카락이 부드러워지고 가늘어지면서 가슴털과 수염이 굵어진다.
- 이마가 자꾸 넓어진다.

(1) 남성형 탈모증의 원인

남성형 탈모증의 원인은 다양하고 복합적이지만, 그 중에서 유전적 요인과 남성호르몬, 나이 이 3가지가 가장 중요하며 대표적이라 할 수 있다. 그 밖에 국소혈액 순환장애, 정신적 스트레스, 영양 불균형, 과다한 지루 등이 작용한다.

두피에서 남성호르몬인 테스토스테론이 5-알파 리덕타아제(5-α reductase, 5RD)라는 효소에 의하여 디하이드로테스토스테론(dihydrotestosterone, DHT)으로 전환되면서 발생한다. 따라서 5RD의 활성도가 대머리 환자에서 훨씬 높다.

최근에는 심한 스트레스가 남성형 탈모증을 촉진시키는 원인이 되어 30세 이전에도 많은 환자가 발생하고 있다.

① 유전적 요인

안드로겐성 탈모증, 즉 대머리는 탈모 유전자를 가지고 있어야만 발생한다. 탈모 유전자는 부모 중 어느 쪽으로부터도 물려받을 수 있다.

② 남성호르몬

주요 남성호르몬인 테스토스테론과 기타 연관된 여러 남성호르몬은 일차적으로 고

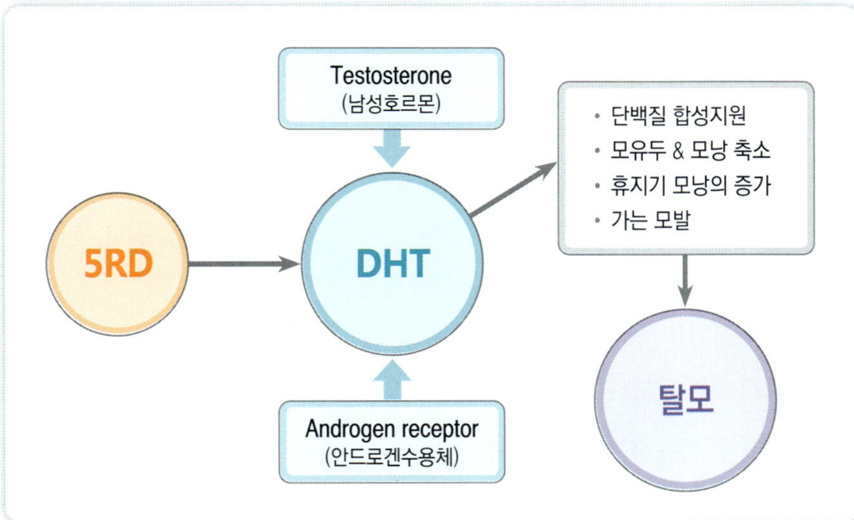

그림 11.41 탈모의 작용 기전

환에서 생성되는 호르몬으로, 사춘기가 되어 고환이 발달하게 되면 본격적으로 생산되어 목소리가 굵어지고 수염을 나게 하며 근육을 발달시키고 남성적인 체형으로 변화시킨다. 여드름의 원인이기도 한 이 호르몬이 바로 탈모를 일으키는 호르몬인 것이다. 안드로겐, 즉 테스토스테론과 이것의 대사물질인 디하이드로테스토스테론(dihydrotestosterone, DHT)은 일부 모낭을 위축시켜 활동을 정지시키는 역할을 하고 있다. 또 직접적으로 탈모를 일으키는 호르몬은 DHT라고 알려져 있다. DHT는 테스토스테론에 5RD라는 효소가 작용하여 생성되는 대사물질인데, 이것은 모낭세포의 특정부분과 결합하여 탈모와 연관된 일련의 변화를 일으키는 물질이다. 또한 DHT는 모발의 생장주기 중 성장기를 짧게 하고 휴지기를 길게 하여 결국 모발의 길이가 짧아지고 굵기는 가늘어지게 한다.

테스토스테론은 머리카락 성장과는 아무런 관련이 없고, 다만 탈모에만 영향을 미친다.

③ 나이

탈모가 언제, 몇 살 정도에 시작되는지는 개인마다 다르고, 그 사람의 유전자의 조합과 남성호르몬의 혈중 농도에 따라 다르다. 탈모는 한 번에 모두 진행되는 것이 아니며, 일정한 속도로 계속 진행되는 것도 아니다. 탈모 속도는 빠른 시기와 늦은 시기 그리고 안정화되는 시기를 거치게 된다. 하지만 나이가 점점 들수록 전체 모발 개수는 줄어드는 것은 틀림없는 사실이다. 탈모 유전자가 없는 사람이라도 나이가 들면 일부 모낭에서는 축소화가 일어나게 된다. 그 결과 굵은 머리카락과 가는 머리카락이 섞여 있게 되며, 전체적으로는 숱이 적어 보이는 것이다. 결국 축소된 모낭은 기능을 중지하여 머리카락이 없어지며, 모낭 숫자는 줄어들게 된다. 이러한 노화에 따른 탈모현상은 두피 전체에서 일어나게 된다.

(2) 남성형 탈모증의 분류

탈모의 상태를 분류하는 방법은 여러 가지가 있으나 국제적으로 가장 많이 사용하는 방법은 '노우드(Norwood)'식 분류법이다.

(3) 남성형 탈모증의 치료

남성형 탈모증의 치료는 크게 수술적인 방법과 비수술적인 방법으로 나뉜다. 비수술적인 방법에는 피나스테리드 복용, 호르몬제 국소도포, 병변내 주사 또는 전신투여가 있고, 수술적인 방법에는 자신의 모발을 이식 수술하는 방법(자가모발이식술)이 있다.

2) 여성형 탈모증

여성형 탈모증은 여성의 20~30대에서 1~2%가, 40대 이상에서는 20~30%가 나타나고 있다. 여성은 탈모를 유발시키는 남성호르몬인 안드로겐보다 여성호르몬인 에스트로겐을 훨씬 더 많이 갖고 있어, 남성처럼 완전한 대머리가 되지는 않는다. 단지 머리카락이 다량으로 빠지게 되어 숱 자체가 적어질 뿐이다. 즉, 남성형 대머리는 굵은 머리털이 잔털로 연모화되어 마지막에는 연모마저 빠지게 되는데, 여성의 경우에는 굵은 머리털이 연모화된 상태에서 진행을 멈추는 것이 특징이다.

여성 탈모는 남성 탈모와 다른데, 앞쪽 헤어라인은 빠지지 않고, 정수리 쪽 머리카락이 가늘어지며 숱이 줄어든다. 남성은 젊을 때부터 탈모가 진행되지만 여성은 폐경 이후 중년에 심해진다. 또 남성은 몇 년 사이에 빨리 빠져버리고 여성은 천천히 지속적으로 빠진다.

① 여성탈모의 원인

여성은 남성보다 빈혈이 10배 정도 많은데, 빈혈이 있으면 탈모가 잘 생긴다. 갑상샘질환이 있는 경우도 머리카락이 빠지는데, 여성이 남성보다 갑상샘 질환에 5~10배 더 잘 걸린다. 임신과 출산도 탈모의 원인으로, 임신하면 여성호르몬인 에스트로겐이 평소보다 10배 가량 증가하여 생리를 멈추게 하고 임신을 유지시킨다. 일반적으로 대개 하루에 100개 정도의 휴지기 머리카락이 빠진다. 임신으로 여성호르몬 농도가 높아지면 머리카락이 빠지지 않고 있다가 출산과 동시에 에스트로겐 농도가 급격히 낮아지면서 그동안 안 빠진 머리카락이 빠지게 된다. 출산을 하고 머리카락이 빠지는 것은 개인에 따라서 차이가 있지만 탈모 비율은 전체의 25~45% 정도 된다. 탈모는 보통 2~6개월 가량 지속되다가 특별한 치료 없이도 회복된다.

또한 폐경 후에는 여성호르몬이 줄어들면서 머리카락이 빠진다. 여성도 남성호르몬을 어느 정도 가지고 있는데, 남성호르몬이 정상보다 많으면 탈모가 생긴다. 정신적 · 육체적 스트레스도 탈모를 유발하며, 무리한 다이어트도 한 원인이 된다.

② 여성형 탈모증의 치료

여성형 탈모증의 치료에는 미녹시딜을 주로 사용하며 코퍼펩타이드, 트레티노인, 기타 약제 등을 병행하여 치료할 수 있다. 우선 모발 증가보다도 현 상태에서 악화되는 것을 막는데 목표를 두며, 가늘어진 모발이 다시 회복될 수 있도록 한다.

3) 원형탈모증

(1) 원인

정확한 원인은 밝혀지지 않았지만 자가 면역기전으로 알려져 있으며, 추가로 유전적 소인과 정신적인 스트레스가 영향을 미친다.

(2) 증상

원형탈모증은 주로 두피에 원형으로 탈모가 발생하는 것으로 여러 개가 발생할 수 있고, 신체 다른 부위의 탈모와 함께 발생할 수도 있다. 원형탈모증의 원인은 아직 뚜렷하게 밝혀져 있지 않지만 스트레스는 발생에 상당히 중요한 원인으로 작용하고 있는 것으로 알려져 있다. 보통 자각증상 없이 원형 또는 난원형 탈모반이 갑자기 발생하는데, 대개는 두피에 나타나지만 수염, 눈썹, 음모, 겨드랑이 털 등에도 나타날 수 있다. 사춘기 이후에 발생하는 환자는 자연적으로 회복되는 경향이 있다. 회복되는 모발은 처음에 솜털 같으며 연한 색으로 보이나, 나중에는 굵고 진한 색의 성숙한 모발로 대체된다. 또한 회복되는 모발이 백모 형태를 띠기도 하며, 백모의 성장 속도가 다른 털의 성장 속도보다 빠르게 나타나기도 한다. 백모는 대개 진한 색깔의 모발로 대체되나 수년간 백모상태로 지속되기도 한다.

어떤 환자들은 원형탈모증이 진행되어 전두탈모증이나 전신탈모증으로 진행되기도 한다.

(3) 특수한 형태의 원형탈모증

다음 형태의 탈모증들은 예후가 좋지 않다.

- 전두탈모증(alopecia totalis): 머리 전체의 털이 빠지는 형태이다.
- 전신탈모증(alopecia universalis): 눈썹, 속눈썹, 수염, 겨드랑이 털, 음모 등의 전신의 털이 빠지는 형태이다.
- 사행성두피탈모증(ophiasis): 한쪽 귀 주위에서 머리의 옆과 뒤를 따라 다른 쪽 귀로 이어지는 형태이다. 즉 월계관을 쓰면 닿는 부위의 탈모반을 말하며, 머리 뒤쪽에서 탈모형태를 보면 마치 뱀이 구불구불 기어가는 듯한 느낌을 준다고 하여 '사행성'이라는 용어가 붙었다.
- 망상원형탈모증(reticular alopecia areata): 크기가 작으면서 모양이 뚜렷한 탈모반이 머리의 여기저기에 흩어져 있어 망(그물) 형태를 보이는 경우이다.

(4) 치료

탈모반이 하나 또는 수 개 이하로 나타나는 경우에는 부신피질호르몬제 연고와 병변 내 국소주사가 가장 많이 이용되고 있다. 또 중증 탈모증인 경우에는 다음의 항목을 단일 또는 복합 처방한다.

- 부신피질호르몬제: 연고, 병변 내 국소주사, 경구 또는 근육주사
- 펄스요법

- 면역감작요법(DPCP)
- 면역 억제제
- 기타: 자외선요법, 냉동요법, 미녹시딜

4) 탈모증 치료제

(1) 프로페시아

프로페시아(propecia)는 경구용 탈모 치료제이며, 이 약에는 피나스테리드(finasteride)라는 물질이 함유되어 있다. 이 성분은 원래 전립선비대증을 치료하기 위해서 개발되었으나, 모발 성장을 촉진시키는 것이 밝혀지면서 탈모 치료제로 쓰이게 되었다. 피나스테리드는 5RD 효소를 억제하는 물질이다. 프로페시아는 정수리와 앞 중앙부 두피부분의 남성형 탈모증 치료제이며, 남성에게만 사용하고 여성과 어린이에게는 사용하지 않는다. 프로페시아는 대부분의 남성에서 벗겨진 두피 부위의 모발수를 증가시킨다. 또 좋은 효과를 얻기 위해서는 3개월 이상 복용해야 하며, 계속 복용 시 장기간 작용이 지속된다. 복용을 중단하면 12개월 이내 새로 자란 모발이 다시 탈모될 수 있다.

(2) 미녹시딜

미녹시딜(minoxidil)은 다른 약제보다 가장 먼저 두피의 탈모증 치료에 사용되기 시작했다. 항 고혈압 경구약제로 사용되었으나, 이 약제를 복용한 환자에게서 다모증이 나타나는 것이 관찰되어 이후 국소도포제가 개발되어 탈모증 치료에 사용되어 왔다. 미녹시딜은 경구용 피나스테리드와 함께 남성의 안드로겐 유전성 탈모증 치료제로 사용되고 있다. 미녹시딜이 모발 성장을 촉진하는 기전은 현재까지 밝혀져 있지 않으나 여러 경로를 통해 작용하는 것으로 추측된다. 모발성장 효과는 모든 연령에서 다 나타나지만, 특히 40세 이하의 환자에게서 더욱 효과가 높다. 또 정수리 부위의 효과가 제일 좋다.

미녹시딜에 의한 모발성장의 최대효과는 6~12개월 이후에 나타나며, 장기 치료 시 점차 새로운 모발의 성장효과는 감소한다. 미녹시딜 치료를 중단하면 급속하게 탈모가 진행되어 4~6개월 후에는 치료 이전 상태로 또는 그보다 더 악화된 상태로 돌아간다. 여성도 미녹시딜 사용의 효과를 볼 수 있다. 미녹시딜은 바르고 약 4시간 이후에 흡수되므로 수영이나 샤워는 그 이후에 하도록 한다. 다모증의 경우 남성보다 여성이 더 흔하게 나타난다. 약제를 계속 사용할 경우 1년 후에는 다모증이 사라지며, 약제를 중단하면 1~6개월 후에 회복된다.

5) 모발이식수술

모발이식수술은 남성형 탈모증(대머리), 음부, 눈썹, 수염, 속눈썹, 겨드랑이 부위의 탈모가 있는 환자나 화상 또는 외상 후의 흉터로 인한 탈모증 환자에게 자신의 모발(주로 뒷머리)을 채취하여 이식수술을 시행할 수 있다. 다만 나이와 환자의 건강상태, 수술적합 여부 등을 의사의 진료 후에 수술을 결정한다.

모발이식수술 시 머리카락을 제공할 부위에 국소마취를 시행한 후 메스를 사용하여 이식할 모발을 채취한다. 채취한 모발을 일일이 가려낸 다음, 모발이식수술용 주사기에 하나씩 끼운 뒤에 모발을 이식한다. 이식된 모발은 빠지지 않고 그곳에서 다시 자라게 된다. 보통 대머리 수술인 경우는 한번에 1,600~2,400개 정도의 모발을 이식할 수 있으며, 기타 부위의 수술에는 필요한 만큼을 한꺼번에 시행할 수 있다. 머리카락을 한 개씩 수술하는 단일 식모이식술은 수술하는 의사가 번거롭고 시간이 오래 걸리는 단점이 있으나 자연스럽고 출혈이 적은 장점이 있다.

수술시간은 평균적으로 2~4시간 정도 소요된다. 수술 후 가벼운 통증과 출혈이 있을 수 있고, 수술 부위 및 얼굴이 부을 수 있다. 이식수술한 부위에는 서서히 딱지가 앉게 되고 2~3주 후부터 이식수술한 부위의 머리카락은 빠지기 시작한다. 수술 3~4개월 후부터는 서서히 머리카락이 다시 자라기 시작하여 수술 후 9개월 정도가 지나면 성숙한 머리카락이 완전히 자라나오게 된다. 전체적으로 볼 때 이식수술한 머리카락의 80% 정도가 자라게 된다.

6) 두피 관리방법

두피 관리는 건강한 머리를 보존하고, 외부적 또는 내부적 문제로 인한 머리카락 손상과 병적인 탈모를 방지하는 데 목적이 있다. 또한 건강한 모발뿐만 아니라 모발 뿌리부터 관리하여 탈모를 예방하기 위한 것이기도 하다. 병원에서 시행하는 두피 관리는 크게 탈모환자를 위한 탈모방지 과정과 탈모환자의 치료과정, 지루성 피부염 과정, 두피 세정 및 영양공급, 손상된 모발관리 과정 등이 있다. 두피 관리는 각 과정별로 다양하게 구성되어 있지만, 과정을 크게 나누면 다음과 같다.

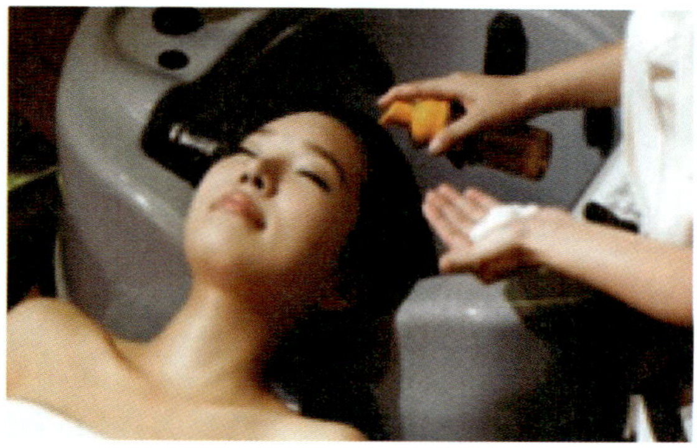

그림 11.42 두피 관리

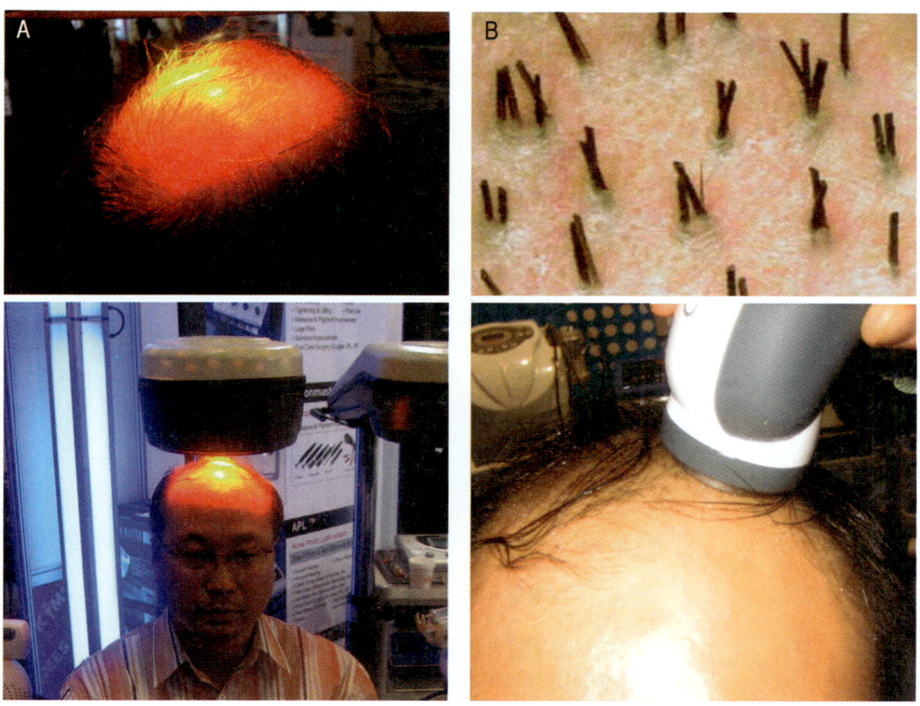

그림 11.43 헤어 레이저(A)헤어 고주파(B). 자료제공: 메드로메디컬비젼

(1) 비듬성두피 관리

[관리 핵심]

- 두피 유형(지성, 건성, 민감성)에 맞는 샴푸를 선택한다.
- 두피의 홍조와 가려움증을 없애기 위해서 박테리아군의 균형을 유지한다.
- 두피 저항력을 강화시키기 위해서 상피세포에 영양을 공급한다.
- 비듬을 제거하기 위한 과도한 세척은 피한다.
- 샴푸만을 집중적으로 사용하지 않도록 한다.
- 모발 건조 시 헤어 드라이기는 고온에서 사용하지 않는다.

그림 11.44 비듬성두피

표 11.34 비듬성두피의 관리 과정과 방법

과정	방법
① 안티스트레스 마사지	혈액순환 및 근육이완을 위해 어깨와 목을 가볍게 마사지한다.
② 가습 단계	비듬용 용액을 바르고 헤어 스티머로 5~10분간 가습한다.
③ 세정 단계	퓨리파잉 샴푸를 이용하여 두피를 깨끗하게 세정한다.
④ 스칼프 펀치 단계	기계를 이용하여 두피의 각질과 모공 내 노폐물을 제거한다.
⑤ 모발건조 단계	헤어 드라이기로 두피와 모발을 건조시킨다.
⑥ 두피자극 및 연화 단계	고주파 또는 두피지압을 통해 혈액순환과 두피케라틴을 연화시킨다.
⑦ 약 투여 단계	비듬용 약제 또는 앰플을 투여한다(이 과정이 효과를 나타내는 데 가장 중요하다).
⑧ 진정 단계	헤어 레이저나 헬륨-네온 레이저를 10분간 조사한다.
⑨ 마무리 단계	두피에 영양을 공급하고 머리카락에도 영양을 공급해준다.

(2) 지성두피 관리

[관리 핵심]

- 모공과 모낭이 호흡할 수 있는 세정을 한다.
- 규칙적이고 세심하게 트리트먼트한다.
- 알코올이 함유된 제품은 사용하지 않는다.
- 모발 건조 시 헤어 드라이기는 고온에서 사용하지 않는다.

그림 11.45 지성두피

표 11.35 지성두피의 관리 과정과 방법

과정	방법
① 안티스트레스 마사지	혈액순환 및 근육이완을 위해 어깨와 목을 가볍게 마사지한다.
② 피지제거 단계	세범 컨트롤 용액을 바르고 10분간 방치한다.
③ 세정 단계	리밸런싱 샴푸를 이용하여 두피를 깨끗하게 세정한다.
④ 스칼프 펀치 단계	기계를 이용하여 두피의 각질과 모공 내 노폐물을 제거한다.
⑤ 모발건조 단계	헤어 드라이기로 두피와 모발을 건조시킨다.
⑥ 두피자극 및 연화 단계	고주파 또는 두피지압을 통해 혈액순환과 두피케라틴을 연화시킨다.
⑦ 약 투여 단계	세범 컨트롤 앰플을 투여한다(이 과정이 효과를 나타내는 데 가장 중요하다).
⑧ 진정 단계	헤어 레이저나 헬륨-네온 레이저를 10분간 조사한다.
⑨ 마무리 단계	두피에 영양을 공급하고 머리카락에도 영양을 공급해준다.

(3) 건성두피 관리

[관리 핵심]

- 보습용 샴푸를 사용한다.
- 샴푸를 너무 많이 하지 않는다.
- 모발 보호를 위해 오일을 사용하면 좋다.
- 모발 건조 시 헤어 드라이기는 고온으로 사용하지 않는다.

그림 11.46 건성두피

표 11.36 건성두피의 관리 과정과 방법

과정	방법
① 안티스트레스 마사지	혈액순환 및 근육이완을 위해 어깨와 목을 가볍게 마사지한다.
② 가습 단계	헤어 스티머로 10분간 가습한다.
③ 세정 단계	너리싱 샴푸를 이용하여 두피를 깨끗하게 세정한다.
④ 스칼프 펀치 단계	기계를 이용하여 두피의 각질과 모공 내 노폐물을 제거한다.
⑤ 모발건조 단계	헤어 드라이기로 두피와 모발을 건조시킨다.
⑥ 두피자극 및 연화 단계	고주파 또는 두피지압을 통해 혈액순환과 두피케라틴을 연화시킨다.
⑦ 약 투여 단계	건성용 앰플을 투여한다(이 과정이 효과를 나타내는 데 가장 중요하다).
⑧ 진정 단계	헤어 레이저나 헬륨-네온 레이저를 10분간 조사한다.
⑨ 마무리 단계	두피에 영양을 공급하고 머리카락도 영양을 공급해준다.

(4) 지성두피와 건성모발 관리

표 11.37 지성두피와 건성모발의 관리 과정과 방법

과정	방법
① 안티스트레스 마사지	혈액순환 및 근육이완을 위해 어깨와 목을 가볍게 마사지한다.
② 가습 단계	세범 컨트롤 용액을 바르고 헤어 스티머로 5~10분간 가습한다.
③ 세정 단계	리밸런싱 샴푸를 이용하여 두피를 깨끗하게 세정한다.
④ 스칼프 펀치 단계	기계를 이용하여 두피 각질과 모공 내 노폐물을 제거한다.
⑤ 모발건조 단계	헤어 드라이기로 두피와 모발을 건조시킨다.
⑥ 두피자극 및 연화 단계	고주파 또는 두피지압을 통해 혈액순환과 두피케라틴을 연화시킨다.
⑦ 약 투여 단계	세범 컨트롤 앰플을 투여한다. 머리카락에 오일을 바른다(이 과정이 효과를 나타내는 데 가장 중요하다).
⑧ 진정 단계	헤어 레이저나 헬륨-네온 레이저를 10분간 조사한다.
⑨ 마무리 단계	두피에 영양을 공급하고 머리카락도 영양을 공급해준다.

(5) 탈모진행형 두피 관리

표 11.38 탈모진행형 두피의 관리 과정과 방법

과정	방법
① 안티스트레스 마사지	혈액순환 및 근육이완을 위해 어깨와 목을 가볍게 마사지한다.
② 가습 단계	탈모방지 용액을 바르고 헤어 스티머로 5~10분간 가습한다.
③ 세정 단계	에너자이징 샴푸를 이용하여 두피를 깨끗하게 세정한다.
④ 스칼프 펀치 단계	기계를 이용하여 두피의 각질과 모공 내 노폐물을 제거한다.
⑤ 모발건조 단계	헤어 드라이기로 두피와 모발을 건조시킨다.
⑥ 두피자극 및 연화 단계	고주파 또는 두피지압을 통해 혈액순환과 두피케라틴을 연화시킨다.
⑦ 약 투여 단계	탈모 약제 또는 탈모방지용 앰플을 투여한다(이 과정이 효과를 나타내는 데 가장 중요하다).
⑧ 진정 단계	헤어 레이저나 헬륨-네온 레이저를 10분간 조사한다.
⑨ 마무리 단계	두피에 영양을 공급하고 머리카락도 영양을 공급해준다.

※ 참고: 두피 관리 시 사용하는 두피제품은 병원에 따라 다를 수 있다.

(6) 모발이식수술 후 두피 관리

표 11.39 모발이식수술 후 두피의 관리 과정과 방법

과정	방법
수술 후 1주일간	헤어 레이저나 또는 헬륨-네온 레이저를 매일 10분간 조사한다.
수술 후 1~2주	① 세정 단계: 에너자이징 샴푸를 이용하여 두피를 깨끗하게 세정한다. ② 모발건조 단계: 헤어 드라이기로 두피와 모발을 건조시킨다. ③ 진정 단계: 헤어 레이저나 또는 헬륨-네온 레이저를 10분간 조사한다. ④ 마무리: 두피에 영양을 공급하고 머리카락도 영양을 공급해준다.
수술 후 3~4주	① 세정 단계: 에너자이징 샴푸를 이용하여 두피를 깨끗하게 세정한다. ② 모발건조 단계: 헤어 드라이기로 두피와 모발을 건조시킨다. ③ 앰플투여 단계: 앰플을 투여한다. ④ 진정 단계: 헤어 레이저나 또는 헬륨-네온 레이저를 10분간 조사한다. ⑤ 마무리: 두피에 영양을 공급하고 머리카락도 영양을 공급해준다.
수술 후 5~8주	① 세정 단계: 에너자이징 샴푸를 이용하여 두피를 깨끗하게 세정한다. ② 모발건조 단계: 헤어 드라이기로 두피와 모발을 건조시킨다. ③ 두피자극 및 연화 단계: 고주파로 혈액순환을 촉진시킨다. ④ 앰플투여 단계: 앰플을 투여한다. ⑤ 진정 단계: 헤어 레이저나 또는 헬륨-네온 레이저를 10분간 조사한다. ⑥ 마무리: 두피에 영양을 공급하고 머리카락도 영양을 공급해준다.

8. 지방흡입술의 이해

1) 비만

(1) 비만의 정의

음식을 섭취하는 것은 생명을 유지하기 위한 근본이다. 또 건강과 인생의 즐거움 가운데 가장 큰 하나인 먹는 즐거움도 준다. 하지만 때로는 이것이 비만의 원인이 되기도 한다. 비만은 에너지의 섭취 칼로리와 소모 칼로리의 불균형 상태를 말하며, 일종의 영양 불균형으로 인해 체지방이 과잉으로 축적된 상태라고 정의할 수 있다.

몸의 소비 칼로리와 섭취 칼로리를 저울에 달았을 때 섭취 칼로리가 적고 소비 칼로리가 많으면 몸무게는 감소하고, 섭취 칼로리가 많고 소비 칼로리가 적으면 몸무게는 증가한다. 따라서 비만의 원인은 유전적인 요소도 있지만 장기간에 걸쳐 소모 칼로리보다 섭취 칼로리가 많아 과잉 열량이 체지방으로 저장되어 체중이 증가하는 것이다.

그림 11.47 비만

(2) 비만의 기준

몸에는 지방조직이 있다. 이는 극한 상황에서 인간이 살아남기 위해서 반드시 필요한 조직이다. 지방조직이란 지방세포가 모여 이루어진 조직이다. 이 지방조직은 피부 밑 피하, 특히 엉덩이에 많고 내장과 혈관 주위, 여성의 유방 등 몸속에 널리 퍼져 있다. 비만은 몸의 소비 칼로리와 섭취 칼로리를 비교했을 때 섭취 칼로리가 많으면 여분의 칼로리는 지방의 형태로 몸에 축적된다. 이 지방조직의 양이 몸 전체에 차지하는 비율을 체지방률이라고 한다. 또 우리 몸의 적정치의 체지방률은 남성의 경우 10~20%이고, 여성의 경우는 20~30%이다. 이때 체지방률이 적정치보다 높을 때 비만이라고 한다. 따라서 단순히 몸무게가 많이 나간다고 해서 비만이라 단정 지을 수는 없다.

지방의 축적된 상태를 측정하기 위한 지표로서 일반적으로 사용하고 있는 방법 중의 하나가 체질량지수(body mass index, BMI)이다.

표 11.40 체지방률에 따른 비만의 기준

	경도비만	비만	고도비만
남성(전체 연령)	20% 이상	25% 이상	30% 이상
여성(15세 이상)	30% 이상	35% 이상	40% 이상

BMI는 몸무게(kg) ÷ [키(m) × 키(m)]로 간단하게 구할 수가 있다. 일본 비만학회의 경우 BMI의 값이 18.5 미만이면 저체중으로, 18.5 이상에서 25 미만은 보통으로, 25 이상은 비만으로 분류한다. BMI상 표준은 22이다. 비만이 진행될수록 BMI 값이 커진다.

표 11.41 BMI에 따른 비만 판정(일본 비만학회, 1999년)

BMI	판정
18.5 미만	저체중
18.5 이상 25 미만	정상체중
25 이상 30 미만	비만(1도)
30 이상 35 미만	비만(2도)
35 이상 40 미만	비만(3도)
40 이상	비만(4도)

(3) 비만의 유형

비만은 지방이 쌓여 있는 장소에 따라 크게 2가지 유형으로 나눌 수 있다. 지방세포는 온 몸에 있지만 특히 많이 모여 있는 곳이 피하조직과 내장 주변이다.

여성의 경우 피하조직, 특히 하반신에 지방이 집중되기 쉽다. 이러한 유형을 피하지방형(서양배형) 비만이라 한다. 또한 남성의 경우 내장 주위에 지방이 집중되기 쉬워서 내장에 지방이 쌓여 있는 유형을 내장지방형(사과형) 비만이라고 한다. 피하지방형과 내장지방형을 비교하면 피하지방형은 일단 지방이 모이면 없애기가 매우 어렵

표 11.42 비만의 유형

	내장지방형 비만	피하지방형 비만
겉모습	사과형(배가 불룩 나옴)	서양배형(엉덩이, 허벅지)
허리/엉덩이 비율	크다	작다
지방이 쌓여있는 장소	내장 주변	피하
흔히 볼 수 있는 유형	남성, 갱년기 여성	젊은 여성
생활 습관과 병의 관련도	많다	적다
치료에 대한 반응	높다	낮다

다. 반면에 내장지방형은 비교적 쉽게 지방이 없어지지만 대사증후군이 되기 쉬운 특징이 있다. 즉, 내장지방형 비만이 더 위험하다.

2) 지방세포

그림 11.48 지방세포

지방을 저장해야 할 필요성은 인류의 역사와 관계가 있다. 인류가 비교적 안정되게 식량을 얻을 수 있게 된 것은 농경이 시작되고 나서 수천 년 이후다. 그때 까지는 식량을 언제 얻을지 알 수가 없는 수렵과 채집의 시대였다. 이 같은 상황에서 식량이 풍부할 때 여분으로 먹어두고 에너지를 몸속에 저장하여, 식량이 부족할 때 지방을 분해해서 에너지를 사용함으로써 기아를 극복해 왔던 것이다. 이처럼 지방조직에서 지방을 저장하는 세포를 지방세포(adipocyte)라고 한다.

본래는 이렇게 지방이 고마운 역할을 해 왔으나, 포식의 시대가 도래하여 오히려 기피하는 현상으로 바뀌게 된 것이다. 몸속에 지방을 저장하는 것은 지방세포와 간 등이다. 지방세포 속에는 혈액에서 회수한 지방이 기름방울로 저장되어 있으며, 또 인슐린을 받은 세포는 가까운 혈관에서 포도당을 흡수하고 마찬가지로 지방을 바꾸어 저장한다. 이들 지방은 필요에 따라서 분해되어 몸속에서 소비된다.

3) 지방세포의 종류

지방세포는 지방을 저장한다. 지방세포는 백색과 갈색 두 종류가 있다. 하지만 형태와 기능은 전혀 다르다.

지방세포라고 하면 우리가 쉽게 떠올리는 것은 대개 백색 지방세포이다. 백색 지방세포는 세포 속이 비어 있으며, 그곳에 지방을 대량으로 저장할 수 있다. 지방이 쌓이면 쌓일수록 백색 지방세포는 풍선처럼 크게 부풀어 오른다. 비만인 사람의 경우 정상의 지방세포와 비교하였을 때 지름이 20배 정도까지 커진다. 백색 지방세포는 성인 1명에게 약 300억 개 정도 있다. 이 세포의 수가 급격하게 늘어나는 시기는 태아기와 유아기 그리고 사춘기 3회이다. 이 시기에 칼로리를 과잉 섭취하게 되면, 세포분열이 활발해져서 지방세포 수가 점차 늘어난다. 백색 지방세포의 수가 증가할수록 점점 더 비만해지고 살이 쉽게 빠지지 않는 몸이 된다. 그리고 최근 연구 결과에 의하면 이 세 시기 외에도 칼로리를 과잉 섭취하게 되면 백색 지방세포가 분열해서 증가한다는 새로운 사실이 밝혀졌다. 세포분열 속도는 세 시기만큼은 아니지만 그래도 점차 증가하여 비만인 사람의 경우 세포수가 약 600억 개나 된다. 600억 개의 백색 지방세포가 계속 부풀어 오르는 것이다.

이에 비해 갈색 지방세포는 지방을 저장하는 것과는 전혀 반대의 역할을 한다. 갈색 지방세포 속에도 지방은 당연히 있으나 백색 지방세포와는 달리 양이 많지 않다. 세포 지름은 백색 지방세포의 1/10 정도이고 안에는 세포에너지 대사의 중심적인 역할을 수행하는 미토콘드리아가 많이 있다. 미토콘드리아는 지방이 분해되어 생긴 유리지방산을 소비해 열로 바꾼다.

갈색 지방세포는 몸 속 어디에나 있는 것은 아니다. 이것은 주로 목덜미와 어깨뼈 주변 등에 있으며, 지방을 연소시키는 동시에 열을 몸 밖으로 내보내는 역할을 한다. 이 지방세포가 갈색으로 보이는 이유는 미토콘드리아가 갈색을 띠기 때문이다. 갈색 지방세포는 비만해도 백색 지방세포처럼 증가하지 않는다. 오히려 태어났을 때는 150g 정도였다가 사춘기까지 40~50g 정도로 감소한다.

4) 지방흡입술

(1) 지방흡입술의 개요

지방흡입술은 지방이 과도하게 축적된 부위에 흡입관(cannula)을 이용하여 지방세포를 제거하는 시술을 말한다. 지방흡입술은 서양에서 가장 많이 시술하는 미용성형 중의 하나이며, 최근에는 우리나라에서도 지방흡입술을 많이 시술하고 있다. 지방흡입술 사례가 증가하는 이유는 식생활 변화에 의한 체형 변화가 큰 이유 중 하나이지만, 이보다 더 중요한 요인으로는 미에 대한 기준 변화라고 할 수 있다. 지방흡입술이 처음 도입되었을 당시에는 비만 환자만이 받는 수술로 인식되었으나, 최근

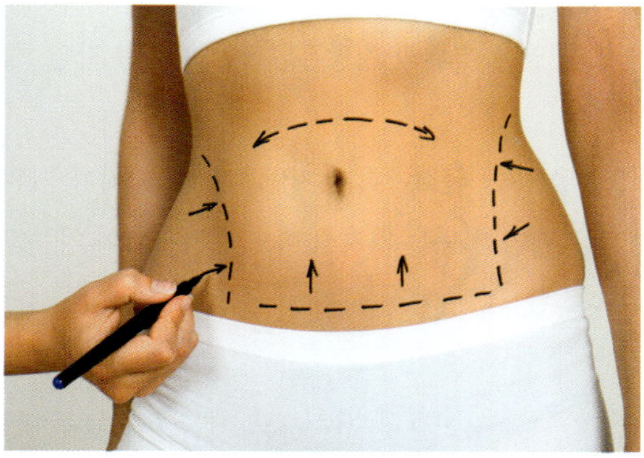

그림 11.49 지방흡입술

에는 미용 관점에서 볼 때 불만스러운 비율로 분포되어 있는 지방을 제거하여 몸매를 교정하는 것이 목적이다. 그래서 전체적으로 비만하지 않더라도 지방 축적으로 인한 몸매 결점이 있는 경우 시술 대상이 된다. 지방흡입은 부분적으로 배, 팔, 등, 어깨, 목, 얼굴, 허벅지, 종아리, 엉덩이, 가슴 등 피하지방이 축적된 대부분의 부위가 해당된다.

어린 시절 결정된 지방세포의 수는 평생 변하지 않기 때문에 다이어트를 해도 지방세포의 크기가 줄어들 뿐 그 수는 그대로 유지된다. 그래서 다이어트의 요요현상이 나타나게 되는 것이다. 지방흡입은 지방이 많이 축적된 부위의 지방을 제거하여 원하는 몸매를 만들어 주는 시술로 지방세포 수를 감소시켜주므로 요요현상의 가능성이 적다. 지방흡입술은 피부과나 성형외과 및 기타 미용외과 분야에서도 시술하고 있으며, 튜메슨트(Tumescent) 마취를 이용한 지방흡입술은 매우 안전하고 효과적이어서 환자들의 만족도가 높다.

(2) 튜메슨트 마취

1987년 Jeffrey Klein은 피부외과 영역에서 튜메슨트 마취를 처음 도입하여 지방흡입술에 혁신을 일으켰다. '튜메슨트'라는 용어는 라틴어의 'Tumere'에서 기원한 말로 '부어 있어 탱탱한 상태'를 의미한다. 이는 국소마취제나 지혈제를 희석하여 피하에 다량 주입하여 시술부위를 부풀어 오르게 하는 방법이다.

튜메슨트 마취는 출혈이 거의 없으며 수술 후 회복이 빠르고 많은 양의 지방을 제거할 수 있다. 또한 얕은 부위의 지방흡입도 가능해서 자연스럽고 아름다운 윤곽을 만들 수 있다.

튜메슨트 방법을 이용한 국소마취는 지방흡입 중 환자가 거의 통증을 느끼지 않으므로 전신마취나 정맥마취 등을 하지 않아도 지방흡입이 가능하다는 장점이 있다.

(3) 수술 전 상담

지방흡입술은 체중감량을 목적으로 시술하는 것이 아니므로 지방흡입술로 체중을 줄이려는 환자에게는 이에 대한 이해와 인식을 위한 충분한 상담을 해야 한다. 상담 시에 환자 스스로가 지방흡입술의 결과에 대한 기대 수준을 적절히 갖도록 하는 것이 매우 중요하다. 그 이유는 수술부위에 상관없이 환자 자신의 골격 구조와 피부 탄력정도, 근육 발달정도, 지방흡입술로 제거하기 어려운 부위의 지방조직 등 수술 이외의 여러 가지 요인에 의해서 수술 결과에 영향을 줄 수 있기 때문이다. 따라서 지방흡입술로 해결할 수 없는 문제에 대해서는 수술 전 상담을 통해 충분하게 환자를 이해시켜야 수술 후 결과에 대한 불만을 줄일 수 있다.

5) 신체 부위별 지방흡입의 특징

(1) 복부

복부는 지방흡입술의 가장 대표적이면서 기본이 되는 부위로 신체 부위 중 가장 많이 시술하는 부위이다. 복부 지방흡입술은 지방흡입 패턴과 범위에 따라 다음과 같이 구분한다.

① 아랫배 지방흡입

② 아랫배와 윗배 지방흡입

③ 아랫배와 윗배, 엉덩이, 허리 등과 연결된 전체의 지방흡입

④ 복부 성형술

(2) 허벅지 및 엉덩이

일반적으로 우리나라 여성은 하체 비만인 경우가 상대적으로 많은 편이다. 이는 유

전적 요인, 체질적 요인, 좌식 생활, 성장기 운동부족 등이 원인이다. 지방흡입 시 엉덩이와 허벅지는 비교적 결과가 좋아 만족도가 높은 편이다.

(3) 팔

운동이나 다이어트를 해도 잘 빠지지 않는 축적된 지방의 팔 경우 지방흡입으로 좋은 결과를 얻을 수 있어서 시술 후 만족도가 높다. 팔뿐만 아니라 겨드랑이 뒤쪽의 국소적인 지방축적으로 인하여 팔을 내릴 때 팔과 등 사이에 살이 더 두툼해지는 부위까지 시술한다. 팔은 시술 후 부종이 다른 부위에 비해서 일찍 가라앉으므로 수술 결과를 더욱 빠르고 효과적으로 느낄 수 있다.

(4) 얼굴과 목

얼굴과 목의 경우 서양인들이 많이 시술하는 부위이며, 특히 턱살(Jowl) 부위를 지방흡입하면 얼굴과 목의 윤곽을 만들어 주어서 젊어 보이기 때문에 환자 만족도가 매우 높다. 시술 후 대개 3~4일이 지나면 부종이 감소하고, 1~2주 후부터는 얼굴 윤곽이 안정되며 갸름한 얼굴형이 나온다.

(5) 수술 후 관리

지방흡입 수술 후에는 붓기가 있기 때문에 2~3일간은 집에서 안정을 취하게 한다. 수술 후 3주 동안은 압박거들을 낮과 밤에 모두 입고, 그 다음 3주 동안은 낮에만 입는다. 붓기가 빠지면서 헐거워지므로 1주 간격으로 치수를 줄인다. 그리고 관리로 수술 후 10일 정도 지나면서 하루에 20분씩 마사지를 하는데 가능하면 엔더몰로지를 한다.

엔더몰로지(endermologie)는 수술 후 피부표면의 울퉁불퉁한 것을 치료하는데 효과가 있으며, 파괴된 지방성분의 흡수를 촉진한다. 수술 후 2~3주 후부터는 1주에 2회씩 8주 정도 엔더몰로지를 시행한다. 수술 후 정상 활동의 시작시기는 수술 부위의 범위에 따라 다르다. 복부 지방흡입술을 한 경우에는 수술 후 1~2일이 지나면 압박거들을 입은 상태로 곧바로 직장에 복귀할 수 있다. 다리 지방흡입술의 경우에는 4일 정도 휴식을 취하는 것이 좋다. 팔 지방흡입술을 한 경우에는 7~10

일 정도 지나면 직장에 복귀할 수 있다. 1주일 정도 지나면 정상적인 모습을 되찾을 수 있지만 완전하게 회복되기까지는 적어도 30일 정도 소요된다. 운동은 3주 정도 지나서 하는 것이 좋다.

(6) 부작용

지방흡입술 후 부작용이라기보다는 일시적인 현상이 일어날 수 있다. 피부표면의 울퉁불퉁함, 색소침착, 수술 후 실신, 일시적인 멍이나 피부감각 이상 등이다.

현재까지 튜메슨트 마취만을 이용한 지방흡입술로 인한 사망 사례는 보고된 바가 없다. 지방흡입의 위험성을 증가시키는 대표적인 이유는 다음과 같다.

① 한 번에 과도한 양의 지방을 제거할 경우
② 한 번에 여러 부위의 지방흡입을 시행할 경우
③ 한 번에 지방흡입 이외에 다른 수술을 같이 할 경우

따라서 환자가 여러 부위를 수술 받기 원하더라도, 무리하게 한 번에 하기보다는 여러 차례에 걸쳐 부위별로 나누어서 시술받도록 유도하는 것이 좋다.

6) 레이저 지방제거술

■ 스마트리포 레이저술

스마트리포(Smart lipo) 레이저술은 원하는 부위의 지방을 제거하고자 할 때, 그 부위에 레이저를 조사해줌으로써 지방세포를 녹여 없애는 방법이다. 레이저는 지방을 쉽게 액화시키고, 부드럽게 하는 성질로 지방제거 시술에 사용하게 된 것이다.

스마트리포 레이저는 국소마취만으로 시술해 안전하며, 시술과 회복시간이 모두 짧다. 특히 지방세포 크기만을 줄이는 것이 아니라 지방세포 수를 없애는 것으로 지방이 다시 축적되는 것을 막을 수도 있다는 장점이 있다.

스마트리포 레이저를 시술하기 위해서는 지방을 빼고 싶은 부위에 국소마취를 한 다음 절개하여 1mm 정도의 캐뉼라를 피하지방층에 삽입하여 레이저 광선을 조사한다. 레이저에 의한 조직반응의 충분한 시간을 얻기 위해서 기존 지방흡입술보다 더 느린 동작으로 캐뉼라(흡입관)를 움직인다.

스마트리포에 사용되는 레이저는 펄스엔디야그 레이저(Pulsed Nd:YAG Laser)로 다양한 주파수와 출력을 사용하며 1,064nm 파장을 이용한다.

조사된 레이저 광선은 지방세포막에 구멍을 내서 지방세포를 영구히 파괴시킨다. 이때 파괴된 지방은 인체의 자연정화 능력에 따라 체내로 흡수되어 소변으로 배출된다. 매우 짧은 시간에 고출력 레이저를 발사하기 때문에 주변 조직에 손상을 주지 않고 지방세포만을 선택적으로 녹여낼 수 있다.

그림 11.50 스마트리포 레이저.
자료제공: 김윤섭 피부과

스마트리포 레이저 시술의 장점으로는 레이저가 바로 혈관을 응고시켜 출혈이 되지 않고 멍이 들거나 붓기가 없다. 레이저 조사를 통해 지방 융해가 고르게 이루어지므로 시술 후 피부에 불규칙한 굴곡이 없고, 시술 시 콜라겐도 응고시켜 수축시키므로 처진 피부에 오히려 탄력을 주는 장점이 있다.

시술시간은 시술부위와 지방축적 정도에 따라 30분에서 1시간 사이이며, 수술 다음날부터 일상생활이 가능하다. 활동에 제한은 없으나 햇빛은 1개월 정도 피하는 것이 좋다. 후 처치로는 초음파 또는 고주파도 가능하며, 1주에 2회씩 8주 정도 시행하는 것이 좋다.

7) 엔더몰로지

엔더몰로지는 피부와 피하조직에 음압을 걸고 동시에 양압을 걸면서 굴리는 기법을 적용한 마사지 방법을 말한다. 피부에 음압을 걸어 피부를 주름잡아 끌어올리고 끌어올린 피부를 롤러 사이에서 굴리는 것이다. 즉, 피부 결체조직을 수직으로 끌어올려 굴려줌으로써 혈행과 림프액 흐름을 도와준다. 이러한 효과는 피부에 산소공급을 증가시키고 피부 장력을 높여주며, 결체조직을 연화시켜 울퉁불퉁한 피부 표면을 매끄럽게 만들어준다.

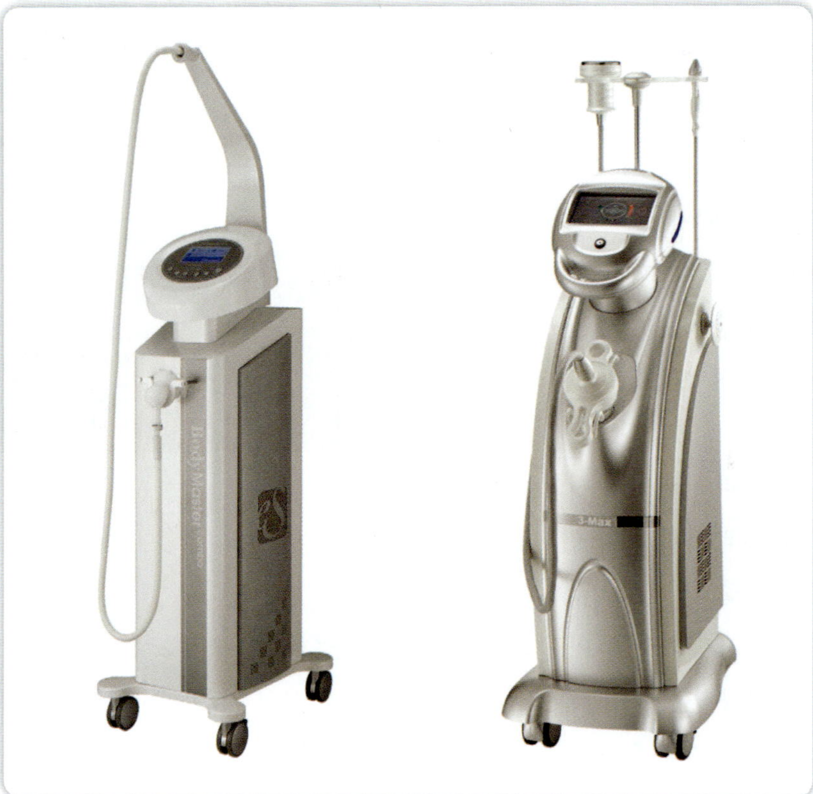

그림 11.51 엔더몰로지

CHAPTER 12

메디컬 스킨케어 상담

1. 상담의 이해
2. 상담에 포함되는 활동
3. 메디컬 스킨케어 상담
4. 메디컬 스킨케어 상담과정
5. 상담 시 유의사항
6. 환자 불만 응대 상담

1. 상담의 이해

그림 12.1 상담

상담은 상담자와 내담자가 함께 내담자의 변화를 위해 노력하는 조력 활동이라 할 수 있다. 이러한 조력 활동을 이끌어가는 전문가로서 상담자는 효과적인 조력을 위해 전문적인 지식과 경험을 갖추어야 하며, 내담자의 변화를 위해 적절한 반응과 기법을 사용할 수 있어야 한다.

또한 내담자의 긍정적 변화를 위해 상담자로서 지녀야 할 신념과 태도를 견지하고, 내담자를 이해하며 내담자의 문제를 파악하여 그 변화를 위한 조력 활동을 할 수 있어야 한다.

1) 상담의 정의

상담이란 사전적으로 "문제를 해결하거나 궁금증을 풀기 위하여 서로 의논하는 것"이다. 영어로는 'counseling'이며, 이는 라틴어 'counsulere'에서 유래된 것으로 '고려하다', '자문하다', '조언을 구하다' 등의 의미를 가지고 있다.

상담은 많은 학자들에 의해 다음과 같이 정의된다.

- 비교적 정상범위에 속하는 사람들이
- 전문적인 지식을 갖춘 상담자와 함께
- 신뢰와 허용적인 분위기 속에서
- 자기이해와 수용을 촉진시키도록
- 상담자와 내담자 간의 상호작용으로 인한
- 개인의 태도와 행동 변화를 통해 문제해결 및 더 나아가서 잠재능력의 개발을 꾀하는 것이라고 할 수 있다.

상담이란 용어는 최근 일상생활에서 매우 흔하게 사용되고 있다. 예를 들어 학업상담, 진로상담, 직업상담, 법률상담, 재무상담, 부동산상담, 여행상담, 결혼상담, 고객상담 등 여러 분야에서 다양한 의미로 광범위하게 사용되고 있다. 이렇듯 상담이란 것은 도움을 필요로 하는 사람과 도움을 줄 수 있는 전문적인 지식과 기능을 가지고 있는 사람과의 관계를 통하여 문제를 해결해 나가는 과정 및 활동이라 할 수 있다.

'메디컬 스킨케어 상담'이란, 내원한 환자의 피부상태 및 문제점을 판별하고 분석하여 환자가 고민하고 있는 문제점에 대해 해결방법을 제안하고 조언해줌으로써, 환자로 하여금 만족할 수 있는 선택과 결정을 할 수 있도록 도와주는 과정이라 할 수 있다.

2) 상담자

메디컬 스킨케어의 상담 주체는 환자이다. 이는 상담자가 필요한 자질과 전문적인 지식과 임상경험을 갖추고 있는 것이 중요함을 뜻한다.

상담자가 갖추어야 할 특성으로는 전문성, 친근감, 신뢰감 등이 있으며, 환자가 이러한 특성을 긍정적이고 높이 평가할수록 상담 결과가 훨씬 더 좋아지게 된다.

3) 환자(내담자)

메디컬 스킨케어의 환자는 상담 주체로서, 상담자와 함께 상담활동을 통해 결과 예상 및 문제해결 등 상담목표를 달성하기 위해 노력하는 존재이다.

4) 상담자의 자질

상담자와 환자 사이에 확립된 관계는 메디컬 스킨케어 과정의 기초를 이룬다. 이런 관계를 통하여 환자는 자신의 생각, 감정, 태도를 검토하는 법을 배우고, 이러한 탐색 결과에 의해 변화할 수 있다. 따라서 전문적이고 효과적인 상담자의 자질을 갖추는 것은 상담의 성공 여부를 좌우하는 데 핵심적인 기능을 담당한다고 할 수 있다.

상담자가 갖추어야 할 자질은 일반적으로 전문적 자질과 인간적 자질이 있다. 전문적 자질은 상담을 진행하는 데 필요한 전문적 지식과 임상적 경험, 태도 등을 의미하고, 인간적 자질은 상담자의 사람 됨됨이, 즉 인성적인 부분을 말한다.

(1) 전문적 자질

상담은 고도의 지식과 임상적 경험을 필요로 한다. 따라서 상담자는 상담에 필요한 교육과 전문가로서의 자격을 갖추어야 하며, 다양한 임상경험을 가지고 있어야 한다.

- 고도의 전문적 지식
- 상담 기법
- 환자 심리 파악
- 미용치료에 대한 높은 이해도
- 메디컬 스킨케어 임상 경험

(2) 인간적 자질

상담자가 이론적 지식과 많은 임상 경험이 있다고 해서 상담자로서의 자질을 모두 갖추고 있다고 할 수는 없다. 효율적이면서 효과적인 상담과 환자와의 관계 형성을 위해서는 반드시 갖추어야 할 부분이 인간적 자질이다. 여러 학자들은 효과적인 상담을 위하여 상담자가 지녀야 할 인격적 특징에 대해 다양하게 언급하고 있다. 여기에서 일부만 언급하면, 모든 환자와의 원활한 대인관계를 형성할 수 있어야 하며, 환자를 존중하고 가치를 인정하며, 온정과 관심을 보일 수 있어야 한다. 또한 상담관계에서 공감할 수 있는 능력을 갖추어야 하는데, 이는 상담자가 환자의 감정과 생각, 경험을 마치 자신의 것처럼 진지하게 이해하고 반응할 수 있는 능력을 의미한다.

상담자는 환자의 주관적 경험을 그 사람의 입장에서 느끼고 이해하려는 자세를 갖추도록 노력해야 한다. 상담을 하다 보면 다양한 문제를 가진 여러 유형의 환자들을 만나게 된다. 때로는 상담자를 신뢰하지 않는 경우도 발생하기 때문에 상담자는 어떠한 상황에서도 감정이 흐트러지지 않는 평정심과 힘들어도 참아낼 수 있는 인내심이 있어야 한다.

상담은 진지하고 섬세한 작업이다. 환자가 심리적 긴장을 하고 있을 수 있으므로 부드러운 분위기를 조성할 수 있는 유머감각도 필요하다. 이러한 자질은 상담자가 아니더라도 모든 사람이 갖추어야 할 바람직한 성격의 특성이겠지만, 사실 이러한 자질을 완벽하게 갖춘다는 것은 실제로 쉽지 않다. 하지만 상담자는 이러한 자질을 보다 많이 갖추려고 노력해야 할 것이다.

- 능숙한 대인관계 기술
- 인간에 대한 긍정적인 태도
- 환자에 대한 이해와 수용
- 공감적 이해능력
- 평정심과 인내심
- 유머감각

5) 상담자의 용모와 복장

단정한 용모와 복장은 환자로 하여금 상담자의 첫인상, 즉 이미지를 결정짓게 하는 중요한 요소 중 하나이다. 사람들은 처음 만나 15초 정도면 상대방의 전문적 감각이나 사회적 신분, 지위, 지식, 품행 정도를 판단하기 시작한다. 그리고 환자는 가장 먼저 시각적으로 상담자의 옷차림, 생김새, 눈빛, 자세 등과 같이 항상 눈에 보이는 것에 신경을 쓰게 되므로, 상담자는 이러한 모든 것에 관심을 갖고 주의를 기울여야 한다.

메디컬 스킨케어는 환자의 피부를 아름답게 변화시키는 일을 하므로 상담자의 용모와 복장은 매우 중요하다. 단정한 용모와 복장의 중요성은 좋은 첫인상을 갖게 하며, 환자로부터 신뢰를 받게 되고 결과적으로 일의 성과도 높아질 수 있다. 따라서 상담자는 용모와 복장에 항상 신경 써야 한다.

2. 상담에 포함되는 활동

상담이라는 용어는 최근에는 다양한 현장에서 광범위하게 사용되고 있다. 상담은 대표적으로 다음과 같은 활동을 포함한다(그림 12.2).

1) 정보제공

상담에는 정보제공(giving information)이 포함된다. 이것은 메디컬 스킨케어에서 병원에 내원한 환자가 미용치료에 대해 상담받기를 원할 때 피부의 문제점과 치료방법, 치료효과, 치료기간, 비용 등을 상세하게 안내해 주는 활동을 의미한다.

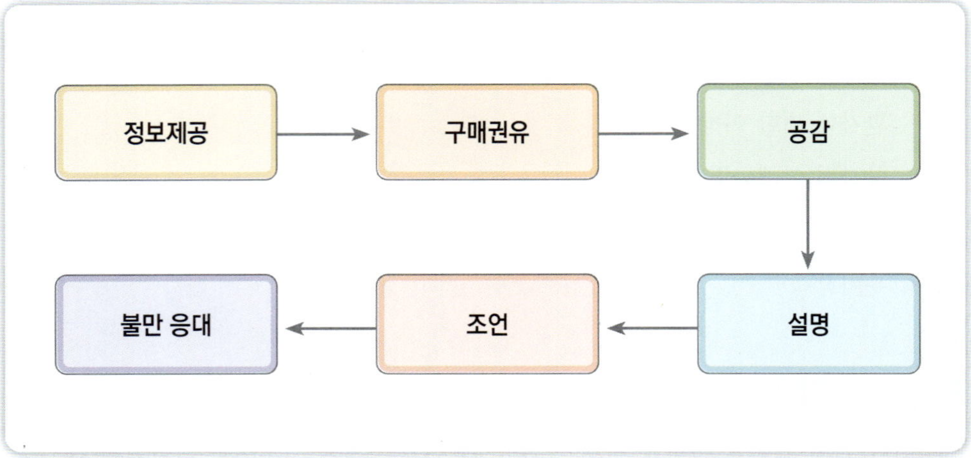

그림 12.2 상담에 포함되는 활동

단순한 것 같은 정보제공 활동에 상담이란 용어를 쓰는 이유는 제공해야 할 정보가 다양해졌기 때문이다. 이것은 현대 사회에서의 서비스 상품의 특징이기도 하다.

상품과 서비스가 다양해지고 선택의 폭이 넓어지면서 개인이 혼자서 정보를 찾고 결정하는 것이 점점 더 어려워지고 있다. 또한 선택사항이 많아지고 정교화되면서 개인이 자신에게 맞는 상품을 선택하는 것이 그리 쉽지만은 않다. 따라서 개인의 구매 결정을 전문적으로 도와주는 상담자가 등장하게 된 것이다.

상담의 목적을 정보제공으로 볼 때, 주의해야 할 점은 일반적으로 흔히 환자 상담에서 정보제공 활동이 상담의 90% 이상을 차지한다고 생각하는 것이다. 예를 들어, 상담할 내용을 암기하는 경우가 있는데, 실제 상담은 암기한 정보를 기계적으로 전달하는 것이 아니다. 상담자는 환자가 궁금해하는 것을 이해하기 쉬운 내용으로 전달할 수 있어야 한다. 그리고 환자의 긴장, 의구심, 망설임 등을 잘 살펴서 어루만져야 한다. 즉, 상담은 단순한 정보제공 활동이 아닌, 상담자와 환자 간의 활발한 상호작용 활동이 되는 것이다.

2) 구매권유

상담은 또 다른 의미의 구매권유(purchasing suggestion)이기도 하다. 본래 기업에서 잠재 고객에게 제품과 서비스에 대한 정보를 제공하는 것은 궁극적으로 그 제품을 구매하도록 유도하기 위함이다. 예를 들어 메디컬 스킨케어 상담자는 환자가 원하는 시술과 스킨케어 프로그램에 대한 정보를 제공한 후, 그 환자로 하여금 적절한 선택을 하여 시술을 받을 수 있도록 권유한다. 즉, 이 활동은 앞서 언급한 정보제공과는 달리 양면성을 지니고 있다.

요즘은 경쟁시대이다. 환자의 마음을 사로잡는 것은 결코 쉬운 일이 아니다. 기계적인 권유로는 상담에 성공할 수 없으며, 환자의 가려운 곳을 긁어줄 수 있는 감각과 센스가 필요하다.

3) 공감

일반적으로 대개 상담은 환자의 고민과 문제를 경청하고, 공감(empathy)을 해 준다는 의미로 사용된다. 이때 경청과 공감을 엄밀히 구분하면, 경청은 상대의 말 자체를 잘 듣는 것을 의미하며, 공감은 감정을 조율하면서 잘 듣는 것이라고 할 수 있다.

공감은 문제해결에서 빼놓을 수 없는 매우 중요한 부분이다. 인간은 감정의 동물이다. 따라서 감정을 다루지 않고 문제를 해결하는 것은 매우 어렵기 때문에, 반드시 감정을 먼저 조율할 수 있어야 한다.

예를 들어, 기미환자가 치료할 때마다 결과에 만족하지 못해 치료와 관리에 대한 불만과 불안으로 가득 차 있는데, 상담자는 "치료 잘 되고 있으니 염려 마십시오, 잘 될 겁니다."라고 격려한다면 오히려 상담 효과를 떨어뜨릴 수 있다. 환자의 속상한 마음에 충분히 공감하지 못했기 때문이다.

이때는 무작정 격려하기보다는 환자의 마음에 공감하는 것이 무엇보다도 중요하며, 공감하고 있음을 상대방에게 반드시 전달해야만 효과가 있다. 아무런 말없이 이심전심으로 공감하는 것도 가능하겠지만, 대개 상담을 하는 과정에서는 공감을 상대방에게 언어로써 표현하고 전달해야 하는데, 이것을 반영(reflection)이라고 한다. 반영 기법을 통해 공감을 전달한다면 상담은 훨씬 더 쉽게 이루어진다. 이전 상황을 다시 예로 들면, "매번 치료 받을 때마다 효과가 너무 천천히 나타나 마음이 답답하시죠?"라고 공감을 전달하는 것이다. 이때 그 환자는 자신의 답답했던 마음에 상대가 공감하고 있다는 것을 느끼고 좀 더 편안해지므로, 이로 인한 심리적 안정감이 긍정적 결과를 가져올 수 있는 것이다.

그런데 공감은 결코 만만한 작업이 아니다. 단순히 맞장구를 치는 것을 넘어 타인의 감정을 잘 살펴서 "~하셨겠습니다."라는 식의 말을 건네는 것은 어렵지 않다. 그러나 인간에게는 표면적으로 느끼는 표층감정 외에도 심층감정이 있는데, 이것은 자신도 쉽게 인식하기 어렵고 따라서 타인에게도 공감하기 어렵다. 즉, 공감이 어려운 것은 사람들이 속마음이나 느낌을 감추기 때문이 아니라, 느낌을 잘 인식하지 못하거나 제대로 표현하지 못하기 때문이다. 따라서 제대로 공감하기 위해서는 많은 노력과 경험이 필요하다.

또한 공감은 상대방이 느끼는 것을 함께 느낀다는 뜻인데, 때로 어떤 사람들은 공감을 상대방에게 무조건 동조한다는 뜻으로 잘못 이해하는 경우도 있다. 이것은 상대방의 말이 무조건 옳다고 맞장구를 치는데서 비롯되는데 예를 들어, "네, 맞습니다.", "당신의 마음을 압니다."라고 이야기하는 것이다. 물론 이렇게 말하는 것이 상대의 기분을 좋게 해주는 효과는 있다. 하지만 진정으로 감정을 함께 느끼지 못한 채 말로만 맞장구를 친다면 상대에게 건성으로 들리게 되는 것이다. "당신의 마음을 압니다."라는 말보다는 상대가 느끼는 감정을 직접 표현해서 "속상하셨겠습니다.", "기분 나쁘셨겠습니다."라고 말하는 것이 더 좋을 수 있다. 상담자는 섣부른 동조의 역효과에 대해 이해하고 있어야 한다.

부정확한 공감은 부정확한 상황 지각과도 관련이 있다. 상황을 정확하게 지각할 수 없을 때 인간은 자신의 욕구나 감정을 상대방에게 투사하여 상황을 지각한다. 예를 들어, 열등의식이 있는 사람은 상대의 무표정한 얼굴을 보고 상대방이 무시하고 있다고 지각하기 쉽다. 사실은 상대방이 무시하는 게 아니라, 자신에게 자신감이 없기 때문인데 말이다. 또한 마음이 불안할 때는 객관적인 상황이 똑같을지라도 상황을 불리하게 지각하고, 마음이 여유로운 때는 상황을 유리하게 지각한다.

상대에게 공감을 잘 하기 위해서는 먼저 상담자 자신의 마음을 안정시킨 후, 상황을 정확하게 지각해야 하며, 정확한 상황지각을 위해서는 섣불리 판단하지 말고 상대의 말을 충분히 듣는 것이 중요하다. 따라서 상담자에게 경청은 최고의 핵심 덕목이다. 또 이때 표층감정뿐 아니라 심층감정도 가능한 한 파악할 수 있도록 노력하고 훈련해야 한다. 말로 표현하는 감정이 전부가 아니며, 말과 행동에 묻어있는 핵심 감정의 냄새를 잘 맡을 수 있어야 한다.

대개 사람들은 자기가 생각하고 싶은 대로 듣고 판단하는 경우가 더 많다. 이것은 모든 인간이 기본적으로 자기 중심적(egocentric)이기 때문에 자주 나타나는 현상이다. 상담자가 환자와의 대화에서 제대로 공감하기 위해서는 자기 중심성에서 벗어나는 노력이 필요하다.

4) 설명

인간은 지능이 있는 동물로 설명(explanation)을 듣고 싶어한다. 설명은 어떤 일이나 대상의 내용을 상대가 이해할 수 있도록 잘 밝혀 말하는 것이다.

많은 사람은 상담에서 문제의 원리에 대해 설명을 원한다. 이것은 경험이나 연륜이 풍부한 상담자의 지혜를 얻기 위한 것이다. 이는 지적인 이해를 통해 심리적 안정을 회복하려는 인간의 본능적 시도이다. 또한 인간은 머리로 이해할 수 있을 때 마음도 편해지기 때문이다. 따라서 상담자가 시술 목적이나 치료 과정, 결과에 대해 상세하게 설명해 줄 수 있다면 환자는 마음을 편안하게 갖게 될 것이다.

따라서 설명은 환자에게 심리적으로 안정을 줄 수 있으며, 설명을 잘 하는 사람은 문제의 원인이나 결과에 대한 조언을 잘 할 수도 있다. 한 가지 주의할 점은 설명이 항상 긍정적인 효과를 가져오는 것은 아니라는 것이다. 때로는 환자가 궁금해하는 것에서 벗어나 엉뚱한 부분에 대해 설명한다든지, 환자가 받아들일 마음의 준비가 안 된 부분에 대해 설명하는 것 등은 오히려 부작용을 초래할 수 있다. 섣부른 설명에 대해 항상 주의하여야 한다.

5) 조언

조언(advice)은 문자 그대로 '말을 거든다', '깨우쳐 주어서 돕는다'라는 뜻이다. 또한 조언은 말로 살짝 거들어 해결방법에 대해 알려줌으로써 문제를 해결할 수 있도록 도와주는 것을 의미한다. 이와 비슷한 말의 좀 더 강한 표현으로는 '충고'가 있다.

조언이나 충고는 일상생활에서 누구나 할 수 있는 것이다. 조언이 효과를 보려면 개인에 따른 맞춤식이어야 한다. 사람은 저마다 모두 다르기 때문에 사람의 문제 또한 일률적으로 해결되는 것이 아니라, 개인에 따른 맞춤 해결책이 필요한 경우가 많다. 그래서 대화를 통해 개인의 욕구, 성격적 특징 등을 상세히 파악할 필요가 있으며, 파악한 후에는 그것에 기초하여 그 사람에게 꼭 맞는 맞춤형 조언을 제공해야 한다.

때로는 조언의 부작용도 나타난다. 흔히 많은 사람들은 알맞은 조언을 제공하는 것이 전문 상담자의 능력이라고 생각한다. 하지만 상담은 대화를 통해 문제를 해결해 나가는 과정이며, 다른 사람이 해결방법을 결정하는 것이 아니라, 자신 스스로가 판단하고 결정하여 해결해 나가는 것이다. 그리고 한 사람의 지식과 경험을 바탕으로 습득한 조언은 다른 사람의 상황에 잘 적용되지 않을 수도 있다. 예를 들어, 건성피부 타입인 사람이 터득한 피부관리법은 지성피부 타입의 소유자에게는 적용될 수 없다. 전문 상담자라면 직접적인 조언을 제공하기보다는 스스로 판단하여 결정할 수 있도록 유도하는 것이 더 바람직하다.

상담은 스스로 문제를 해결할 수 있도록 유도하는 것이라고 할 때, 직접적으로 조언하는 것은 오히려 부작용을 낳을 수도 있다. 따라서 조언은 적절한 것이어야 한다.

6) 불만 응대

일반적으로 대개 환자상담 장면에서 불만을 응대하는 경우도 상담으로 여긴다. 불만 응대(handling complaints)는 불만에 대한 수용, 사과, 보상을 위한 타협 등이 함께 포함된 개념이다. 불만 응대는 타인의 불만을 들어주고 어루만져주어 문제를 해결하고 이로 인해 상호 간의 신뢰를 증가시키는 일이다. 이때 불만 응대를 원만하게 해결하기 위해서는 '타협'과 '조정'이 필요하다.

타협(compromise)이란 서로 양보해서 협의하는 것을 의미한다. 상담이란 용어가 간혹 타협의 의미로 사용될 경우가 있는데, 예를 들면, 대형 음식점이나 백화점에서 근무하는 서비스 매니저는 타협의 전문가이다. 타협을 잘 하기 위해서는 조건부터 먼저 제시하는 것은 바람직하지 않다. 항상 환자의 마음을 먼저 살펴야 한다. 상담자는 환자의 불쾌함과 염려하는 마음을 알아줌으로써 환자를 진정시켜야 한다. 일단 마음이 진정되면 타협을 통해 합리적인 해결책을 찾는 것이다.

다음은 조정(mediation)이다. 조정은 분쟁이 있는 경우, 제3자가 양측에 개입하여 갈등을 어루만지고 타협에 이르도록 하는 것이다. 예를 들어 미용 시술을 받은 환자가 시술에 대한 불만족을 강하게 표명할 때, 상담자가 개입하여 병원측과 환자측의 조정 역할을 하는 것을 말한다.

이때 양측 모두에게서 만족할 만한 합의안에 이르도록 하는 것이 조정 상담자의 능력이다. 조정을 한다는 것은 상담자로서는 심적으로 매우 힘든 일이다. 조정 상담자는 중립을 지켜야 하므로 한순간이라도 한쪽을 편애하거나 한쪽 입장으로 기울었다고 여겨지면 다른 쪽으로부터 불신을 얻게 되는 것이다. 이런 불신은 결과적으로 양쪽을 갈라놓는 결과를 만들게 되므로 중립을 지키는 것이 매우 어렵다. 따라서 환자의 감정을 조절하여 진정시키는 것이 무엇보다도 중요하다.

3. 메디컬 스킨케어 상담

메디컬 스킨케어 상담은 내원한 환자의 문제점과 고민을 해결할 수 있도록 도와주는 과정과 시술을 받고 있는 중간 또는 시술을 마친 이후까지 관계하여 도와주는 것을 말한다. 따라서 시술 전 상담, 시술 중 상담, 시술 후 상담 이렇게 세 단계로 분류할 수 있다.

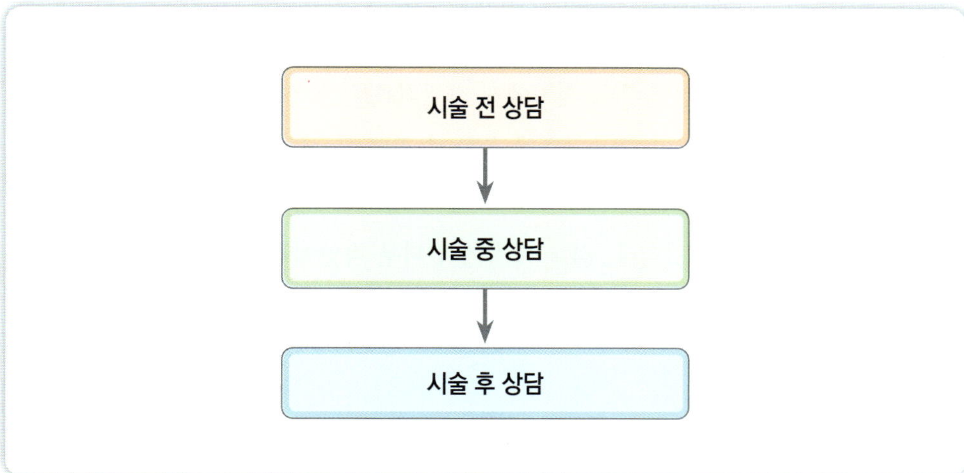

그림 12.3 메디컬 스킨케어 상담 분류

1) 시술 전 상담

환자는 1차 의료진의 진료 후 시술과 병행하게 될 메디컬 스킨케어에 대해 상담을 받게 된다. 이때 대부분의 경우 상담자는 메디컬 스킨케어 전문가로서 이론적 지식과 실무 경험이 많은 실장급 직책을 맡고 있다.

시술 전 상담에 앞서 환자의 심리상태는 대개 매우 복잡하다. 환자는 자신이 원하는 미용치료에 궁금한 사항이 많을 것이다. 시술 후 과연 자신이 기대한 결과가 나올 것인지, 효과는 어느 정도 유지하게 되는지 하는 궁금증, 혹여 일시적 효과일지 아니면 재발하지 않을지 하는 두려움, 자신이 모르는 부작용에 대한 염려 등 여러 상황에 대한 걱정을 가지고 상담에 임하게 된다. 또는 비용적인 면, 치료의 통증 여부, 치료기간 등의 많은 부분에서 복잡한 심리상태일 것이다.

이때 상담 결과에 치중하여 일방적으로 병원측의 이익을 위해서 너무 강한 확신으로 상담을 진행한다면, 시술 후 불평불만을 제기하는 결과를 초래하게 될 가능성이 높다. 환자에게 섣부른 확신을 주는 것은 금물이다.

상담자는 환자에게 시술 중에 나타날 수 있는 다양한 반응에 대한 상황 설명을 충분하게 함으로써 환자에게 심리적 안정을 주고, 시술에 보다 더 편안한 마음으로 임할 수 있도록 해야 한다. 따라서 메디컬 스킨케어 상담자는 많은 임상 경험과 풍부한 지식을 갖추고 있어야 한다.

메디컬 스킨케어 상담은 1차 의료진의 진단과 처방 결과를 토대로, 시술의 상승효과와 유지를 위해 진행하게 될 메디컬 스킨케어 프로그램에 대한 상담이다. 상담자는 메디컬 스킨케어의 중요성에 대해 환자에게 사실적으로 잘 설명할 수 있어야 하고, 이로 인해 환자는 신뢰를 갖고 미용치료에 응할 수 있도록 하는 것이 시술 전 상담이라 할 수 있다. 한 가지 잊지 말아야 할 것은 시술 후 추가 비용이 있을 수도 있음을 환자에게 인식시켜야 한다는 것이다. 시술 과정에서 피부 타입에 따라 예외 상황이 발생할 수도 있기 때문이다.

2) 시술 중 상담

메디컬 스킨케어에서의 상담은 시술 전 상담이 전부가 아니다. 대부분의 상담자는 시술 전에 하는 상담이 전부라 생각하는 경우가 많다. 그래서 시술 비용 수납이 이루어지면, 그것이 상담의 결과라고 생각하기 쉽다. 하지만 메디컬 스킨케어 상담은 시술의 시작부터 시술 중, 시술 후 및 사후관리까지 지속적으로 관여하는 상담이다. 따라서 상담자는 모든 환자의 진행과정을 상세하게 알고 있어야 한다. 그렇게 시술 전 상담 후 미용치료가 시작되고, 이어 메디컬 스킨케어가 진행된다.

시술 전, 시술 과정에서의 피부 반응에 대해 충분한 상담이 이루어졌음에도 환자의 질문은 계속될 수 있다. 이때 상담자는 인내심을 가지고 그 질문에 친절하고 성실하게 답변할 수 있어야 한다. 환자 유형이 모두 달라서 각양각색의 사람과 상황을 경험하게 되는데, 당황하거나 귀찮아하지 말고 정성을 다하여 상담에 임해야 한다.

미용치료와 메디컬 스킨케어를 병행할 때의 비용은 일반적으로 고액인 경우가 대부분이기 때문에, 환자의 심리상태는 투자되는 비용과 시간과 정성에 비해 자신이 얻을 가치를 중요하게 생각할 것이다. 이는 환자 입장에서는 당연한 것이다. 따라서 상담자는 환자에게 최선을 다해 응대해야 한다.

사람의 생김새가 모두 다르듯이 피부 타입 또한 모두 다르다. 같은 의료기기로 같은 피부질환을 치료할지라도 완치되는 기간이 다를 수 있으며, 약물 등에 대한 반응도 모두 다르게 나타나게 된다. 그렇기 때문에 원활한 시술을 위해서는 상담자의 이론적 지식과 임상경험이 상담의 바탕이 되므로, 이러한 부분을 잘 갖추어야 한다.

상담자는 항상 환자에게 세심한 관심을 갖고 환자 개개인의 치료 과정을 잘 살펴야 한다. 또한 환자가 질문하기 전 먼저 다가가서 필요한 사항에 대해 설명 해줌으로써 환자가 심리적인 안정감을 갖도록 하는 것이 바람직하다.

3) 시술 후 상담

모든 시술이 끝난 후 상담자는 환자의 만족 상태를 점검하고, 시술 효과를 오래 유지할 수 있도록 도와주며, 가정에서의 자가관리 방법에 대해서도 교육하게 된다.

피부질환에 따라 환자는 만족도에 차이를 느낄 수도 있다. 이때 피부질환과 시술에 대해 상세하게 설명하여 납득할 수 있도록 해야 하며, 환자가 받은 시술이 최선임을 이해시키는 것이 무엇보다 중요하다. 이는 차후에 발생하게 될 불만불평을 예방하고 병원에 대한 신뢰를 지속적으로 유지하기 위해서이다. 또한 상담자는 시술 효과를 좀 더 오래 유지하기 위해서 메디컬 스킨케어의 지속적인 관리에 대한 조언과 제안을 해야 한다. 이밖에도 메디컬 스킨케어의 필요성에 대해 논리적으로 잘 설명할 수 있어야 한다.

환자는 이미 미용치료에 대한 비용을 지불하였으므로 추가 비용에 대해 예상하지 못할 수 있기 때문에, 환자가 거부감을 갖거나 오해를 하지 않도록 상담을 잘 해야 하며, 환자와 병원과의 지속적인 관계가 형성될 수 있도록 최선의 노력을 다 해야 할 것이다.

4. 메디컬 스킨케어 상담과정

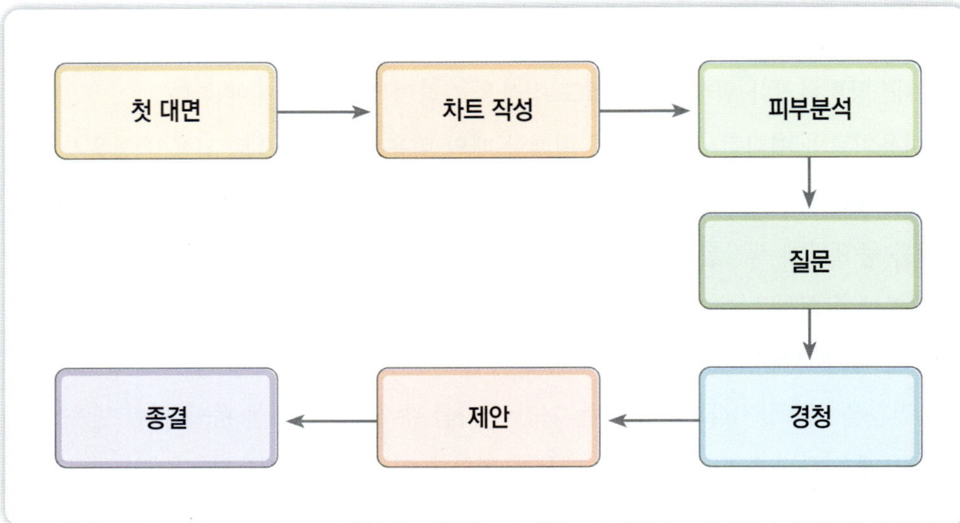

그림 12.4 메디컬 스킨케어 상담

1) 환자와의 첫 대면

환자를 맞이하여 첫 대면하는 것은 상담의 시작이다. 상담자와 환자가 만나면서 대화는 시작된다. 대면에서의 상담자 태도에 환자는 신뢰 여부를 결정짓는다. 따라서 상담자는 온화하고 친절하게 관심을 가지고 환자를 대해야 한다.

환자는 상담하기 전 상담자에 대해 긴장과 경계심을 가지고 있다. 그렇기 때문에 이 단계는 환자가 마음을 열고 자신의 의사를 진솔하게 표현할 수 있도록 상담자가 분위기를 조성하는 단계이다. 상담자가 밝고 긍정적인 태도로 대화를 시작하면, 환자도 호감과 신뢰감을 가지고 반응하게 된다. 또한 환자는 상담자가 첫 대면에서 자신을 존중하는지, 문제를 해결해 줄 수 있는 전문성이 있는지를 확인하려 할 것이다. 환자는 상담자의 말하는 속도, 어조, 목소리 크기, 발음 등과 같이 항상 귀로 들리는 것에 신경을 쓰게 되므로, 상담자는 이러한 부분에 각별히 주의를 기울여야 한다.

2) 차트 작성

상담 시 반드시 필요한 건 차트 작성이다. 차트는 환자 상담에서 서로에게 필요한 기초

자료이며, 이렇게 작성한 차트 기록을 바탕으로 상담이 이루어지게 된다. 이러한 상담은 시술 효과를 상승시키는 데 도움이 되며, 시술 결과를 장기적으로 유지시키는 데 큰 영향을 미치게 되므로, 차트는 상세하게 작성되어야 한다. 환자의 개인 신상내역과 결혼 여부, 직업, 건강상태, 일반적인 정보, 타 병원치료 경험, 홈 스킨케어, 즐겨하는 운동, 성별, 거주지역 등을 기록한다.

3) 피부분석

상담을 통해서 환자에게 효과적인 스킨케어 프로그램을 제안하는 데, 피부분석은 매우 중요한 핵심이다. 또한 환자 만족도에 가장 크게 작용하므로 피부의 미묘한 차이까지도 모두 인지해야 한다. 피부를 분석하는 방법에는 육안적 관찰법과 계측장비를 이용한 방법이 있으나, 피부는 육안으로 문제 상태를 판별할 수 있기 때문에 오래 전부터 육안적 관찰이 사용되어 오고 있다. 따라서 육안적 관찰 방법으로 피부를 관찰한다. 피부를 분석하기 위해서는 고객의 연령, 피부 산도(pH), 유분상태, 두께 정도, 색, 이완상태(탄력 정도), 늘어짐(이완) 정도 등을 고려하여 파악해야 한다.

4) 질문

환자의 욕구를 파악하기 위한 방법은 여러 가지가 있다. 그 중 가장 적절한 것은 질문을 하는 것이다. 질문을 하는 목적은 환자가 원하는 것이 무엇인지 정확하게 파악하기 위함이고, 환자로 하여금 자신이 생각하고 있는 것을 마음대로 표현할 수 있도록 하는 데 있다.

일반적으로 환자는 문제의 원인을 잘 알지 못하거나, 알고 있다고 해도 제대로 표현하지 못하고, 표현을 하더라도 단순한 결과나 피상적인 현상만을 이야기하기 쉽다. 또한 환자는 상담자가 환자 입장에서 문제점이나 욕구를 파악하고, 해결방법을 제시해주기를 원한다. 따라서 상담자는 적절한 질문을 통하여 환자로 하여금 미용에 대한 자신의 관심을 자유롭게 말할 수 있도록 하며, 환자 스스로 자신의 욕구에 대하여 더욱더 확장해 말할 수 있도록 함으로써 환자에 대한 많은 정보를 얻어낼 수 있다. 따라서 상담은 질문을 통하여 환자의 욕구와 정보를 파악해서 환자에게 더 나은 시술과 서비스를 제공하기 위해 탐색하는 과정이라 할 수 있다.

5) 경청

앞서 환자와의 대화에서 환자의 욕구와 정보를 파악하기 위해 질문을 하였다면, 다음으로 환자의 이야기를 듣는 자세와 태도는 매우 중요하다. 상담자가 환자에게 호감을 주기 위해서는 말을 많이 하는 것보다 환자의 말을 잘 들어주는 것이 상담 결과를 성공적으로 이끌어낼 수 있기 때문이다. 그러나 환자의 이야기를 잘 듣는다는 것은 쉬운 일이 아니다. 많은 노력과 훈련이 필요하고 적극적으로 경청할 수 있어야 한다. 또한 환자의 이야기를 잘 듣기 위해서는 환자의 말에 대한 내용을 구체적으로 정확하게 파악하고 있어야 하며, 이야기 도중에는 주관적 판단에 따라 상대방의 말을 끊지 말아야 한다. 환자의 말을 인내심을 가지고 끝까지 경청해야 한다.

(1) 귀로 듣기

상담자는 자신만 일방적으로 이야기하기보다는 환자의 말을 귀담아 들어야 한다. 환자는 상대방이 자신의 말을 잘 들어주고 있다는 생각이 들면 기분이 좋아지고, 자신도 모르는 사이에 마음의 문을 열 수도 있다. 환자는 자신의 이야기를 잘 들어주고 있는 상담자를 보면서 자신이 존중받고 있다는 느낌을 받을 수 있으며, 이로 인하여 상대방에게 신뢰감을 느낀다. 따라서 자신의 고민을 스스럼없이 이야기하고 문제해결에 대한 도움을 원하게 된다. 또한 상담자는 이러한 환자의 이야기를 귀담아 들음으로써 상대방의 의도를 파악하고, 환자가 만족할 수 있는 제안을 할 수 있는 것이다. 귀로 듣기의 장점은 다음과 같다.

- 환자의 마음을 열 수 있다.
- 환자에게 신뢰감을 줄 수 있다.
- 환자의 자존심을 충족시켜줄 수 있다.
- 환자의 생각을 읽을 수 있다.
- 환자의 의도를 파악하여 대비할 수 있다.
- 환자의 고민과 문제해결에 도움을 줄 수 있다.

(2) 입으로 듣기

환자의 말을 들을 때 그냥 듣기보다는 대화 중간중간 입으로 맞장구를 치면서 듣는 것은 매우 효과적인 방법 중 하나이다. 주의할 것은 너무 과하지 않게 적절하게 맞장구를 치는 것이다. 적당한 어휘 사용과 표현이 중요하다.

- "아~.", "네~."
- "음~, 그러셨군요."
- "네~, 그러하셨습니까?"
- "네~, 그게 문제이시군요."
- "네, 가능합니다."
- "방법을 알려드리겠습니다."

(3) 눈으로 듣기

상담자는 환자의 말을 들을 때 시선은 항상 상대방의 얼굴을 응시한다. 가능하면 환자의 눈을 응시하도록 하며, 대화 중간중간 차트에 환자와의 대화내용을 요약하여 기록하는 모습을 보여준다. 이로써 환자는 상담자가 자신의 문제점을 세심하게 체크하고 있으며, 그것을 잘 해결해 줄 것이라는 믿음을 갖게 된다. 환자와의 상담에서 이러한 신뢰와 믿음은 시술 결과를 긍정적으로 이끌어낼 수 있다.

6) 제안

상담 과정에서 환자로부터 다양한 피부문제에 대한 고민을 들을 수 있다. 하지만 상담자가 여러 문제를 한 번에 해결할 수는 없기 때문에 차트에 차근차근 일목요연하게 기록한다. 여러 사항 중 가장 핵심적인 문제를 찾아야 한다.

상담자는 환자가 가장 첫째로 해결하고자 하는 피부에 대한 문제에 신경써야 한다. 또한 상담자는 환자가 문제라고 생각하는 부분에 대해 일관적으로 무시해 버릴 수도 있기 때문에, 이 점을 가장 중요하게 생각해야 한다.

상담자는 자신이 전문가라는 자만에 빠져서 가장 중요한 환자의 욕구를 놓칠 수가 있는 것이다. 예를 들어, 환자와의 첫 대면에서 상담자는 이미 환자의 얼굴 상태를 살

피고 문제점을 알아낼 것이다. 상담자는 자신의 눈에 보이는 환자 얼굴 잡티와 주근깨를 문제로 생각하지만, 환자는 자신의 얼굴 피부 탄력이 고민이라 여길 수 있다. 이때 상담자와 환자와의 생각 차이가 생기게 된다. 이러한 경우는 환자의 욕구를 먼저 해소시켜야 한다.

위 환자는 병원에 내원하기 전까지 항상 자신의 피부 문제는 탄력저하라고 생각했기 때문에 그 생각의 틀을 깨기란 매우 어렵다. 따라서 원활한 미용치료 진행을 위해서는 환자가 생각했던 피부탄력이라는 부분에 맞추어서 방법을 제안해야한다.

상담이란 환자의 고민과 문제해결을 위해 도움을 주는 것이기 때문에, 상담자의 주관적인 제안을 해서는 안 된다. 제안하는 방법으로는 상담 시에 피부에 대한 문제점이 많이 파악되었다 하더라도 제안은 한 가지 또는 두 가지로 제한한다. 여러 가지를 한 번에 제안하는 방법은 적절치 못하다. 제안은 미용치료 방법, 치료기간, 치료비용, 메디컬 스킨케어 프로그램, 유지방법, 홈 스킨케어 방법 등에 대해 구체적으로 설명하여 환자의 결정과 선택을 도울 수 있어야 한다.

7) 종결

환자의 욕구를 파악하고 제안을 하였다면 상담의 마무리라 할 수 있는 종결에 이른다. 종결은 환자의 욕구를 재확인하고 상담 과정에 충분히 충족되었는지를 판단할 수 있는 단계이며 환자 시술 여부를 결정짓는 단계이다. 상담은 시간을 많이 투자하여 오래하는 것이 좋은 것만은 아니다. 이는 오히려 역효과를 초래할 수 있다. 따라서 효과적인 상담은 간략하게 핵심만 쉽게 표현해야 한다. 또 종결할 때에는 환자와의 합의에 도달했다는 점을 인식시키면서 자연스럽게 마무리지어야 한다. 만약에 환자가 결정을 내리지 못하고 머뭇거릴 경우 다음 기회로 미루지 말고 상담자가 재빨리 결정을 내린다. 이렇게 환자와의 상담을 종결하면서 환자의 욕구를 만족시킬 수 있는 이점을 요약해서 환자가 승낙하였음을 확인하고, 상담자는 이러한 환자 결정에 대해 차질없이 진행할 것을 자신 있는 태도로 응하여 마무리짓는다.

5. 상담 시 유의사항

상담자는 환자와의 대화를 통해 문제를 해결하기 위해 도움을 주는 사람이다. 또한 상담활동을 통하여 전문적인 지식과 정보를 제공하여 환자의 인식이나 태도를 바꾸어주게 된다. 이를 위해서는 환자가 가진 문제를 파악하고 문제해결을 위한 방법을 검토한다. 그런데 상담을 하다보면 간혹 환자의 문제를 인지하지 못하는 경우가 있다. 자신의 경험과 지식을 과대평가하여 실수를 범하는 때가 있는 것이다. 이를 방지하기 위해서는 다음과 같은 점을 꼭 기억하고 실천하도록 노력해야 하며, 다음과 같은 사항에 주의한다.

- 환자를 가르치려고 하면 안 된다.
- 상담 중 환자의 말을 중간에 끊으면 안 된다.
- 다 알고 있다는 표현을 너무 과장되게 하면 안 된다.
- 자신이 잘 알고 있다고 지나치게 내세우면 안 된다.
- 자만하면 안 된다.
- 무조건 확신하면 안 된다.
- 상담자는 말을 많이 하면 안 된다.

6. 환자 불만 응대 상담

1) 환자 불만의 발생원인

환자의 불만이 생기는 원인은 환자의 기대치에 비해 서비스 결과의 차이가 큰 경우가 대부분이다. 하지만 간혹 병원 내 직원들의 사소한 응대 부분이 시술과 연관되어 불만사항으로 이어지게 되는 경우도 있다. 이러한 불평불만이 표면으로 나타나기도 하지만, 환자의 의식에 잠재되어 노출되지 않는 경우가 더 많다.

서비스에 대한 불만족을 느낀 환자 중 그것을 말로 표현하는 사람은 소수에 불과하며, 대다수의 경우 말없이 병원을 이탈하게 된다. 환자의 불평불만이 발생하는 원인은 여러 가지가 있으며, 원인을 분석해보면 업무적인 면과 심리적인 면의 두 가지가 복합되어 있는 경우도 있다.

표 12.1 환자의 불평에 대한 원인 분석

소재/원인별	업무적	심리적
병 · 의원	• 직원의 업무지식 부족 • 설명 불충분, 의사소통 미숙 • 업무처리의 미숙과 지연 • 서비스 정신 결여 • 환자의 감정에 대한 배려 부족	• '바쁘다' • '병원 규정이다' • '특별대우를 해줄 수 없다' • '시술에는 하자가 없다' • 자신이 전문가라는 우월감
환자	• 병 · 의원 업무에 대한 이해 부족 • 착오 • 감정 • 고의, 악의	• 업무처리에 대한 초조감 • '병원이 이곳뿐이냐'는 비교 심리 • 자존심, 열등의식

- 직원이 환자의 요구나 불만사항에 대해 제대로 설명해주지 않은 경우
- 나름대로 설명을 하였으나, 환자가 오해할 소지를 남겼을 경우
- 직원과 환자와의 인간관계가 잘 이루어지지 못했을 경우
- 관리나 시술시간의 대기가 지나치게 연장될 경우
- 환자가 불공정하다고 느꼈을 경우

2) 환자 불만 응대 상담

불만 응대 상담의 목적은 경쟁 속에서 환자의 이탈을 최소화하는 데 그 목적이 있다. 불만이란 기대와 욕구가 만족스럽게 충족되지 못했을 때 나타나는 반응을 말한다.

환자는 자신에게 손해를 끼쳤다고 생각하거나, 상처를 준 상대방에게 느끼는 감정적 측면도 있다. 불만 응대 상담의 경우 환자는 병원 측에 불만을 제기하며, 상담자는 환자 불만에 응대한다.

일상생활에서 누구나 한 번쯤은 구매한 제품이나 서비스에 불만을 느껴본 적이 있을 것이다. 불만은 대개 기대와 욕구의 좌절로 생긴 반응이며, 그 기대나 욕구를 재충전시켜준다면 불만은 자연스럽게 해결될 것이다. 그러나 실제로는 그 이상을 포함한다.

예를 들어, 환자가 홈 스킨케어를 하기 위해 화장품을 구매했다고 하자. 그 구매한 제품이 불량품일 때 새 제품으로 바꿔주기만 한다고 해서 환자의 불만이 모두 해결되

는 것은 아니다. 진심으로 환자의 좌절감과 실망감을 달래주는 것이 필요하다. 불만을 가진 사람은 상대방으로부터 감정적인 보상인 사과나 위로를 얻으려고 한다. 즉 불만 응대 상담은 단순히 기대나 욕구의 재충족 이외에 본질적으로 다른 차원, 그러니까 감정을 포함하므로 반드시 환자의 감정을 조율하는 작업이 필요하다.

그림 12.5

흔히 불만을 유발하는 것은 병원 측이지만, 상담자는 병원을 대리하는 입장이므로 환자는 사과를 받고 싶어한다. 하지만 대부분이 환자가 불만스런 감정을 전달해도 그 감정은 고려하지 않고 사무적으로 환자 불만을 처리한다. 이러한 불만 응대 상담이 환자의 재방문을 어렵게 만드는 것이다.

불만을 응대하는 상담자는 항상 감정이 먼저임을 명심해야 한다. 감정의 문제는 물건이나 돈 이상의 문제로 중요한 부분이기 때문이다. 물론 금전적 문제의 조치는 당연

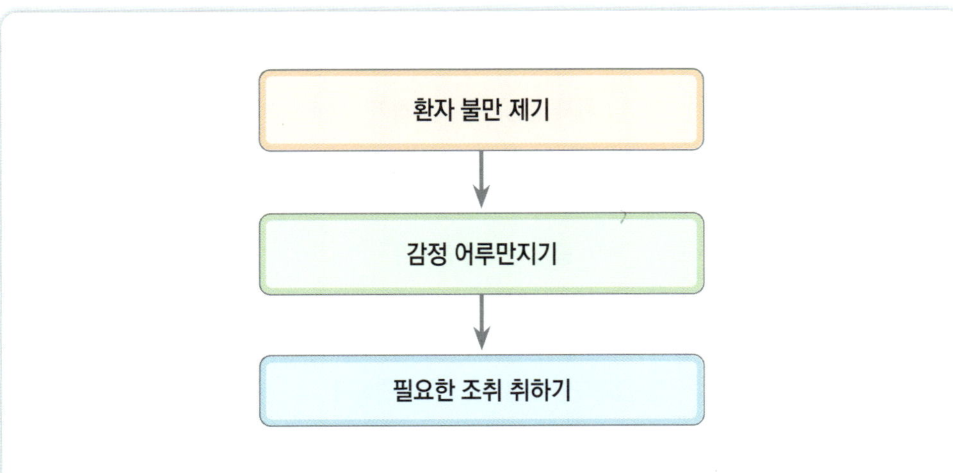

그림 12.6 불만 응대 상담 순서

히 취해야 하며, 급한 마음으로 조치를 취하지 말고, 한 박자 쉬는 느낌으로 환자의 감정을 어루만져 주어야 한다.

불만에는 다양한 감정이 내포되어 있다. 실망감, 억울함, 무시당한 느낌, 섭섭함, 번거로움, 귀찮음, 창피함 등 환자가 표출하는 감정의 정체를 섬세하게 파악하여 짚어 주면, 상담자는 문제해결의 지름길로 갈 수 있다.

3) 환자 불만 해결방법

불만 응대의 상담 과정은 대개 비슷하다. 먼저 경청을 통해 어떤 부분이 불만스러운지 파악하고, 다음으로 공감이나 위로, 격려 등으로 불만스런 마음을 어루만져야 한다. 그리하여 마음이 안정된 후에 합리적으로 타협하는 순서로 진행한다.

상대의 마음을 파악하고 어루만지는 것은 쉬운 일이 아니다. 불만이 생겼다 하더라도 사람마다 그 이유가 조금씩 다르고, 어루만져야 하는 감정도 조금씩 다르기 때문이다. 이러한 환자의 감정 부분에 공감하지 못한 채 두루뭉술하게 반응한다면, 환자는 자신이 이해받지 못했다고 여겨, 합리적인 타협의 단계로 넘어가지 않을 것이다.

(1) 경청과 불만 공감

모든 상담은 잘 듣는 것부터 시작된다. 경청은 '잘 듣는다'는 뜻이다. 즉, 상대방이

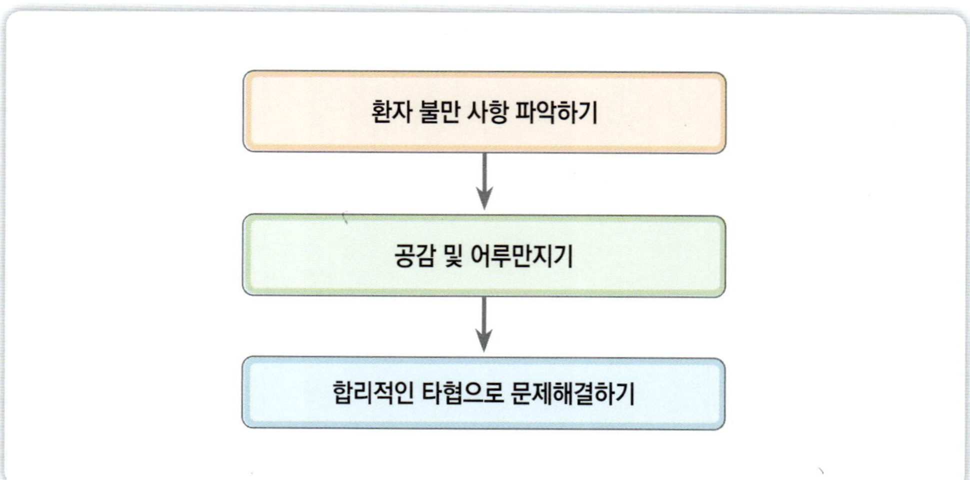

그림 12.7 환자 불만 해결방법

말하는 내용의 흐름을 잘 따라가며 듣는 것이다. 잘 들어야 잘 말할 수 있기 때문이다. 그러나 경청은 듣기만 하는 것은 아니다. 경청은 상담자가 잘 듣고 있다는 것을 전달하는 것이다. 환자가 불만을 표현할 때 상담자는 "네", "아~" 등의 추임새를 넣으면서 듣는다. 이는 환자로 하여금 '저 사람이 내 말을 잘 듣고 있구나'라는 느낌을 전달하게 된다.

이렇듯 경청은 상담에서 매우 중요하다. 불만 응대 상담에서 경청의 목표는 두 가지가 있다. 첫째는 불만사항을 정확히 파악하는 것이고, 둘째는 불만과 관련된 환자의 감정이나 욕구를 파악하고 공감하는 것이다. 이 두 가지 문제 중에서 살펴보면 표면적으로는 첫 번째가 가장 중요하다. 무엇 때문에 불만이 생겼고, 환자가 무엇을 요구하는지를 파악해야 처리가 가능하기 때문이다. 그러나 겉으로 나타나는 표면적 상황과는 달리 마음속 깊은 곳은 좀 더 복잡한 감정과 욕구가 자리하고 있다. 효과적인 불만 응대를 위해서는 이런 감정과 욕구에 공감해 주는 것이 필요하다. 이렇게 심층 감정에 좀 더 다가갈 수 있어야만, 불만 응대를 성공적으로 해결할 수 있는 것이다.

경청에서 중요하게 생각해야 할 또 다른 점은, 환자 불만을 경청할 때 병원을 대신하는 것이다. 병원의 입장을 대변하면서 타협하려 한다면, 상담자가 병원의 입장에 서 있음을 환자가 느끼게 되는 순간, 환자의 불만은 누그러지지 않을 것이다. 이와 반대로 상담자가 환자의 입장에서 경청하고 있다고 공감을 느끼게 되면, 환자의 불만이 누그러져서 상담자와 협조하여 불만사항을 잘 처리할 수 있다. 이는 쉽지 않은 일이지만 상담자라면 기본적으로 갖추어야 할 태도이다.

불만 응대 상담자는 먼저 환자의 입장에서 불만을 누그러뜨리고 나서 환자의 감정이 진정되었을 때 병원의 입장에서 제안을 제공해야 한다. 즉, 상담자는 환자의 입장과 병원 측의 입장을 동시에 고려할 수 있는 균형감각을 가지고 있어야 한다. 다음으로 고려해야 할 사항으로는 사람의 감정은 개인마다 조금씩 다를 수 있음을 명심해야 한다는 점이다.

대개 불만 응대에서 환자가 전달하는 감정은 모두 불만이라고 생각할 수 있지만, 감정을 구체적으로 분류해 보면 억울함, 섭섭함, 실망감, 창피함 등으로 개인마다 차이가 있으므로 그 세세한 개인차를 잘 경청하고 그에 공감할 수 있어야 한다.

(2) 환자 불만에 대한 공감 전달

환자 불만에 대해 상담자는 병원을 대신하여 불만을 수용하고, 마음을 달래 주어야 한다. 그러나 무뚝뚝한 표정이나 어조로 사과를 한다거나, 환자의 감정에 대해 한마디 언급도 없이 사과부터 하는 것은 진정성이 떨어져 보일 수 있다. 따라서 환자의 불만을 응대할 때는 반드시 감정에 공감하여 달래주는 것이 먼저이며, 사과는 순서상으로 그 다음이다. 반드시 사과를 먼저 해야 하는 것이 핵심이 아닐 수도 있다.

환자가 불만에 대해서 말을 할 때, 상담자로부터 이해받고 있다는 느낌을 갖게 하는 것이 중요하다. 이해 받았다는 느낌을 받은 환자는 이후의 타협이나 보상에 대해 관대해지게 되므로 비교적 쉽게 상황을 매듭지을 수 있다.

[공감전달 표현]

- "~때문에 ~하게 느끼셨군요."
- "~하였다니 ~하시겠네요."
- "~한 마음이셨겠네요."

(3) 환자 불만에 대한 열린 자세

환자는 불만을 제기할 때 어느 정도 긴장한 상태일 것이다. 상담자가 싫어할 거라고 지레짐작하거나, 자신이 제기한 불만을 상담자가 잘 수용해줄지에 대한 확신이 없기 때문이다. 환자는 자신이 불만을 제기하면 상대방이 수용하기보다는 오히려 맞서 싸우는 쪽으로 반응하리라 예상할 수도 있다.

부정적 상황에 대한 예상은 환자의 정서적 긴장을 더 증가시킨다. 이때 상담자는 불만을 제기하는 것은 환자의 당연한 권리이며, 불만을 제기하는 것이 병원 입장에서도 발전에 도움이 된다며 오히려 고마워하고 환영하면서 안심시켜 주어야 한다. 이것이 환자의 선입견을 전환시키며 긴장을 덜어줄 수 있다. 따라서 불만을 제기하는 환자와의 협의는 만족스런 결과를 줄 수 있을 뿐 아니라, 환자 이탈을 막는 방법이 되기도 하다.

(4) 합리적 제안과 불만 해결

상담자가 환자의 감정을 받아주게 되면 신뢰의 분위기가 형성된다. 이때 본격적으로 문제해결 단계로 들어간다. 이때는 좀 더 적극적으로 리더십을 발휘하는 것이 좋다. 환자의 불만제기에 대한 부분을 해결하겠다는 적극적인 의지를 표현하고 최선을 다해 조치할 것을 알려주어 환자의 마음을 안정시키는 것이 중요하다. 이로 인해 2차적인 감정 문제가 발생하는 것을 예방한다.

다음으로 합리적 보상을 제안하는 단계이다. 불만은 감정의 문제이기도 하지만 기대의 좌절이나 손해에 대한 보상 문제이기도 하다. 물론 문제는 본질적으로 감정 문제여서 손해에 대한 보상 문제는 덜 중요할 수 있다. 그러나 보상 문제가 원만히 해결되지 않았다면 불만 응대 상담이 완료된 것이 아니며, 보상 문제로 인해 다시 불만이 생길 수도 있다. 따라서 합리적인 수준에서 보상을 제안하되, 환자가 손해를 충분히 보상 받았다고 여길 수 있는 수준에서 조치를 취한다.

그렇다면 합리적인 보상이란 무엇일까? 어느 정도 수준에서 보상해야 합리적이라 할 수 있을까? 이는 측정할 수 있는 기준이 없기 때문에 결코 쉽지 않다.

이때 상담자의 요령이 필요하다. 평상시에 환자가 관심을 가졌던 부분을 알파로 제시하는 것이 좋다. 추가 비용에 대한 부분을 보상으로 받게 된다면, 환자는 최대한 수긍하게 될 것이다. 하지만 반드시 추가 비용만이 알파는 아니다. 병원에서 도입한 새로운 시술이나 스킨케어 프로그램 등을 받아볼 수 있는 기회를 주는 것도 한 방법이다. 꼭 많은 것을 제안하는 것보다도 작은 것이라도 좋다. 환자의 손해를 감정적인 부분까지 보상해주고 싶다는 마음을 전달하는 것이 무엇보다도 중요하기 때문이다.

합리적인 보상과 제안으로 환자와의 원만한 타협이 이루어졌다면, 불만 응대 상담은 종결된 것이다. 그러나 종결을 위해서 마지막으로 검토해야 할 사항은 환자가 충분히 보상받았다고 생각하는지에 대한 확인 작업이다. 즉, 환자의 불만이 제대로 해소되었는지 혹은 추가로 요구할 사항은 없는지 등을 물어보아야 하며, 이때 추가적인 요구사항이 없을 경우에는 불만이 해소되고 만족하였음을 의미하므로 반드시 확인 작업이 필요하다. 그래야만 신뢰를 쌓을 수 있다.

4) 환자에 대한 이해

상담의 효율성을 높이기 위해 불만 응대 상담의 구체적인 기술을 훈련하는 것도 중요하지만, 환자의 유형에 대해 파악하는 것도 도움이 된다. 환자의 유형 또는 환자 불만 유형을 파악하게 되면 좀 더 빠른 시간 내에 효과적인 대응이 가능하기 때문이다. 아래는 플로리다 대학교의 캐프너, 글래서, 위소스키(2005)가 언급한 환자의 다섯 가지 유형이다.

(1) 온순한 유형

온순한 환자는 대개 불만을 제기하지 않는다. 만약에 불만을 제기한다 할지라도 상담자가 성실하게 응대하면 불만이 쉽게 해소된다.

(2) 공격적 유형

공격적 환자는 온순한 환자 유형과 반대로 자주 불만을 큰소리로 장황하게 제기한다. 상담자는 환자의 불만을 경청하며 문제가 있다는 것을 인정하고 문제를 해결하기 위해 필요한 것을 찾아야 한다. 공격적 환자는 병원 측 입장이나 이유를 설명해도 잘 받아들이지 않으므로 상담자가 인내심을 잃지 않도록 주의해야 한다.

(3) 하이롤러 유형

하이롤러(high roller) 유형은 부유하면서 돈을 사치스럽게 잘 쓰는 사람을 말한다. 이들은 최고급품을 사기 위해 기꺼이 돈을 지불한다. 비교적 차분하게 불만을 제기하는 편이며, 불만에 대해 어떤 조치가 취해지는지에 관심을 집중한다.

상담자는 불만의 원인을 파악하기 위해 차분하게 경청하면서 질문을 해야 하며, 불만 해결 조치에 최선을 다해야 한다. 공격적 환자와 비슷한 점은 병원 측 입장이나 이유에는 별로 관심이 없다는 것이다.

(4) 갈취형 유형

갈취형 환자는 불만의 해소가 목적이 아니라, 추가적 보상을 얻는 것이 목적인 환자를 의미한다. 일종의 블랙 컨슈머라고도 할 수 있다.

이런 환자를 만족시키는 것은 결코 쉽지 않다. 상담자는 한결같이 객관적인 태도를 취해야 한다. 반응할 때도 침착해야 하며, 병원 측 입장과 보조를 맞추는 것이 중요하다.

(5) 만성불평 유형

만성불평 환자는 뭔가가 잘못되었다고 늘 불평을 한다. 항상 의심스러워하고 불평하는 것이 특징이다. 이런 환자를 대할 때는 극도의 인내심이 요구된다. 상담자는 주의 깊게 충분히 경청해야 하며 짜증내는 모습을 보이는 것은 곤란하다.

상담자는 능동적으로 듣고 진실하게 사과하며 상황을 수습하기 위해 성심성의껏 노력하는 것이 가장 효과적이다. 갈취형과는 다르게, 대부분의 만성불평 환자는 상담자의 노력을 받아들이고 감사하게 여긴다. 이들은 자주 불평하는 점이 힘들기는 하지만 비교적 좋은 환자이다. 또한 타인에게 상담자의 노력에 대해 칭찬하며 그것을 알려주기도 한다.

이와 같이 환자 유형에 대해 이해하는 것은 상담자의 대응 방법을 빨리 결정할 수 있도록 하기 위해서이다. 그러나 환자 유형은 사전에 파악할 수 있는 것이 아니라, 불만 응대가 끝난 후에야 비로소 알게 되는 경우가 많으므로 섣부른 판단으로 선입견이 생기는 부작용을 초래할 수도 있다. 따라서 환자 유형 파악과 함께, 환자의 입장에서 이해하는 태도와 상대의 감정을 존중하는 태도로 임하는 자세를 몸에 익히도록 해야 한다.

표 12.2 불평처리 과정에서의 심리

환자	직원
• 난처함, 문제 해결에 대한 초조감 • 피해의식 • 다른 대안 선택에 대한 우려 • 자존심을 깎이고 싶지 않음 • 친절하고 공정하게 대우받고 싶음 • 빨리 처리해주기를 바람 • 가족이나 주위 사람으로부터 오는 압박감	• '까다롭다.' • '귀찮다, 번거롭다.' • '별거 아닌 일인데, 당신만 별나다.' • '다른 병원 가 봐도 별다르지 않다.'

CHAPTER

13

고객 서비스

1. 고객의 개념
2. 고객만족
3. 고객서비스
4. 고객서비스의 유형
5. 고객서비스를 위한 기본자세

1. 고객의 개념

고객이란 좁은 의미로는 단순히 상품과 서비스를 구매하거나 이용하는 손님을 뜻하며, 넓은 의미로는 상품을 생산하고 서비스를 제공하는 일련의 과정에 관계된 자신 이외의 모든 사람을 뜻한다. 좀 더 포괄적으로 살펴보면, 고객은 서비스를 제공할 수 있는 기회를 주고 제공자의 경제적 가치 창출에 도움이 되는 사람을 말한다. 즉, 고객이 없으면 기업의 존재가치도 없는 것이 기업의 생존근거이다. 따라서 고객과 우리 모두에게 서로 이익이 되도록 고객이 원하는 것을 수행하는 것이 우리가 할 일이다. 병원에서의 고객이란, 병원이 제공하는 의료서비스를 최종적으로 사용하는 사람을 말하며, 또한 진료와 의료서비스에 이르는 모든 과정에서 발생하는 여러 상황과 경험에 대한 평가자이기도 하다.

2. 고객만족

1) 고객만족의 개념

고객만족이란 고객의 욕구(needs)와 기대(expect)에 최대한 부응하여 그 결과로서 상품과 서비스의 재구입이 이루어지고, 더불어 고객의 신뢰감이 연속적으로 이어지는 상태를 의미한다. 즉, 고객이 의료서비스에 대해 기대한 수준 이상의 성과를 얻었다고 생각해 만족을 느끼는 상태를 의미하는 것이다. 따라서 고객만족은 재구매와 구전광고(입소문)로 인한 홍보 효과로써 병원에 보답하게 된다. 이와 같이 고객만족의 중요성이 점점 부각되고 있는 현실에서, 고객을 중요시하고 고객이 지향하는 방향으로 변해야만 경쟁에서 살아남을 수 있다.

2) 고객만족의 종류

고객을 만족시키는 일은 쉽지 않다. 그렇기 때문에 그 중요성을 강조하고 또 강조하는 것이다. 고객을 아무리 만족시키려 해도 이는 매우 상대적이고 주관적인 것이라서 객관화할 수치로 나타내기도 어렵고, 만족의 정도를 구체적으로 표시하기도 힘들다. 또한 고객은 만족하거나 불만족스럽다 해도 그것을 그대로 표현하지 않기 때문에 더욱더 어렵다. 따라서 고객의 욕구를 적극적으로 파악하여 기대 이상의 서비스를 제공해 고객만족을 이끌어내야 한다.

① 불만족

의료서비스의 지각된 기능 수행이 고객의 기대에 못 미치는 경우이다.

② 만족

의료서비스의 지각된 기능 수행이 고객의 기대 수준에 이르게 되는 경우이다.

③ 만족 또는 감동

실제 의료서비스가 고객의 기대 수준 이상으로 높은 경우이다.

3) 고객만족이 필요한 이유

고객만족이 이루어지게 되면, 충성도가 반영되어 병원 재방문이 증가하면서, 다음과 같은 이점을 얻게 된다.

- 고객 고정화: 만족한 고객은 병원 재방문이 증가하면서 고정고객이 된다.
- 신규고객 창출: 고정고객이 늘어나 이들의 홍보효과로 병원 이미지가 좋아지게 되면서, 잠재고객 방문이 늘어나게 된다.
- 원가절감: 만족한 고객은 가격에 민감하지 않다.
- 고객의 서비스 선호: 만족한 고객은 같은 서비스의 재이용 의도가 높다.
- 광고효과: 만족한 고객은 주위 사람들에게 구전(입소문) 효과가 높다.
- 비용절감: 구전(입소문) 효과로 인하여 광고비 등을 절감할 수 있다.

4) 고객의 기본적 욕구

- 고객은 항상 환영받고 싶어한다.
- 고객은 자신이 제일 중요하게 인식되기를 바란다.

- 고객은 편안한 상태에서 서비스를 받고 싶어한다.
- 고객은 기다리게 하는 것은 자신을 무시하는 행위라고 생각한다.
- 고객은 기대와 욕구를 수용해주기를 바란다.
- 고객은 누구에게나 기억되고 싶어한다.

5) 고객의 욕구와 가치변화

경제 성장과 더불어 생활수준이 높아질수록 고객의 가치 변화는 물리적인 측면보다 문화적 · 정신적 측면을 중시하는 경향으로 변화하고 있다. 또한 고객은 상품소비 중심에서 시간소비 중심으로 변화하여 시간 및 서비스 가치를 중요시하게 되었다. 따라서 고객의 소비 성향을 분석하여 서비스 가치를 활용할 수 있어야 한다. 과거에는 서비스를 유형재 판매의 보조수단으로 여겼지만, 현재에는 서비스 자체가 하나의 상품으로 인식되어 매우 중요한 경제활동 수단으로 인식되고 있다.

3. 고객서비스

고객서비스란 거래 전이나 거래 중 또는 거래 후에 발생하는 고객의 기대와 욕구를 충족시키기 위해 처리하는 모든 활동을 뜻한다. 서비스도 제품과 마찬가지로 하나의 상품으로서 서비스 품질의 만족을 위하여 고객에게 계속적으로 제공하는 모든 활동을 말하며, 이는 고객 확보에서 절대적인 요소이기도 하다. 고객만족을 위한 제품과 서비스를 비교해 볼 때, 서비스에는 고유한 특징이 있다. 이러한 서비스의 기본적 특징에 대해서 이해하고, 서비스의 진정한 가치를 고객에게 제공할 수 있어야 할 것이다.

1) 무형성(보이지 않는다)

서비스는 형태가 없는 무형의 상품이다. 제품과 같이 누구나 볼 수 있는 형태로 제시할 수 없으며 만지거나 볼 수도 없다. 형태가 없기 때문에 그 서비스가 어떤 것인지 추측하기도 어렵고, 객관적으로 그 가치를 파악하거나 측정하기는 더욱 어렵다. 서비스는 그 고객의 주관적 평가 기준에 의해서 고객에게 작용하는 것이므로, 서비스 제공자가 제공하는 서비스 품질은 매우 중요하다. 다시 말해서 유형의 상품은 그 자체가 고객의 욕구를 충족시켜 줄 수 있는 것임에 비해, 무형의 상품인 서비스는 서비스의 주체가 사람이 되고, 그 사람의 활동이 고객의 욕구를 충족시켜준다는 점에서 상품과의 특성을 달리하게 된다. 따라서 제품에 비해 서비스는 무형의 성격이 강하다는 것이다.

2) 동시성(생산과 소비가 동시에 발생한다)

서비스는 공급자에 의해 생산과 전달이, 고객에 의해 소비가 동시에 이루어진다. 이러한 생산과 전달, 소비의 동시성 때문에 서비스 상품은 시간과 공간의 제약이 있으며 저장이 불가능하여 재고가 없고, 불량서비스가 나와도 제품처럼 반품할 수도 없으며 고치거나 수리할 수도 없는 것이다. 따라서 한번 불량서비스를 잘못 제공하게 되면, 영원히 고객을 잃게 된다. 그리고 그 결과는 제품의 경우보다 훨씬 더 가혹하다. 또한 서비스 품질은 서비스 제공자에 따라 달라질 수 있으므로 서비스 제공 인력에 대한 교육 및 훈련이 중요하다.

3) 인간주체(비표준화, 사람에게 의존한다)

대부분의 서비스는 사람에 의해서 생산되며 고객에게 제공된다. 똑같은 서비스라도 그것을 제공하는 사람에 따라 제공되는 서비스의 내용이나 품질이 달라질 수 있으며, 심지어 기계를 사용한 서비스를 제공하더라도 그 품질의 차이가 발생하기 쉽다. 또한 고객의 요구수준에 따라 품질수준이 달라질 수 있으며, 제공자의 서비스가 일관적으로 유지된다는 보장이 어렵다. 제품의 경우, 기계나 설비로 얼마든지 균질한 것을 만들어 낼 수 있는 데 반해, 서비스 품질은 이용자의 욕구와 취향이 각기 다르기 때문에 획일적으로 적용될 수 없으며 동일하게 반응하지도 않는다. 따라서 서비스 품질은 규격화와 표준화되기가 어려운 것이다.

4. 고객서비스의 유형

우리는 늘 고객을 응대하는 일을 하고 있다. 서비스업은 고객 접촉을 가장 많이 하는 직업이다. 따라서 모든 고객에게 호감을 주고 사랑받는 서비스 기술이 필요하다. 아름다운 서비스란 고객을 기분 좋게 만족시키는 서비스이다. 고객에게 보다 더 즐겁게 서비스하기 위해 서비스의 유형을 살펴보고 몸소 익히도록 하는 것이 좋다.

1) 언어적 서비스

언어는 의사소통의 대표적인 수단으로서 고객서비스의 주를 이룬다. 일반적으로 고객이 처음 방문하였을 때 접하게 되는 직원의 인사로부터 서비스는 시작되는데, 이때 받은 고객의 첫인상이 서비스 장소를 평가하는데 영향을 주게 된다. 그러므로 서비스 제공자는 친절한 말씨와 세련된 화술로 때와 장소를 구분하여 적절한 언어를 구사할 수 있어야 한다.

2) 청각적 서비스

고객의 귀는 늘 열려 있다. 대화에서의 모든 소리는 고객이 서비스 장소를 판단할 때 영향을 미치게 된다. 그러므로 외부의 소음이 발생하지 않도록 주의해야 하며, 특히 직원들 간에는 고객에게 들리지 않도록 서로 나지막한 소리로 대화하는 것이 바람직하다.

3) 시각적 서비스

서비스는 무형의 상품이지만 구현되는 현상은 가시적이다. 직원의 말씨나 태도 그리고 표정이나 복장, 행동 일거수일투족은 고객에게 호의를 주거나 반대로 불쾌한 인상을 주기도 하여, 시각적 서비스에 대한 고객의 평가에 영향을 미치게 된다.

5. 고객서비스를 위한 기본자세

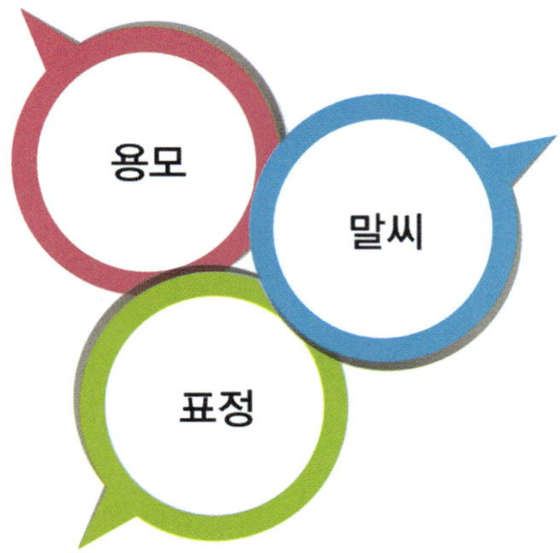

그림 13.1 고객서비스를 위한 기본자세

1) 용모(외모)

대부분의 사람들은 첫인상으로 상대의 전부를 평가하려는 경향이 있다. 단정한 용모와 복장은 고객에게 호감을 주게 되므로 항상 좋은 인상을 줄 수 있도록 유지한다. 또한 용모의 기본은 청결과 기능의 조화이므로, 직장 내 규정을 잘 준수해야 한다.

그림 13.2 단정한 용모

- 머리(헤어스타일): 귀 밑으로 내려오는 긴 머리의 경우는 뒤로 묶거나, 그물망 등을 이용하여 단정하게 정리한다. 너무 크고 화려한 헤어핀이나 액세서리 착용은 삼가한다. 고객응대 시 앞머리가 흘러내

려 눈을 덮지 않도록 주의한다.

- 얼굴: 너무 짙은 화장은 피한다(아이섀도, 립스틱).
- 손톱: 항상 청결을 유지하며, 매니큐어는 되도록 옅은 색을 바른다.
- 구두: 항상 깨끗이 닦아 신는다.
- 옷(유니폼): 구김이 없는지, 지저분하지 않은지 항상 확인하고, 단정하고 청결하게 유지한다.

2) 표정

고객과의 의사소통 수단으로 가장 중요한 것은 언어이지만, 감정의 외적 표현으로 상대방의 표정을 통해서도 마음을 읽을 수가 있다.

그림 13.3 밝은 표정

■ 표정의 자기관리

아무리 좋은 인사말이라도 표정이나 태도에 반가움이 나타나지 않으면, 고객에게 좋은 이미지를 줄 수 없다. 자신의 첫인상을 각인시키는 것은 대개 5초 정도 걸리며, 이미지를 결정하는 요소 중 외모, 표정, 몸가짐 등의 시각적 이미지가 가장 중요하다.

■ 밝고 자연스러운 미소

고객을 대하자마자 눈을 맞추면서 미소를 짓고 밝은 목소리로 인사한다. 첫인상이 나쁘면 고객응대가 아무리 친절해도 새로운 인상을 심어주는 것에는 많은 시간과 노력이 따르게 된다. 따라서 밝은 표정으로 좋은 인상을 심어줄 수 있도록 표정관리를 잘 할 수 있어야 한다.

3) 말씨

말씨는 곧 마음씨이다. 말은 곧 자기의 생각을 드러내는 부호이며, 말하는 사람의 의미를 전달하는 것이다. 따라서 정확하고 간결한 응대 용어를 익히도록 한다. 말씨를 어떻게 잘 사용하는가에 따라서 고객에게 미치는 영향이 달라질 수 있다. 고객과 대화할 때에도 말을 하고 듣는 시점이 언제인지를 잘 분별할 수 있어야 하며, 똑같은 말을 할지라도 그 사람의 마음에서 우러나오는 말씨에 따라서 고객의 반응은 매우 달라진다.

CHAPTER 14

화장품 유효 성분들

알란토인 Allantoin

알란토인은 수 세기 전부터 여러 나라의 민간의학에서 상처관리제로 곡물의 눈, 밤나무껍질, 우엉 등과 같은 식물에서 추출하여 사용되었다. 1912년, 이러한 식물들에서 약효를 내는 물질이 알란토인이라는 사실이 증명되었다. 알란토인은 상처 부위의 소독과 세포증식 촉진을 도와주는 것으로 알려졌다.

알란토인을 미용적으로 사용할 때 피부의 예방적 보호와 피로해진 피부의 세포재생을 촉진시키는 효과가 있다. 또한 민감성 피부의 여드름 자극에 진정효과를 주며, 피부표면을 부드럽고 매끄럽게 하는 효과가 있다.

메디컬 스킨케어에서는 화농성여드름이 심한 경우, 여드름 압출 후 민감해진 피부에 사용하며, 자극에 민감하게 반응하고 예민한 피부 타입에 사용하면 효과적이다.

알로에베라 Aloe Vera

알로에베라는 민간의학에서 화상치료제로서 대중적으로 사용되어 왔다. 알로에베라는 피부에 겔 형태로 쓰이며, 여러 작용물질이 들어 있다. 효소, 비타민, 다당류, 아미노산, 탄수화물, 미네랄 성분들을 함유하고 있으며, 보습, 유연, 치료, 항미생물, 항염증성질을 가진 유연제이다.

가장 널리 알려진 특징은 보습능력으로 수분을 조절해준다. 알로에베라는 여드름 완화작용, 염증 완화, 항생작용, 자극으로부터의 진정작용, 수분유지 등에 효과적인 성분으로 사용된다.

메디컬 스킨케어에서의 적용은 기미치료를 위한 레이저토닝 시술 시 초음파 기기관리와 병행해서 사용하며, 피부보습을 증진시키고, 민감한 상태를 진정시켜 주어 초음파의 효능과 함께 보습효과를 오래 지속시킬 수 있다. 또한 소프트필링 시술 시에도 적용하면 피부에 미백효과를 부여할 수 있다.

아줄렌 Azulen

카밀레(개꽃)의 관리효과는 오래 전부터 사람들에게 알려져 왔으며 이미 고대의, 특히 그리스, 로마 의사들은 카밀레를 상처 소독과 치료에 사용하였다.

오늘날에도 민간요법으로 카밀레를 사용하고 있는데, 통증을 완화시키고 자극과 염증을 진정시키고 부드럽게 해주는 효과가 있다. 향기로운 카밀레유의 짙은 푸른색 부분인 아줄렌은 염증을 완화시키고 방지시켜주며, 항알레르기 효과의 진정제로 잘 알려져 있으며 재생효과도 있다.

메디컬 스킨케어에서의 적용은, 아토피 피부 또는 아토피 체질을 갖고 있는 민감성피부와 알레르기 피부에 마스크 베이스 및 홈 스킨케어 시 사용하면 좋다.

칼렌듈라 Calendula

칼렌듈라 추출물은 치료, 진정, 방부, 항가려움, 항염증 기능이 있으며, 지성피부, 민감성피부, 여드름피부의 경우에 효과적으로 사용된다.

콜라겐 Collagen

우수한 수화능력과 많은 물을 보유하고 결합하는 능력이 있어 피부관리 제품에 많이 사용된다. 이 수분 보유와 결합능력은 피부 보호제로서 보습효과를 높여준다. 또한 피부에 끈적임이 없고 건조한 느낌을 주지 않으며, 막 형성제로서 콜라겐은 천연수분 손실을 감소시켜 준다. 따라서 피부수화에 도움이 된다.

피부관리에서 콜라겐은 건성피부, 특히 악건성피부에 도움이 되며, 피부를 부드럽게 만들어준다.

엘라스틴 Elastin

화장품에 사용되는 피부표면 보호제로 건성피부에 사용되며, 피부 유연성을 증가시키고, 피부의 촉감과 긴장을 개선시켜준다. 엘라스틴과 여기서 유래된 펩티드가 함유된 제품은 상처치료를 촉진시킨다는 보고가 있다.

엘라스틴은 피부에서 지질을 흡수할 수 있고, 상처에 사용될 때는 상처조직에서 당 단백질과 엘라스틴을 증가시킨다. 엘라스틴은 주로 피부표면의 보호제로 사용되며, 특히 노화피부에 사용하면 좋다.

글리시리진 Glycyrrhizin

글리시리진은 감초뿌리의 주요한 구성성분이며, 피부관리에서는 염증을 방지하고 자극을 진정시키며, 상처를 아물게 하는 데 도움을 준다. 또 이 물질은 부종을 억제하고, 알레르기에 의한 민감한 반응을 억제시켜준다.

피부과학적으로 알레르기 피부염, 습진, 신경성 피부염, 건선 등에 좋은 관리 결과를 기대할 수 있다.

하마멜리스 Hamamelis

하마멜리스는 하마멜린 나무의 잎과 나무껍질에서 추출한다. 하마멜리스는 피부의 가벼운 수렴효과와 정상각화의 과립형성, 딱지(가피)가 생기는 것을 촉진시키면서, 적당한 단백질 침전을 통해 살균작용을 한다.

따라서 하마멜리스는 지성피부와 여드름피부에 사용되며, 특히 화농성 여드름을 짜고 난 후 소염작용과 항염작용으로 사용하면 좋다.

히알루론산 Hyaluronic Acid

글리코사미노글리칸(glycosaminoglycan) 성분으로 진피에서 천연으로 만들어진다. 수분흡수 능력과 커다란 분자 구조로 인해 진피가 더 풍부하고 팽창되도록 한다.

히알루론산은 하나의 고분자 결합체이다. 이것의 중합체 분자는 1,000개에서 10,000개까지의 이당류를 지니고 있다. 이것이 피부에 적용되었을 때, 진피 결합조직의 세포간 기질이 물을 잡는 방법과 비슷한 방법으로 점성 탄력이 있는 막을 형성한다.

이러한 작용은 히알루론산이 이상적인 베이스 보습제로 작용하여 피부에 다른 물질을 전달하도록 한다. 즉, 히알루론산은 영양분을 세포로 전달하는 동안 더 많은 양의 수분을 끌어모으게 된다. 이러한 수분을 보유하는 능력은 건조하고 거칠어진 피부에 촉촉함과 부드러움을 주고, 피부표면을 개선시킨다.

히알루론산은 피부에 자극이 없고, 알레르기 반응도 일으키지 않으므로 모든 피부에 안전하게 사용할 수 있다. 특히 노화로 인한 건성피부에 사용하면 좋다.

태반추출물 Placenta-Extract

피부의 산소흡수력을 증가시키고 피부의 신진대사를 촉진시키며 세포재생 작용을 가속화시키는 것으로 알려져 있다. 많은 비타민과 효소, 아미노산, 여성호르몬을 함유하고 있어 노화피부에 효과적이라고 밝혀졌다.

태반추출물은 건조피부와 민감성피부에는 재생효과를, 기미피부에는 미백효과를 준다.

탄닌 Tannin

탄닌은 피부미용에서 수렴과 살균작용을 한다. 따라서 지루성(seborrhoea) 피부와 건성지루성(seborrhea sicca) 피부관리에 효과적이며 특히 각질이 비늘처럼 생기는 피부 문제와 여드름과 여드름 형태의 발진이 있을 때 사용된다. 이때 탄닌은 자극, 붉게 된 염증을 완화시켜주는 역할을 한다.

메디컬 스킨케어의 적용은 지루성피부염 관리 시 사용한다. 탄닌산 추출물을 얻는 데 가장 중요한 제제는 기나피와 떡갈나무 껍질, 하마멜리스 나뭇잎, 껍질과 그 뿌리, 등나무 뿌리, 양지꽃, 식물의 땅 속 뿌리 등에서 추출한다.

레시틴 Lecithin

레시틴은 모든 생명체에 존재하며 일반적으로 계란과 콩에서 얻어진다. 천연유연제, 유화제, 항산화제인 레시틴은 친수성 성분으로 수분을 끌어당기며 보습제로 작용한다. 수분이 부족한 건조 피부, 영양 결핍 피부에 사용하면 좋다.

캄포 Camphor

캄포는 동양에서 자라는 사철나무에서 얻어지며 마취, 항염증, 방부, 수렴, 냉각, 생기를 되찾는 성질을 가지고 있으며, 약간의 혈액순환과 기능을 촉진하는 작용이 있다.

캄포는 지성 및 여드름 관리에 효과적이고 향기는 유칼립투스와 비슷하다. 일반적으로 마스크에 주로 함유되며, 특히 화농성 여드름을 짜고 난 후 소염 · 항염 · 진정작용이 동시에 이루어져 여드름 피부관리에 사용하면 매우 높은 효과를 볼 수 있다.

비타민 A Vitamin A

비타민 A는 연황색 오일로 버터, 우유지방, 계란 노른자와 간유 등에서 얻어지며, 식물에서는 활성비타민 A 자체는 없고 프로비타민인 카로틴이 있다.

비타민 A의 생리학적 기능으로는 조직 정상화와 상피조직 기능 유지에 관여하는 것이 있다. 비타민 A는 산화 및 환원과 동시에 생체기능의 촉매제가 되며, 상피조직이 조기에 증가, 억제되는 것을 방지한다. 또 퇴화된 단백질 축적을 억제하며, 세포 및 결합조직의 조기노화 현상을 예방한다. 그리고 과각화증(hyperkeratosis)과 착각화증(parakeratosis)을 예방하는 동시에 표피의 각화과정을 정상화시킨다. 그 외에 비타민 A는 성장 효소로서 세포성장에 큰 효과가 있다.

피부관리에서의 비타민 A는 과도한 각질화를 정상화시키고, 피부의 지나친 건조현상을 해소시켜주며 면포(코메도) 형성을 막아주고 과도한 색소침착을 벗겨주는 효과를 나타낸다. 또한 비타민 A는 피부의 주름형성과 각질이 일어나는 현상을 예방해주며, 한선 및 피지선의 기능을 조절한다. 따라서 비타민 A는 '피부보호 비타민'이라고 할 수 있다. 적용피부에는 악건성피부, 여드름피부, 노화피부, 색소침착피부에 사용한다.

프로비타민-카로틴 Provitamin-Carotin

생체 내에 프로비타민 A, 즉 카로틴이 공급되면 간과 장에서 카로틴이 비타민 A로 변화한다. 또한 피부의 피지선세포도 카로틴을 비타민 A로 분해시키는 효소적 능력을 가지고 있다. 때문에 피부에서의 기능은 외피에 사용된 카로틴에 의해 예방 및 조절 작용을 하도록 영향을 주는 것이다.

피부관리에서의 카로틴은 땀샘과 피지선의 과도한 활동을 적절히 조절하여주고, 외피세포의 형성과 정상적인 각화를 유도한다. 또 카로틴은 혈액순환을 촉진시켜 부드럽고 매끄러운 피부결을 만들어주며 피부탄력도 증진시켜준다.

비타민 D Vitamin D

비타민 D는 생체기능에서 칼슘 및 인산 대사를 조절하는 작용을 한다. 이 작용으로 인해 칼슘과 인산염이 골격의 기초조직에 축적되어 기능을 할 수 있게 한다.

비타민 D는 그 자체로서의 효능은 없지만 자외선을 받아야 비로소 활성화된다.

피부관리에서 비타민 D는 습진피부, 건선피부에 주로 효과를 나타내며, 각질화 조절제로도 작용한다.

비타민 E Vitamin E

비타민 E는 식물과 곡류에 주로 많이 함유되어 있으며 육류와 우유, 계란 노른자 등에도 존재한다.

비타민 E의 생리학적 작용으로는 생체 내의 산화작용 과정을 항산화제로서 방지할 수 있으며, 이 항산화 작용으로 인하여 근육조직, 세포호흡 및 에너지 공급에 아주 중요하게 관여한다. 비타민 E는 호흡효소 및 세포학 물질에 연관되어 있다.

또 비타민 E는 세포 존재에 아주 특별하게 작용하며, 비타민 E가 부족하게 되면 근육조직 및 신경체계에 손상을 가져오게 된다. 동시에 생체기관의 파괴현상으로 인해 감각 능력에도 손상을 초래한다. 즉, 비타민 E의 생화학적 효능은 물질의 신진대사에서 산화되기 쉬운 물질들이 너무 빨리 변화되는 것을 막아주는 기능을 한다.

약물 역학상 비타민 E는 영양장애 상태에서 피부 혈액순환을 증가시켜 순환기능을 정상화시키며, 세포의 새로운 형성과 외피세포의 건강한 발육을 촉진시켜 피부에 스며들어 세포 내로 유입되는 흡수 현상을 촉진하는 작용을 한다.

일반적으로 비타민 E는 생리학상 뇌하수체의 능력과 활동을 증가시켜 주는 효능이 있다. 그리고 비타민 E와 비타민 A의 적절한 혼합작용은 동맥경화를 억제하는 효과가 있다. 이 두 비타민의 혼합된 약제는 혈액 내 콜레스테롤 성분을 감소시켜주기 때문이다. 비타민 E는 항산화제로서 비타민 A, 카로틴과 같이 산화되기 쉬운 비타민들이 산화되는 것을 막아준다.

피부관리에서의 비타민 E의 작용은 첫째, 가장 중요한 지용성 항산화제로 자유라디칼을 제거한다. 둘째, 비타민 E는 광보호제로서 세포막을 자유라디칼 손상으로부터 보호한다. 셋째, 비타민 E는 산화에 대한 보호능력으로 인하여 방부제 기능을 한다. 이것은 피부뿐만 아니라 제품의 유효기간에도 효과를 나타낸다. 넷째, 비타민 E는 보습제로서 피부를 통해 잘 흡수되며, 모세혈관에 친화력을 보여

주어 탄력을 촉진시킨다. 다섯째, 비타민 E는 피부의 수분결합 능력을 개선시키는 효과로 표피의 수분손실을 감소시키며 거칠고 건조하고 손상된 피부의 외관을 개선시킨다. 또한 결합조직의 유지를 돕는다.

그 밖에도 비타민 E는 자외선으로부터 피부를 보호하고, 자외선으로 인한 손상된 피부를 빠르게 회복시키며, 항염증성질이 있다. 따라서 비타민 E는 모든 피부에 적용할 수 있으며, 특히 예민하고 민감한 피부, 자극받은 피부, 노화피부에 효과를 나타내며, 레이저 시술 후 재생관리에 적용하면 좋다. 또한 홈 스킨케어로서 매일 사용하도록 추천하면 더욱 좋다.

비타민 F Vitamin F

비타민 F는 리놀산, 리놀렌산, 엘레오스테아린산, 아라키돈산 같은 필수지방산으로 이중결합을 가진 불포화지방산들이다. 이러한 필수지방산들은 인간의 신체기관에 절대적으로 필요하며 생물학적 효능이 뛰어나다.

비타민 F는 두 가지의 생리학적 기능을 가지고 있다. 첫째, 지방 대사를 조절한다. 둘째, 성장 촉진 작용을 한다. 비타민 F가 부족하게 되면 심각한 건강상태의 장애를 초래한다. 즉, 성장이 멈추고 체중 증가가 정체되며, 피부는 건조해지고 이로 인하여 피부염이 유발되며, 각질이 일어나고 건조성 습진 피부염이 발생된다. 또 탈모현상을 촉진시킨다. 비타민 F는 동맥경화증에 효능을 나타낸다. 혈액 내 지방성분과 콜레스테롤을 감소시켜 준다.

피부관리에서의 비타민 F는 건조피부나 조기노화 피부를 호전시킨다. 습진과 여드름을 완화, 피부조직을 정상화, 피하세포 조직을 강화, 피지선의 작용을 정상화시키며, 피부 저항력을 향상시킨다. 또한 과립형성과 상피화에 도움을 주고 이를 촉진시킨다. 따라서 건성지루성 피부, 여드름피부, 악건성피부, 아토피피부, 탈모 등에 적용할 수 있다.

비타민 K Vitamin K

비타민 K는 혈액응고 작용에 효능을 나타내며, 면역체계에도 영향을 준다. 비타민 K의 생리학적 작용은 세포신진대사의 산화와 환원반응에 기여하고 효소의 호흡연쇄와도 관련이 있다. 비타민 K는 일반적으로 대장균에서 만들어지며, 생물체 내에서 풍부한 양이 존재한다. 비타민 K가 부족하면 혈액 내의 프로트롬빈이 감소하게 된다. 혈액응고는 혈장 내에 존재하는 프로테인과 피브리노겐이 피브린 효소에 의해 변화하며 반유동성에서 반고형성으로 이전되는 효소적 반응과정이다.

피부관리에서의 비타민 K는 조직 내 출혈, 즉 자반에 사용되며, 모세혈관 벽 약화에는 비타민 P와 함께 사용된다. 비타민 K는 혈액순환을 촉진시키는 자극제로 작용한다.

비타민 B 복합체 Vitamin B Complex

비타민 B 복합체는 비타민 B_1, B_2, B_6, B_{12} 이외에 비오틴, 폴산, 니아신, 니아신아미드, 판토텐산, 판테놀 등이 있다. 이 복합체들은 인간의 신체기관 내 신진대사에 작용하며, 조효소의 구성요소로서 세포호흡과 탄수화물 물질교환, 지방과 아미노산의 구성과 분해 시 절대적이며 중요한 역할을 담당한다. 또 에너지 대사에도 관여한다. 그러므로 생명활동과 유지에 매우 중요하다.

비타민 B 복합체 중 단 한 가지 요소가 부족하여도 다른 비타민 작용에 방해를 받게 된다. 따라서 비타민 B 결핍은 주로 성장발육과 피부 및 점막, 혈액과 신경계에 영향을 미친다.

비타민 B_1 Vitamin B_1

비타민 B_1은 티아민(thiamin)이라고도 부르며 이 물질은 밀, 호밀, 보리, 쌀 등의 곡류 외부세포벽과 그 밖의 효모와 껍질이 있는 열매(완두, 콩, 팥)에서 주로 얻어진다.

생리학적 작용으로는 생물체 내의 효소로서 탄수화물 대사에 작용하며, 조효소로서 탄수화물, 지방, 단백질 대사에 중추적인 역할을 하는 동시에 개개의 물질 사이를 연결하는 가교적 기능을 하고 있다. 비타민 B_1은 생체 내의 중요하고 중심적인 효소기능을 하는 한편, 간접적으로는 수분 교환에도 영향을 준다.

피부관리에서의 비타민 B_1은 지루성피부, 여드름피부, 알레르기피부 등에 효과적이다.

비타민 B_2 Vitamin B_2

비타민 B_2는 주로 우유에 다량 함유되어 있으며 일부는 효모, 달걀 등에 포함되어 있다. 비타민 B_2의 생리학적 작용으로는 신체 내에서 효소로서 작용하며 '황색 호흡효소'의 조효소이기도 하다. 비타민 B_2는 산화환원은 물론 모든 생체에 필요한 영양소의 대사작용에 관여한다. 또한 혈색소인 헤모글로빈의 순환계에 중심적인 작용을 하며, 비타민 B_2는 비타민 A와 함께 시력에도 관여한다.

피부관리에서의 비타민 B_2는 피부 내로 흡수되어 혈액순환을 촉진시켜 피부긴장도를 증가시킨다. 또 예민하고 자극받기 쉬운 민감성피부에 진정효과를 주며, 사춘기 여드름에도 효과적이다. 비타민 B_2는 생화학적으로 예민성을 초래하는 물질인 히스타민을 분해하여 피부에 나타날 수 있는 자극과 홍반과민 증세를 중화시킨다.

지성피부 및 사춘기 여드름에서 비타민 B_2의 효능은 훌륭하다. 피지분비를 촉진하는 호르몬인 테스토스테론을 산화시켜 여드름 유발을 억제한다. 따라서 비타민 B_2는 여드름피부, 홍반피부에 적용한다.

비타민 B_6 Vitamin B_6

비타민 B_6는 옥수수, 밀, 녹색채소, 우유 등에 주로 함유하고 있다. 비타민 B_6의 생리학적 효능은 다른 비타민 복합체들과 마찬가지로 살아 있는 세포에 존재하며, 단백질 대사에 주도적으로 작용하고 효소로서 작용한다. 또한 비타민 B_6는 생체 내에서 다층의 불포화지방산으로 비타민 F로 불리는 필수지방산 형성에 관여한다.

피부관리에서의 비타민 B_6는 비타민 B_1, B_2와 함께 지성 및 여드름피부에 적용되며 특히 사춘기 여드름 관리에 주로 사용된다. 또 혈액순환을 촉진시켜 피부를 정화시키고 안색을 맑게 하며 농포성 여드름을 완화시켜준다. 비타민 B_6는 아미노산의 전이체로서 비타민 B_2와 마찬가지로 중화작용을 하며, 자극을 받아 붉고 예민한 피부를 진정시켜주고 염증을 가라앉게 해주며 자외선에 의한 홍반예방에도 그 효능을 나타낸다. 따라서 비타민 B_6는 주로 붉고 예민한 피부, 여드름피부에 사용된다.

비타민 B_{12} Vitamin B_{12}

비타민 B_{12}는 적색혈액세포 형성을 촉진하는 효소로 알려져 있다. 비타민 B_{12}는 동물의 신체기관인 간, 신장, 뇌 등에서 발견되며 생리학적으로는 중성지방 변화에 매우 큰 영향을 준다. 또한 세포 형성에 관여하며, 적혈구뿐만 아니라 세포조직 형성에도, 피부와 점막의 형성에도 영향을 준다. 그리고 세포성장을 증가시키고 재생 및 구성 등 세포재생의 모든 과정을 촉진시킨다.

피부관리에서 비타민 B_{12}는 지성피부와 여드름피부에 적용한다.

비오틴 비타민 H, Biotin

'항지루성 비타민'이라고도 불리는 비오틴은 조효소로서 효소체계의 테두리 안에서 일련의 중요한 신진대사에 작용한다.

피부관리에서 비오틴은 건성이나 지루성피부와 신경성피부염에, 또는 손톱 성장에도 사용된다.

판테놀 Panthenol

판테놀은 동 · 식물에 널리 분포되어 있으며 비타민 B군에 속한다. 생체 내 조직에서 중요한 역할을 수행하며, 특히 동화작용에 관여한다. 따라서 물질을 구성하는 생체대사과정에서 매우 중요한 역할을 담당한다.

생리학적 작용으로는 단백질 대사 중 특히 아미노산에 영향을 주며 피부, 모발, 손톱 각질화에 중요한 역할을 한다.

피부관리에서의 판테놀은 표피형성을 촉진하고 과립형성에 효과를 나타내며, 일광화상에 의한 염증에 좋은 효과로 작용한다. 따라서 예민하고 민감한 피부에 진정효과를 주며, 여드름피부의 과각화 현상을 조절하여 준다.

루틴/비타민 P Rutin/Vitamin P

비타민 P는 황색 색소로서 감귤, 고추, 들장미열매, 흑색 구즈베리 열매 등에 함유되어 있다.

루틴의 생리학적 작용으로는 가장 두드러지게 비타민 P의 효과를 보이는 것이 있다. 이 물질은 교질로 용해된 물질이 모세혈관벽에 투과될 때 영향을 주어 피부 뾰루지나 염증 발생을 억제한다. 또한 모세혈관의 과다한 투과성을 중화시키고 모세혈관 파열을 막아준다. 그리고 산화방지제로 항산화 효과도 크다. 루틴은 모세혈관벽 강화와 보호에 영향을 주며, 알레르기 증상을 완화시킨다. 피부관리에서의 루틴은 모세혈관 확장피부, 안면 홍조피부 등 비타민 C와 비타민 K와 더불어 사용한다.

비타민 C Vitamin C

비타민 C의 생리학적 작용은 산화환원제로 결합조직과 골격, 연골 및 치아 형성에 영향을 준다. 비타민 C는 성장을 촉진시키고 탄수화물을 분해하며 지방 대사와 티로신과 페닐알라닌 재구성에도 영향을 미친다. 또한 세포내 물질형성과 조직과 모세혈관 내피세포와 같은 세포내 경계면의 강화에도 영향을 준다.

이 외에도 비타민 C는 적혈구의 성숙과정에 관여하며 세포호흡의 촉매가 된다. 근육의 운동능력과 세포의 신진대사가 기능을 강화시켜주며, 많은 양을 투여할 경우 히스타민 분해에 작용하여 진정 및 중화작용에 의해서 알레르기성 질환에 영향을 준다. 더 나아가서는 외피 접합물질 구성에 사용되는 히알루론산 형성에 기여한다.

피부관리에서의 비타민 C는 가장 중요한 수용성 항산화제로, 비타민 C를 국소적으로 사용했을 경우 UVA와 UVB에 의한 손상을 억제시켜주며, 고농도 비타민 C는 광보호 효과가 있다. 또한 이미 피부에 흡수된 비타민 C는 물과 비누에 씻기지 않으며 3일 동안 피부에 남아 작용한다. 이것은 비타민 C가 일반 선스크린 화학물질과 결합하여 오래 지속되고 태양광선으로부터 피부를 보호한다. 또 비타민 C는 콜라겐 생합성 조절제로 작용하며 적절한 운반체에 사용될 때 피부 미백효과를 낸다. 콜라겐과 같은 세포간 콜로이드성 물질을 조절하며, 면역계를 강화시켜 감염을 예방하고 홍반이나 상처에 의한 조직손상 치료를 촉진시킨다. 따라서 민감성피부, 기미피부, 노화피부 등 모든 피부에 적용할 수 있다.

알파리포산 Alpha Lipoic Acid

알파리포산은 매우 강력한 항산화제로 노화방지에 탁월한 효과를 나타낸다. 알파리포산은 비타민 C나 E보다 400배나 강하며 체내에서는 비타민 C와 E의 양을 배로 증가시킨다. 또한 알파리포산은 염증이 생기지 않도록 체내 반응을 조절하고 치매, 심장질환, 관절염의 진행속도를 늦춰주며, 당뇨환자에게는 혈당치를 정상으로 유지할 수 있도록 도와준다. 그리고 단백질 파괴를 막고 콜라겐 파괴로부터 보호한다.

피부관리에서의 알파리포산은 피부 노화를 예방하고 상처회복을 빠르게 도와주며, 피부트러블에 효과를 나타낸다. 잔주름이 많은 피부, 탄력이 저하된 피부, 눈 밑 피부가 처지거나 모공이 커진 피부 등에 적용한다.

요소 Urea

요소는 다른 활성성분 흡수를 증가시키는 데 사용된다. 가려움을 줄이며, 피부 촉감을 부드럽게 해준다. 각질층에서 수분을 끌어당겨 유지하므로 보습제로 간주되며, 각질층에서 세포와 세포 사이의 접합부분을 녹이기 때문에 각질을 탈락시키는 작용을 한다. 또한 요소는 미생물 생장을 억제하는 효과가 있어 항미생물제이기 때문에, 제품에 사용할 경우 다른 방부제의 사용량을 줄일 수 있다.

요소는 다른 활성물질의 침투력을 증가시켜주고 항염증, 방부, 방취작용이 있어 피부표면을 보호하고 건강한 피부 유지를 돕는다. 건조하고 거친 피부에 적용한다.

위치하젤 추출물 Witch Hazel Extract

위치하젤은 하마멜리스 나뭇잎에서 추출한 것으로 홍반, 일광화상, 피부자극, 타박상, 곤충에 물린 데 사용된다. 항염증, 상처치료 성질을 갖고 있다.

유해산소에 대한 효과가 발견되면서 자외선 차단 제품에 사용되며, 이는 UVA로부터의 손상을 방지하고 UVA와 UVB 흡수제로도 사용한다. 또 색소침착 개선과 피부의 재생을 위한 제품에도 사용된다. 여드름피부의 진정 및 항염작용이 있다.

징크옥사이드 Zinc Oxide

징크옥사이드는 아연광석에서 얻어지며 비교적 알레르기를 일으키지 않는다. 피부 보호, 진정효과에 사용되어 왔으며 수렴, 방부, 항박테리아 성질을 갖고 있다. 또 햇빛으로부터 보호하고 자극을 완화시켜주며, 자외선 차단 제품에 사용될 때 SPF를 증가시킬 수 있다. 이 성분은 UVA 흡수제와 비슷하게 작용하며, UVA에 대한 보호 제공과 함께 SPF를 높일 수 있는 것이다.

코직애시드 Kojic Acid

코직애시드는 일본식 청주 '사케'에 들어가는 맥주보리를 발효시킬 때 나오는 물질로 멜라닌 생성을 억제하는 데 효과가 있다. 피부 미백제로서 일본에서 널리 쓰이며, 감초추출물보다는 효과적이지 않지만 티로시나제를 억제한다. 자외선 차단제에서 알란토인과 다른 성분들이 함께 사용되어 자외선에 의한 홍반을 억제시키며, 상처 회복을 빠르게 도와준다.

퍼플루오로카본 Perfluorocarbone

과불화탄소의 일종인 퍼플루오로카본은 미국 FDA 사용승인을 받은 최초의 약용화장품 성분 중 하나이다. 퍼플루오로카본은 약물이 아닌 합성분자로 산소나 이산화탄소 같은 기체를 저장할 수 있다. 이 성분은 인체 세포의 호흡과정을 모방한다.

이 유일무이한 물질은 제약학상의 역할과 미용 역할을 동시에 하기 때문에 약용화장품으로 설명된다. 퍼플루오로카본은 안정적인 불활성 무색무취의 성분이다. 또한 이 물질은 소수성(물에 섞이지 않음)이면서 소지성(지방에 섞이지 않음)이기 때문에 일부 플루오르(불소) 물질에서만 용해된다.

액체 퍼플루오로카본은 폴리테트라플루루로에틸린(polytetrafluoroethylene, PTFE)과 같은 고체 불소 고분자와 같은 반응을 보인다. 퍼플루오로카본은 고압성 산소 테라피에서 상처치료 물질로 이용된다. 고압성 산소 테라피는 기압이 높은 환경에서 산소를 공급하는 방법이다. 이것은 산소 농도와 압력을 높이는 과정에서 상처치료 촉진 등 여러 가지 유익한 의료효과를 이끌어낸다. 한 예로, 1989년도에 심각한 화상 환자들에게 고압성 산소 테라피가 승인되었다.

물이나 기름에 섞이지 않는 퍼플루오로카본은 유화액 내부에서 교질 형성물로서 쉽게 인식이 가능하다. 이와 같은 불소 물질은 유화액 내에서 물과 기름이 아닌 제3의 물질로 보이게 된다. 퍼플루오로카본은 유일무이한 기체 운반 물질로 세포 내 이산화탄소 세척과 산소 공급을 가능하게 한다(이산화탄소 세척과 산소 공급에 대한 문제를 해결해준다). 퍼플루오로카본의 기체 운반 기능은 물리적인 현상이며, 기체 분해를 통해 원위치로 환원될 수 있다.

참고문헌

강경진(2011). 사피-리프팅개념을 가진 새로운 얼굴지방이식술. 가본의학.
강원형(2002). 피부질환 아틀라스. 한미의학.
강진성(1995). 최신 성형외과학. 계명대학교 출판부.
계영철(1998). 레이저 박피술. 고려의학.
계영철(2002). 피부질환에 대한 레이저의 임상적 이용. 고려의학.
고성근 역(2010). CO_2 레이저를 이용한 피부미용치료. 신흥메드사이언스.
고운세상피부과(2002). 굿바이 여드름. 웅진닷컴.
권오길(1994). 인체기행. 지성사.
김경식(2012). 탄산가스 분획레이저와 피부개선 시스템에 의한 얼굴 피부 개선 효과. 단국대학교 대학원 석사학위논문.
김계현 외(2011). 상담학개론. 학지사.
김귀정 · 유병수(1998). 화장품성분사전. 정담.
김미교(2007). 병원선택 요인에 따른 의료서비스 만족도에 관한 연구. 동의대학교대학원 박사학위논문.
김민경(2010). 의료서비스의 고객만족에 관한 연구: K 대학병원을 대상으로. 건국대학교 행정대학원 석사학위논문.
김선영(2013). 메디칼 스킨케어 고객인식과 고객만족도 관계에서 피부관리사의 조절효과 분석 연구. 서울벤처대학원대학교 석사학위논문.
김영미(2006). 메디칼 스킨케어에 대한 인식과 지불의사(WTP) 가격연구. 연세대학교 보건대학원 석사학위논문.
김영한(2011). 고객경험관리. 서울밀리언하우스.
김정현(2009). 만성적 자외선 노출조사에 의해 분비되는 진피유래 싸이토카인이 피부과 색소침착에 미치는 영향. 인하대학교 대학원 석사논문.
김향순 역(1993). 바이오코스메틱 연구와 실습. 중원코스메틱.
김환(2013). 고객상담과 심리상담의 길잡이. 교문사.
남승규(2009). 소비자 분석. 학지사.
대한피부과학회간행위원회(1994). 피부과학. 여문각.
레쥬비 코스메틱 교육자료.
리차드 박(1996). 피부박사. 삶과꿈.
민복기(2004). 모발 & 주름 업데이트. 비즈엠디, 2004.
박래준(2009). 전기치료학. 현문사.
박진호(2007). 고객만족의 결정요인에 관한 연구. 서울대학교 대학원 석사학위논문.
박혜원 역(2010). 오리지널 뷰티바이블. 월드런트렌드.
서민지(2012). 피부노화의 레이저 치료에 관한 시뮬레이션 연구. 동국대학교 대학원 석사학위논문.
서울미용상사(1986). 노화현상론. 시온출판사.
서울미용상사(1986). 피부과학론. 시온출판사
서창덕(1997). 레이저로 아름다움을 가꾼다. 예문.
성재영(2010). Efficacy of 1064-nm Q-switched Nd;YAG Laser in Melasma. 고신대학교 대학원 박사학위논문.
손영화(2013). 고객심리학. 커뮤니케이션북스.
안성구 외 역(1999). 핵심피부과학. 고려의학.
안성구 외 역(2010). 레이저와 비침습 기기를 이용한 피부재생. 대한의학서적.
안성구 외 역(2010). 에스테틱 안티에이징 솔루션. 가본의학.
안성구 · 이승헌(2002). 피부미학(1판). 고려의학.
안성열 역(2005). 임상의를 위한 피부미용과학. 신흥메드싸이언스.
양일훈에스테틱아카데미 교육자료.
윤천성 외(2005). 미용상담 심리론. 훈민사.
이상주 외(2006). 메디칼 바디케어. 여문각.
이상주 외(2009). 메디칼 스킨케어. 여문각.
이상주(2006). 의학적 피부관리. 한국패션뷰티학회지. 제4권 제2호. pp 1-2.
이수근(2011). 보톡스와 필러의 정석. 한미의학.
이유득 외(1999). 이지함의 여드름 뿌리뽑기. 중앙 M&B.

이장호(2011). 상담심리학. 박영사.
이정복 외(2006). 케미컬 필링. 한미의학.
이혜영 외(2012). 피부과에 근무하는 메디컬 스킨케어 에스테티션의 근무현황. 대한피부미용학회지, Vol. 10. No. 1. 69.
일본 뉴턴프레스(2010). 인체 21세기 해부학. 뉴턴코리아.
일본 뉴턴프레스(2011). 세포의 모든 것. 뉴턴코리아.
장근조(2005). 의료서비스 품질에 대한 고객가치와 고객만족이 재이용 의도에 미치는 영향. 전주대 학교 대학원 박사학위논문.
전혜주(2008). 여드름 치료에 있어 Aminolevulinic acid(ALA)와 여드름 모드 Intense Pulse Light(IPL)만을 이용한 광요법 효과의 비교. 이화여자대학교 대학원 석사학위논문.
정종영 역(2009). 과학적인 스킨케어. 대영.
정종영 외(2004). 피부질환의 일차진료 제1권. 미래출판사.
정종영(2010). 임상적 피부관리. 엠디월드.
하병조(1999). 미용생화학. 형설출판사.
하병조(2001). 기능성화장품. 신광출판사.
하병조(2005). 영양과 건강. 신광출판사.
함용운(1991). 광선치료학. 현문사.
허창훈 외(2009). 의학적 피부관리를 위한 의료기기의 사용과 법률에 대한 고찰. 대한피부과학회지, Vol. 47(11): 123-7.
화장품을 연구하는 피부과 의사의 모임 역(2004). 코스메틱 피부과학. 학지사메디컬.
황소연 역(2006). 내몸안의 지식여행 인체생리. 전나무숲.

Ang, Y. S. et al.(2014). Cigarette smoke-induced interleukin-1 alpha maybe involved in the pathogenesis of adult acne. Ann. Dermatol. 26.
Bataille, V., Lens, M. & Spector, T. D.(2012). The use of the twin model to investigate the genetics and epigenetics of skin diseases with genomic, transcriptomic and methylation data. J. Eur. Acad. Dermatology. Venereol. 26.
Bataille, V., Snieder, H., Macgregor, A. J., Sasieni, P. & Spector, T. D.(2002). Twin study of acne in women. J. Invest. Dermatol. 119.
C. C. Zouboulis, E. Jourdan, M. Picardo(2014). Alterations of sebum composition initiate acne lesions. J. Eur. Acad Dermatol. Venereol. 28.
Common, J. E. A., Barker, J. N., & van Steensel, M. A. M.(2019). What does acne genetics teach us about disease pathogenesis? Br. J. Dermatol. 181.
Contassot, E. & French, L. E.(2014). New insights into acne pathogenesis: propionibacterium acnes activates the inflammasome. J. Invest. Dermatol. 134.
Dalgard, F., Gieler, U., Holm, J. Ø., Bjertness, E. & Hauser, S.(2008) Self-esteem and body satisfaction among late adolescents with acne: results from a population survey. J. Am. Acad. Dermatol. 59.
Das S, & Reynolds R. V.(2014) "Recent Advances in Acne Pathogenesis: Implications for Therapy." American Journal of Clinical Dermatology. 15
Davis, E. C. & Callender, V. D.(2010) A review of acne in ethnic skin pathogenesis, clinical manifestations and management strategies. J Clin Aesthet Dermatol 3.
Dunn, L. K., O'Neill, J. L. & Feldman, S. R.(2011) Acne in adolescents: quality of life, self-esteem, mood, and psychological disorders. Dermatol. Online J 17.
Estradiol. https://en.wikipedia.org/wiki/Estradiol
Fried, R. & Friedman, A.(2010) Psychosocial sequelae related to acne: looking beyond the physical. J. Drugs Dermatol. 9.
Haroon, M. Z., Alam, A., Ullah, I., Ali, R., Taimur, M. F. & Raza, K.(2019) Quality Of life and depression among young patients suffering from acne. J..Ayub. Med. Coll. Abbottabad. 31.
Iftikhar, U. & Choudhry, N.(2019) Serum levels of androgens in acne & their role in acne severity. Pak J Med Sci 35.

Kim, B.R., Chun, M.Y., Kim, S.A. & Youn, S.W.(2015). Sebum secretion of the trunk and the development of truncal acne in women: Do truncal acne and sebum affect each other? Dermatology 231.

Li, X., He, C., Chen, Z., Zhou, C., Gan, Y. & Jia, Y.(2017). A review of the role of sebum in the mechanism of acne pathogenesis. J. Cosmet. Dermatol. 16.

Metiko, B., Brooks, K., Burkhart, C. G., Burkhart, C. N. & Morrell, D.(2015). Is the current model for acne pathogenesis backwards? J. Am. Acad. Dermatol. 72.

Perkins, A. C., Cheng, C. E., Hillebrand, G. G., Miyamoto, K. & Kimball, A. B.(2011). Comparison of the epidemiology of acne vulgaris among Caucasian, Asian, Continental Indian and African American women. J. Eur. Acad. Dermatol. Venereol. 25.

Qin, M. et al.(2014). Propionibacterium acnes Induces IL-1beta secretion via the NLRP3 inflammasome in human monocytes. J. Invest. Dermatol. 134.

Sardana, K., Bansal, P., Sharma, L. K., Garga, U.C. & Vats, G. A.(2020). study comparing the clinical and hormonal profile of late onset and persistent acne in adult females. Int. J. Dermatol. 59.

Sun, K. L. & Chang, J. M.(2017). Special types of folliculitis which should be differentiated from acne. Dermatoendocrinol. 9.

Swathi, G. & Kusagur, M. S.(2015). A clinico-epidemiological study of acne in adults. Int. J. Sci. Res. 4, 2013~2016.

Tan, J. K. L., Stein Gold, L. F., Alexis, A. F. & Harper, J. C.(2018). Current concepts in acne pathogenesis: Pathways to inflammation. Semin Cutan Med Surg 37.

Tanghetti, E.(2013). The role of inflammation in the pathology of acne. J Clin Aesthet Dermatol 6.

Thiboutot, D.(2000) The role of follicular hyperkeratinization in acne. J Dermatol Treatment 11.

Wolkenstein, P. et al.(2014). Smoking and dietary factors associated with moderate-to-severe acne in French adolescents and young adults : results of a survey using a representative sample. Dermatology 19.

Yazici, K. et al.(2004). Disease-specific quality of life is associated with anxiety and depression in patients with acne. J. Eur. Acad. Dermatol. Venereol. 18.

Youn, S. W.(2010). The role of facial sebum secretion in acne pathogenesis: facts and controversies. Clin. Dermatol. 28.

Zari, S. & Alrahmani, D.(2017). The association between stress and acne among female medical students in Jeddah, Saudi Arabia. Clin. Cosmet. Investig. Dermatol. 10.

INDEX

ㄱ

ㅈ

ㅊ

ㅋ

A

B

C

D

E

F

G

H

I

J